中国绿色发展
理论创新与实践探索丛书
总编◎王 战 于信汇

低碳城市建设与碳治理创新
——以上海为例

LOW CARBON CITY AND CARBON GOVERNANCE INNOVATION
CASE STUDY OF SHANGHAI

周冯琦 陈宁 刘召峰◎等著

中国绿色发展
理论创新与实践探索丛书

编审委员会

—— 编著人员 ——

主　编

周冯琦

副主编

刘新宇　陈　宁　程　进

编写组人员

周冯琦　程　进　陈　宁　刘新宇　嵇　欣　刘召峰　曹莉萍　尚勇敏
张希栋　杨佃华

总　　序

改革开放以来，伴随工业化、城市化的快速发展，我国用30余年时间走完了西方发达国家上百年的工业化过程。在经济社会快速发展的同时，西方发达国家工业化过程中分阶段出现的生态环境问题也在这一过程集中出现，并表现出复合型、压缩型的特点，生态环境问题所呈现出来的不确定性与复杂性日益激增，解决区域生态环境问题已成为迫切需要。在这样的背景下，我国"十三五"发展规划提出了创新、协调、绿色、开放、共享的发展理念，绿色发展成为"十三五"乃至更长时期我国发展思路、发展方向、发展着力点，在经济社会发展的各领域各环节中无不体现和渗透着绿色发展的理念。

"十三五"时期是我国全面建成小康社会的关键时期，也是深化绿色发展的重要时期，但当前经济在经历较长时间的高速增长后，开始明显放缓，新旧增长模式交错并存。环境治理既要解决环境质量改善任务重、区域环境保护合作、转变传统的环境与经济发展关系等难题，由单纯的环境污染治理转向可持续发展，又要应对气候变化、经济结构和布局调整等外部条件带来的新变化和新挑战。虽然我国绿色发展已经取得了巨大成就，但当前和今后很长时期内，我国绿色发展面临的形势仍较为复杂，实现绿色发展的目标依然任重道远。经济发展与环境保护关系出现的新变化、绿色发展与可持续发展领域出现的新问题都亟须理论创新和实践探索。

上海社会科学院生态与可持续发展研究所立足上海，面向全国，一直致力于生态文明理论、生态文明建设的体制机制以及资源环境可持续发展的对策等领域的研究，近年来在环境绩效管理、新能源产业发展、环境战略转型、区域绿色发展模式、环境治理创新等领域聚焦理论创新和实践探索，为上海市及其他省市政府部门提供了大量决策咨询服务。本套丛书是本所科研人员在中国绿色发展领域研究的著作文集，也是上海社会科学院创新工程资源环境可持续发展创新团队近3年研究的标志性成果。丛书在以往工作的基础上，坚持理论创新与典型案例分析相结合、国际趋势与中国特色相结合、全局研究与地方服务相结合、近期任务与远期目标相结合，深入分析不同尺度区域、不同发展领域绿色发展的内涵与发展模式、现状与绩效评估、目标与实践路径、对策与保障措施，期许在中国绿色发展理论创新以及实践探索方面做出有益的研究尝试。

本套丛书在撰写和出版过程中，得到了上海社会科学院、各级政府管理部门、兄弟科研院所等机构领导和专家的大力支持和帮助，同时，上海社会科学院出版社的熊艳编辑也为本丛书的顺利出版付出了辛勤的劳动，在此一并表示最诚挚的谢意！

上海社会科学院生态与可持续发展研究所常务副所长　周冯琦

2016年10月

目　　录

第一章　低碳城市内涵及趋势

低碳城市建设是一个复杂的系统工程，碳排放外在表现为各碳排放源的能源利用及二氧化碳排放，但根本上是城市发展模式、生产模式、消费模式等决定了城市二氧化碳排放的总量和结构。有效地控制并减少碳排放并不仅取决于单个部门和排放主体的努力，更需要整个城市的经济、空间等发展战略的变革。

第一节　低碳城市的内涵

本节梳理主要学者对低碳城市内涵的研究，归纳其中的共通之处，并在此基础上提出对低碳城市内涵和外延的基本观点。

一、对于低碳城市的比较研究

清华大学胡鞍钢（2007）、戴亦欣（2009）、北京大学余猛（2010）、同济大学龙惟定（2010）从低碳能源和低碳治理的角度阐释低碳城市是城市经济以低碳产业和低碳化生产为主导模式、市民以低碳生活为理念和行为特征、政府以低碳社会为建设蓝图的城市。强调发挥不同主体在基于城市地理空间单元的低碳经济发展中的作用。

清华大学戴亦欣(2009)、刘志林(2009)、河南大学秦振耀(2010)、复旦大学戴星翼(2010)从低碳理念和低碳规划的角度认为低碳城市是一种发展理念,同时也是一种发展模式。低碳城市是以低碳经济为发展模式及方向、市民以低碳生活为理念和行为特征、政府以低碳社会为建设标本和蓝图的城市。低碳城市发展旨在通过经济发展模式、消费理念和生活方式的转变,在保证生活质量不断提高的前提下,实现有助于减少碳排放的城市建设模式和社会发展方式。戴星翼(2010)从低碳城市的内部建设,包括城市规划与建设的低碳化、城市运行低碳化以及生活方式低碳化三个层面,来论述低碳城市建设的架构及其内在联系。指出全生命周期的碳排放管理是贯穿低碳城市建设各个层面的核心理念,不同层面的低碳化措施可以相互影响、协同作用,从而构成了低碳城市的有机整体。

低碳城市规划与传统城市规划有所不同。传统城市规划主要包括人口预测、城市布局、工业用地布局、交通等内容;低碳城市规划主要强调的是如何使城市实现低碳。低碳城市规划在产业选择上,要选择低能耗的产业,在产业选择和布局上应做出更加系统的规定;在城市交通上,应做出更加细致的安排,包括交通形式的调整、就业与居住的平衡等。

同济大学诸大建(2010)、西北大学周潮(2010)、联合国环境规划署驻华代表处首任主任夏堃堡(2008)、中国科学院科技政策与管理科学研究所付允(2008)从低碳生产和低碳消费的角度认为低碳城市的本质就是在城市实现低碳生产和低碳消费模式,以低碳消费带动低碳生产,以低碳生产促进低碳消费,建立资源节约型、环境友好型社会,形成一个良性的可持续发展的城市能源生态体系。这类学者观点的共同之处在于通过技术创新转变生产方式和经济发展模式,形成低碳的生活理念和消费模式,从而实现低碳城市建设和区域可持续发展。

二、关于上海低碳城市的研究

诸大建(2010)、戴星翼(2010)、陈琳(2011)、郭茹等(2009)、吴开亚

(2013)、朱聆(2011)、李莉(2011)、黄蕊(2010)、周冯琦(2010)等学者对上海低碳城市以及上海能源活动碳排放做了相关研究。

三、低碳城市的内涵与外延

以上相关研究从三个不同角度提出的低碳城市概念是相互交叉关联的,并不是相互独立的,只是关注的侧重点不同。实际上,低碳城市建设涉及城市发展的各个领域,是低碳能源、低碳生产、低碳消费、低碳治理等方面内容的综合。低碳城市的总体目标是以不影响城市经济发展潜力的方式大幅减少城市的碳足迹。但就低碳城市的确切构成而言,界定非常困难。因为一个城市的碳足迹取决于其GDP、能源强度和能源结构。能源强度反过来又取决于一个城市的经济结构、气候、人口密度、交通基础设施、能源效率、生活方式及生活质量。考虑到上海城市的典型排放源和特点以及温室气体排放的决定因素,低碳城市显然应至少采取下列最基本的行动:

一是通过制定目标大幅减少温室气体排放,这些目标至少要符合国家的节能、可再生能源和碳强度目标并有助于扭转全国温室气体排放增长趋势;

二是依靠节能、低碳能源和生产技术;

三是建立支持绿色交通方式的高效、一体化公共交通基础设施;

四是建立紧凑型城市形态;

五是开展教育,提高市民意识,支持低碳消费模式。

低碳城市建设应根据自身实际,明确优先事项,以帮助城市实现低碳发展,低碳城市路线图应包括五部分(见图1-1)。

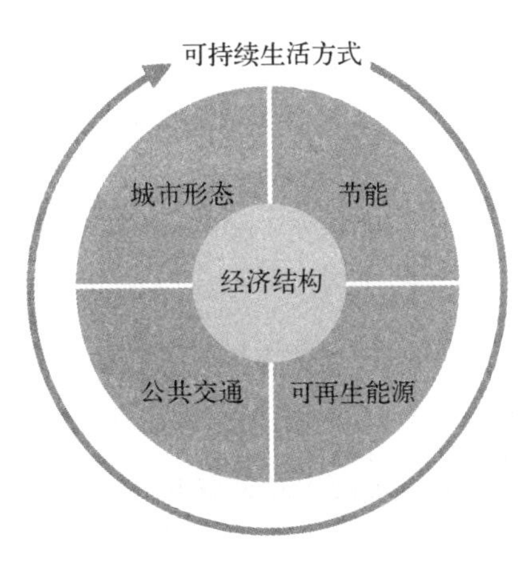

图1-1　低碳城市路线图

资料来源:笔者自制。

第二节　低碳发展评价指标体系

随着人们对气候变化及其原因认识的深入，城市碳减排及低碳城市建设越来越引起人们的关注，构建一套全面、系统的低碳发展评价指标体系成为评估城市或者区域低碳发展现状，分析影响碳排的主要因素，甚至考核环境绩效的重要方法和工具。国内外研究机构基于不同的角度、不同的层次，建立了有所差异的评价指标体系，比较有代表性的有：

一、关于国家或地区的低碳发展评价指标体系

德国观察发布的气候变化绩效指数，以国家为评价单元，该指数包含了排放趋势、排放水平、气候政策三个领域。其中，排放趋势按照行业排放趋势，分为电力、工业、道路交通、住宅、可再生能源、人均二氧化碳排放、目标绩效对比等 8 项指标；排放水平分为一次能源消费量、人均一次能源消费量、单位国内生产总值一次能源消耗强度；气候政策分为国内和国际 2 项指标。2012 年评估结果显示，没有一个国家达到非常优秀的标准，中国排第 54 位①。

Vivid Economics 2009 年发布“20 国集团低碳竞争力报告”，低碳竞争力包括三个方面因素：现状定位、现状的变化速度以及面临的挑战大小，设定了三大指数：低碳竞争力指数、低碳进步指数与低碳差距指数。其中低碳竞争力指数包括 18 项指标，分别是人均交通能耗、森林退化率、高科技产品出口占总出口的比重、每千人小汽车数、贸易隐含碳排放占生产总排放的比重、航空货运量、清洁能源占总能耗比例、燃油效率、可再生能源新增投资额、电力输配损

① German Watch. The Climate Change Performance Index 2012[R]. Berlin: German Watch, 2012.

失、温室气体排放年增长率、柴油价格、电力碳强度、人力资本(教育支出占国民收入比重)、自然资本(自然资源折损占国民收入比重)、人口增长率、人均国内生产总值、创业成本。低碳竞争力最强的是法国、日本,中国排名第 6 位①。

经济学人智库提出的"绿色城市评价指标体系"及系列研究成果,研究了包括欧洲、亚洲、美洲绿色城市指数。其中 2009 年亚洲绿色城市指数报告对亚洲 22 个城市的环境绩效进行了综合评估,其中上海处于"平均水平"一类。该指数有 8 项分指数综合,包括能源与二氧化碳排放、土地利用与建设、交通、废弃物、水、卫生设施、空气质量、环境管理;其中能源与二氧化碳排放包括人均二氧化碳排放、单位 GDP 能耗强度、清洁能源政策、气候变化行动计划 4 项分指数,平均权重②。

基于排放清单的指标体系,欧盟 2050 年低碳经济路线图从减排量分配的角度考虑了电力供应部门、居住于三产、工业、交通、非二氧化碳的温室气体排放源(非农业)、非二氧化碳的温室气体排放源(工业)等 6 大类指标③。

二、关于低碳城市评价指标体系

Climate Alliance 与德国海德堡能源与环境研究所(IFEU)的"气候城市起效标准",主要包括 4 大类信息:城市基本信息、气候保护行动概况、历年二氧化碳排放量、指标体系。指标体系中反映城市总体情况的有人均二氧化碳排放、供电用可再生能源、供热用可再生能源、热电联产、住宅能耗、交通选择、私人汽车和城市生活垃圾等;反映地方政府相关情况的有政府雇员人均二氧化碳排放、碳抵消措施、车辆排放,等等。

国内部分研究机构关于低碳城市评价指标体系主要基于社会发展领域,运用层次分析法构建低碳城市综合评价指标体系。

---

① Vivid Economics, G20 Low Carbon Competitiveness[R]. The Climate Institute and E3G, 2009.

② 经济学人智库,亚洲绿色城市指数报告[R]. 2011.

③ European Commission. Roadmap for moving to a low carbon economy[R]. Brussels: European Commission. 2011.

三、上海低碳城市建设评价指标体系

笔者通过对低碳城市以及低碳发展指标体系的比较研究，运用层次分析法，构建上海低碳城市建设指标体系。该体系分为4个层次，分别是目标层、准则层、要素层和指标层。通过对城市宏观经济社会情况、碳排放水平、碳源控制、碳汇建设、减碳机制、协同减排6个准则层，17个要素，53项指标的分析来评价和推进低碳城市建设。

表1-1　　低碳城市建设评价指标体系

目标层	准则层	要素层	指标层
低碳城市	城市基本信息	人口	常住人口
			人口增长率
		GDP	人均GDP
			GDP增速
		产业结构	第三产业比重
	碳排放水平	碳排放总量	碳排放总量
			碳排放变化速率
		人均碳排放	人均碳排放
		碳排放效率	单位GDP碳排放
			单位GDP碳排放变化速率
		碳排放结构（按终端能源消费计算）	第二产业碳排放占比
			其中：工业碳排放占比
			建筑业碳排放占比
			第三产业碳排放占比
			其中：交通运输、仓储和邮政业碳排放占比
			批发、零售和住宿、餐饮业碳排放占比
			生活消费碳排放占比

续　表

目标层	准则层	要素层	指标层
低碳城市	碳源控制	低碳制造	单位工业增加值碳排放
			工业企业入园区比重
			再制造增加值比重
		低碳交通	汽车单位里程油耗
			人均轨道交通里程
			轨道交通线网密度
			公务用车中新能源汽车比例
			私家车中新能源汽车比例
			公共交通分担率
		绿色建筑	新建住宅建筑节能设计标准
			新建公共建筑节能设计标准
			既有住宅建筑节能改造率
			新建公共建筑中绿色建筑比重
		能源结构	一次能源消费中煤炭占比
			一次能源消费中天然气占比
			可再生能源消费占比
			煤炭发电占火力发电比重
			外来电比重
		发电效率	电力输配损失
		低碳消费	人均生活用能
			生活垃圾产生量
			生活垃圾填埋量
	碳汇建设	碳汇来源	林木绿化率
			可绿化屋顶绿化覆盖率
			郊野公园累计建设个数
			自然湿地保护率
			人工湿地比重

续 表

目标层	准则层	要素层	指标层
低碳城市	减碳机制	能源约束	能源强度约束
			能源消费总量约束
			能源价格市场化
		碳约束	碳排总量约束
			碳强度约束
			碳交易市场体系
	协同减排	同源污染物	SO_2
			NO_x
			颗粒物减排

资料来源：笔者自制。

第三节 全球低碳发展现状及趋势

“努力建设成为具有全球资源配置力、较强国际竞争力和影响力的全球城市”是上海2050城市发展的中长期目标。就全球资源配置能力和国际影响力、国际竞争力的坐标定位及参照系来看，纽约、伦敦、东京等全球城市已呈现出低碳发展趋势，未来上海全球城市建设的目标应是伦敦、纽约、东京那样的顶级全球城市。

一、发达国家碳排放的历史轨迹

通过对发达国家如美国、英国及日本的历史数据的整理，可以显现发达国家人均碳排放及碳排放总量的发展轨迹。

(一) 发达国家碳排放总量峰值

碳排放总量只有在有计划的减排行动下才可能出现峰值。英国是最早达到碳排放峰值的国家，1988 年，人均 GDP 为 3.8 万美元左右，达到峰值。美国 2007 年达到峰值后一直在这一水平徘徊，碳排放总量约 58 亿吨，人均 GDP 为 4.5 万美元左右。日本 2004 年碳排放总量 12.59 亿吨，达到峰值，人均 GDP 为 3.5 万美元左右（见图 1－2、图 1－3、图 1－4）。

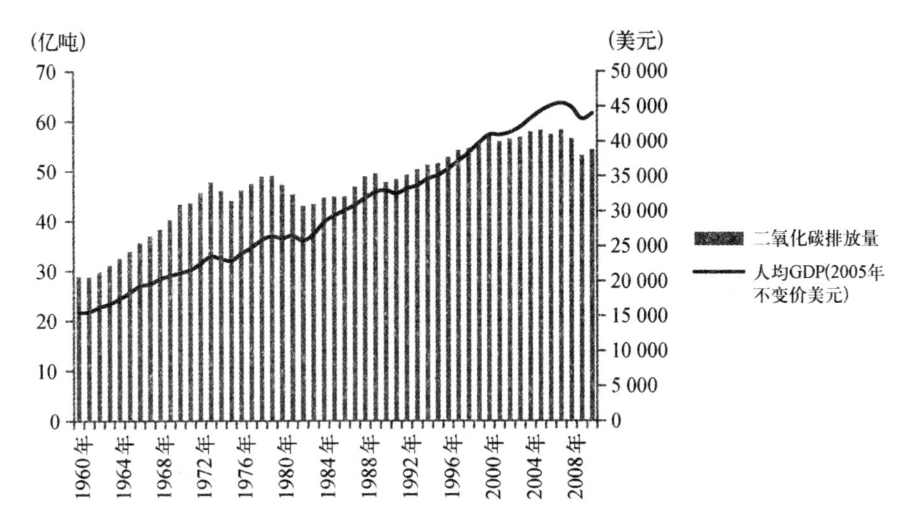

图 1－2　1960—2010 年美国二氧化碳排放总量及人均 GDP

资料来源：World Bank：DataBank.

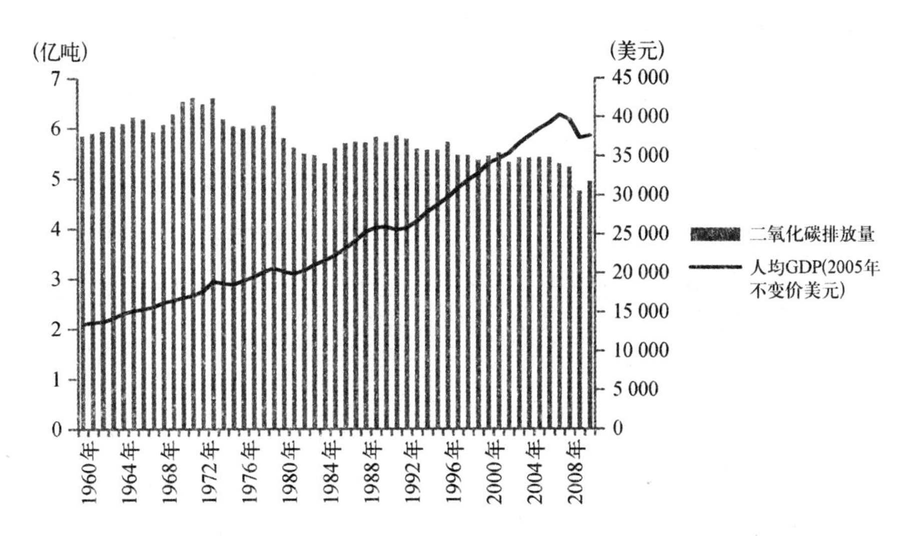

图 1－3　1960—2010 年英国二氧化碳排放总量及人均 GDP

资料来源：World Bank：DataBank.

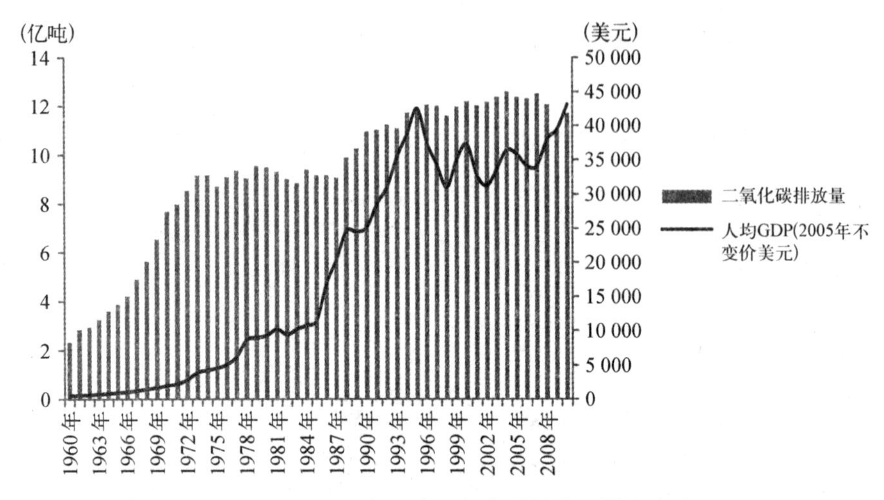

图 1-4 1960—2010 年日本二氧化碳排放总量及人均 GDP

资料来源：World Bank：DataBank.

(二) 发达国家人均碳排放峰值

美国人均碳排放在 1973 年达到 22.51 吨/人的峰值，当年人均 GDP 为 2.35 万美元；英国人均碳排放在 1971 年达到 11.82 吨/人的峰值，当年人均 GDP 为 1.7 万美元；日本人均碳排放在 2007 年达到 9.79 吨/人的峰值，当年人均 GDP(按 2005 年不变价美元)为 3.7 万美元(见图 1-5、图 1-6、图 1-7)。

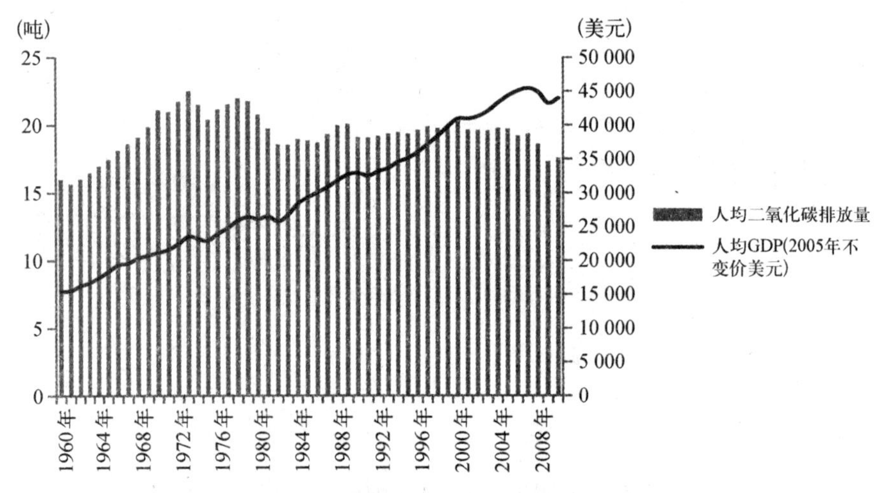

图 1-5 1960—2010 年美国人均二氧化碳排放量及人均 GDP

资料来源：World Bank：DataBank.

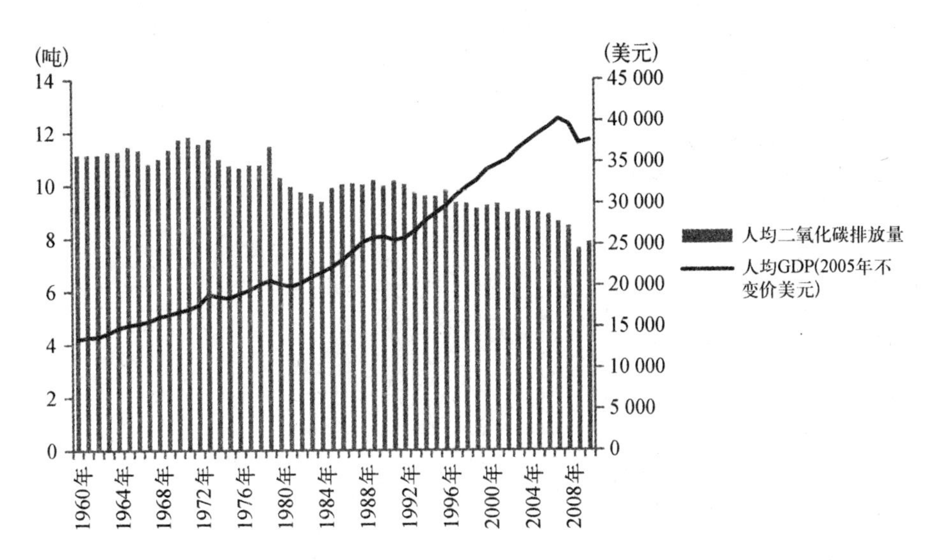

图 1-6　1960—2010 年英国人均二氧化碳排放量及人均 GDP

资料来源：World Bank：DataBank.

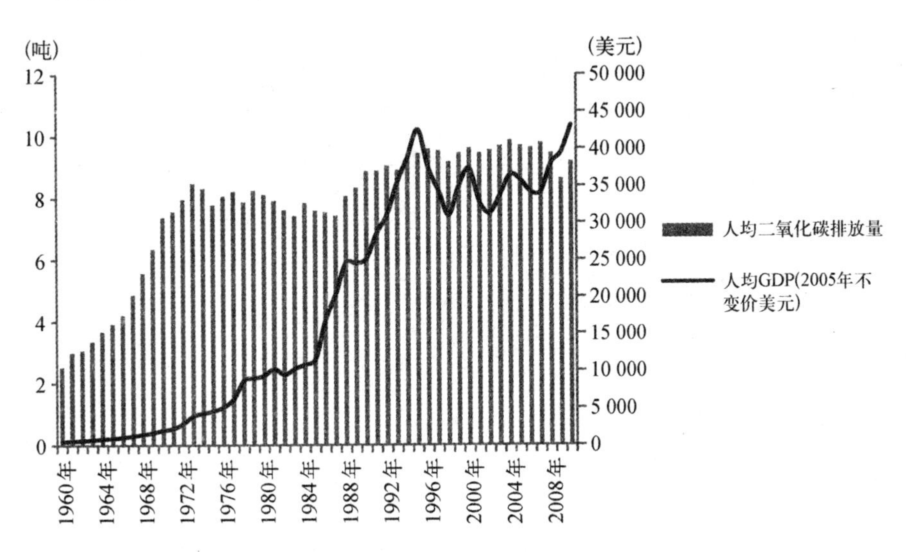

图 1-7　1960—2010 年日本人均二氧化碳排放量及人均 GDP

资料来源：World Bank：DataBank.

(三) 工业占 GDP 比重降低对减排的贡献不显著

美国、日本工业占 GDP 比重虽然自 1970 年代以来一直呈下降趋势(见图 1-8、图 1-9)，但碳排放总量仍保持增长。

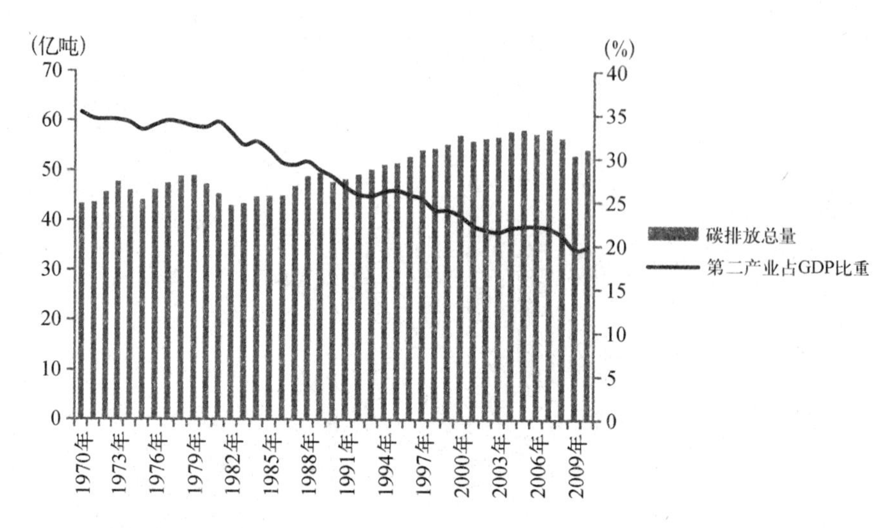

图 1-8　1970—2010 年美国二氧化碳排放总量及第二产业占 GDP 比重

资料来源：World Bank：DataBank.

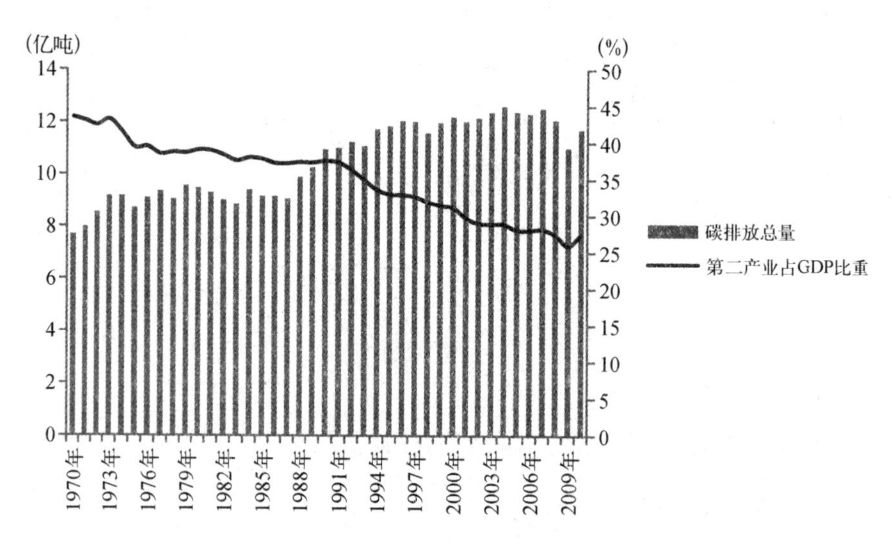

图 1-9　1970—2010 年日本二氧化碳排放总量及第二产业占 GDP 比重

资料来源：World Bank：DataBank.

(四) 交通运输及能源产业碳排放贡献增大

分部门来看，制造业碳排放所占比重逐渐降低，交通运输业和电力热力业碳排放所占比重不断上升。电力热力生产所排放的二氧化碳几乎占半壁江山，交通运输业占1/3左右。在制造业比重较高的国家，如日本，制造业、交通运输业占比相当（见图1－10、图1－11、图1－12）。

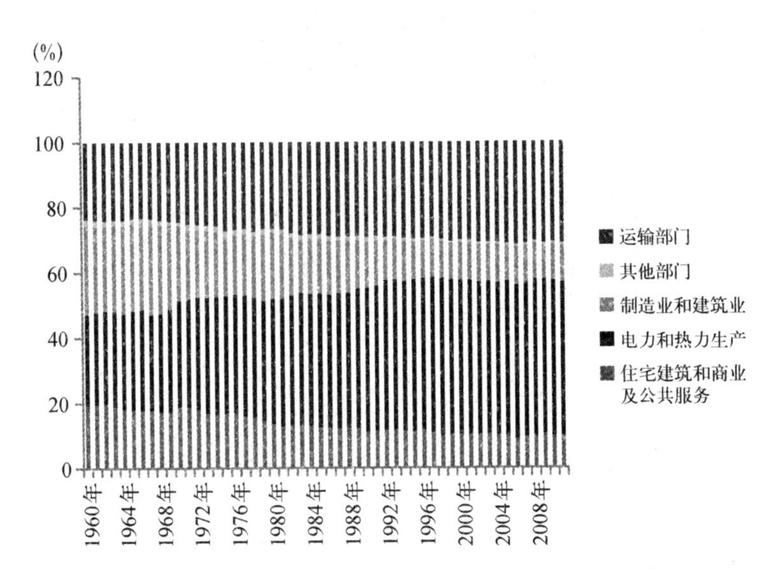

图1－10　1960—2011年美国分部门二氧化碳排放量占比

资料来源：World Bank：DataBank.

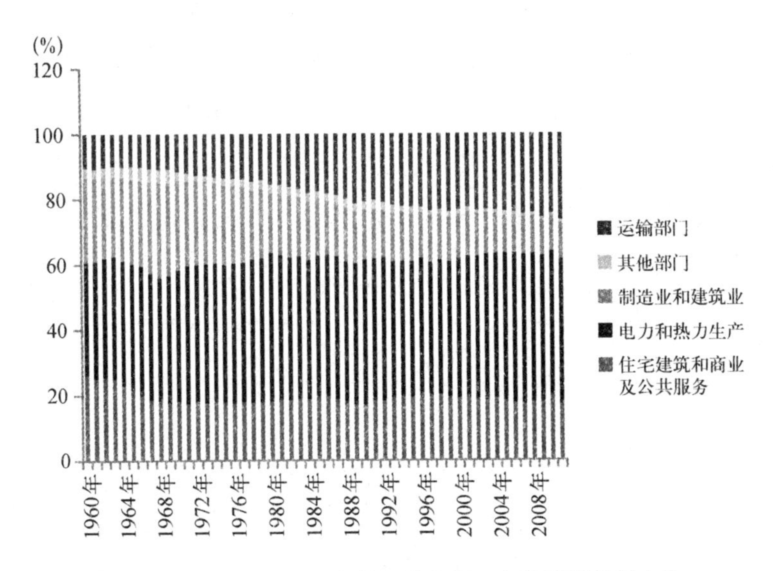

图1－11　1960—2011年英国分部门二氧化碳排放量占比

资料来源：World Bank：DataBank.

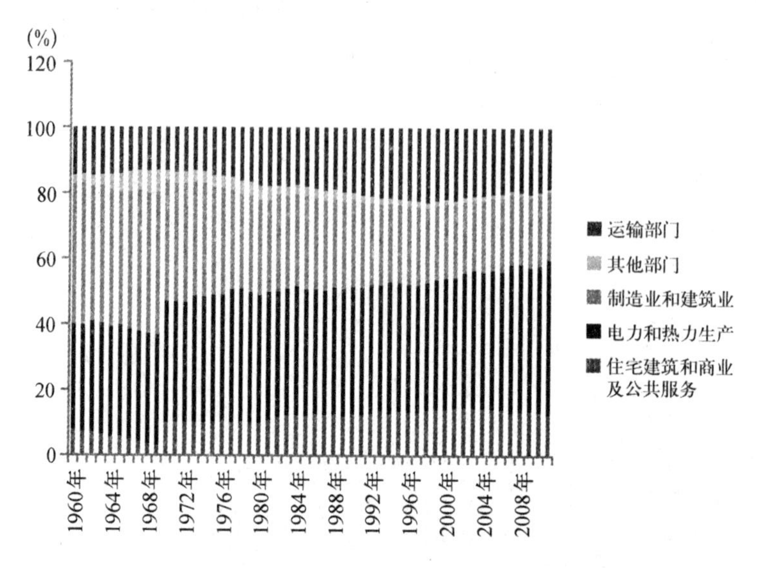

图 1-12 1960—2011 年日本分部门二氧化碳排放量占比

资料来源：World Bank：DataBank.

二、发达国家与金砖国家碳排放及减排目标

基于各国碳排放总量历史数据的较大差异，其减排目标的基准年也有很大不同。美国计划到 2030 年在 2005 年基础上减少 30%；欧盟提出 2020 年在 1990 年基础上减少 20%；英国气候白皮书更提出，到 2050 年在 1990 年的基础上减少 80%；日本计划到 2020 年在 2000 年的基础上减少 25%(见表 1-2)。

表 1-2 发达国家与金砖国家减排的碳排放及减排目标 （单位：亿吨）

	1990	2000	2005	2020	2030	2050
美国	47.68	57.14	58.26	48.36 (—17%)	40.78 (—42%)	9.9 (—83%)
英国	5.71	5.44	5.42	4.23—3.88 (—26%～32%)		2.28 (—60%)
日本	8.86	9.61	9.68	7.21(—25%)	—	3.84—1.92 (—60%～80%)

续　表

	1990	2000	2005	2020	2030	2050
欧盟				−20%		
巴西	2.41	3.52	3.78	−20%		
俄罗斯	23.49	15.56	15.93	−20%～25%		
印度	5.81	9.52	11.8	−20%～25%（强度）		
中国	23.95	34.29	55.74	−40%～45%（强度）		
南非				2020—2025 达到峰值		

资料来源：在 World Bank：DataBank 数据的基础上根据各自减排目标计算。

三、全球城市低碳发展趋势

（一）城市在全球气候变化中的作用

2013 年 IPCC 公布第五次评估报告认为，气候变化要比原来认识到的更加严重，而且有 95%以上的把握认为气候变化是人类的行为造成的，城市在气候变化中扮演关键角色。根据国际能源署的估算，2006 年城市温室气体排放占全球能源相关温室气体排放总量的 71%。重要的全球城市一般都位于海拔较低的沿海地区，因此很容易受到海平面上升的影响。可以说城市不仅是导致气候变化的重要原因，其本身也非常容易受到气候变化的影响。同时由于城市拥有巨大的经济实力，集中了大量技术人员，且相关政府部门实施的改革措施也会影响温室气体排放，因此城市在解决气候变化问题上发挥着独特的作用，是极为重要的行动主体。

（二）全球城市呈现出低碳发展趋势

全球城市大多是经济社会功能强大、生态环境建设先进的城市。同时，为了应对国际气候变化的挑战，顶级全球城市大多是倡导低碳发展的。全球城市大都制定了低碳发展战略和相关行动计划，尤其是伦敦、纽约、东京等城市在低碳城市建设方面起到了领跑者的作用。自 2005 年以来，主要全球城市的碳排放水平出现显著下降，即使是在 2008 年国际金融危机之后，发达国家谋求经济复苏和中长期发展，出台了一系列经济刺激政策，碳排放仍然处于较低水平，并实现不间断的减排。以纽约市为例，根据纽约市长办公室的统计，2005—2012 年，纽约市 GDP 增长了 5%，建筑物面积增加了 5%，人口总量增长了 3%，而能耗下降了 3%，碳排放减少了 19%。可见纽约市在经济社会不断发展的背景下，虽然人口不断集聚，相配套的建筑物不断兴建，但仍然成功实现了城市的碳减排目标(见图 1 - 13)。

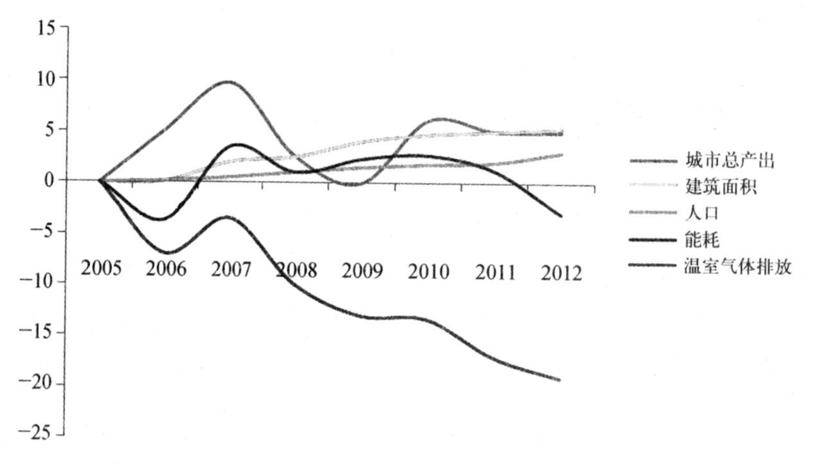

图 1 - 13　2005—2012 年纽约市能耗、碳排放与主要经济社会参数同比变化　单位：%

资料来源：NYC Mayor Office. Inventory of New York City Greenhouse Gas Emissions[R]. December 2013.

(三) 颠覆性技术创新重塑世界经济和碳排放格局

随着信息技术的不断进步，以及技术创新成为新一轮全球竞争的焦点，全球技术突破和创新的范围越来越广，影响力越来越深远。并且新形势下的技术创新将不再是现有技术格局下的完善和提升，而是破坏性创新或颠覆性创新(Disruptive Innovation)，并对人类生活、商业和全球经济具有重大的变革性影响。

这些变革性技术的创新及推广将可能极大地改变未来人们的生活与工作现状，为未来创造新的发展机会，改变未来国家间的比较优势，并使未来城市进一步低碳发展成为可能。如移动互联技术、物联网技术及云技术等新一代信息技术的推广将促使大规模生产、专业化分工、有组织的生产方式被分散化、个性化和自由的工作方式取代，网络化环境可使每个企事业单位员工在家中从事创造性工作和服务，并彼此间随时进行远程交流。城市边界弱化，通勤需求减少，这对于节能减排和缓解交通拥堵更为有效。以添加制造(Additive Manufacturing)为核心理念的3D打印技术突破现有切削制造技术的弊端，并使生产更贴近消费者，将使制造、运输以及使用全过程中的碳排放量显著降低，从而大幅提高全球的资源利用效率，减少碳排放量。自动驾驶技术、机器人技术、人工智能技术都将对人类的生产和生活方式产生重要影响，间接对碳排放以及能源消费模式产生影响。而碳捕捉技术的开发和成熟推广直接会对气候变化的减缓方式产生重大影响，尤其是对煤炭资源丰富的中国影响也更大，上海的能源消费结构也将因此产生变化。

(四) 可持续发展的驱动力不断强化

在全球气候变暖的风险以及环境对健康的影响风险日趋明显的背景下，资源环境对区域可持续发展的约束日渐突出，世界各国以及地区追求可持续发展的驱动力日渐强化。全球城市都能够具备吸引全球一流人才的软硬件环境，尤其是生态环境。因此全球城市在追求全球资源配置能力、全球影响力提升的同时，其可持续发展的驱动力和竞争力也不断得到强化和提升。

第二章　上海低碳城市建设的起点

根据2006年IPCC为制定国家温室气体清单指南提供的参考方法，通过各种能源消费导致的碳排放估算量加总得出上海市二氧化碳排放量。同时，根据IPCC指南中提出的“生产属地”原则，本文估算的上海市碳排放总量不包含使用外调电力或热力产生的碳排放（主要燃料种类的二氧化碳排放系数参考本章附录“周冯琦2010年整理的系数表”）。

第一节　上海碳排放的总量与结构

在能源结构优化、产业结构调整、能效提升等多领域努力下，上海城市的碳减排取得了一定的成绩，单位GDP碳排放下降趋势明显，但碳排放总量和人均碳排放仍处于高位，碳排放的结构性特征也仍然凸显。

一、上海碳排放总量仍处高位

（一）上海碳足迹与经济增长已相对脱钩

“十二五”以来，上海市碳排放总量出现筑平台趋势，上海经济增长与碳排放的关系呈现相对脱钩的状况。2014 年上海市碳排放有一定程度下降，主要原因在于上海外调电比重提高，但仅此并不能确认上海碳排放总量已进入拐点。与此同时，上海近年来碳排放强度下降速度快于“十二五”国家给予上海的约束性指标，至 2013 年年底已完成“十二五”碳强度减排指标，2014 年上海碳排放强度已低于 1 吨/万元（见图 2－1）。

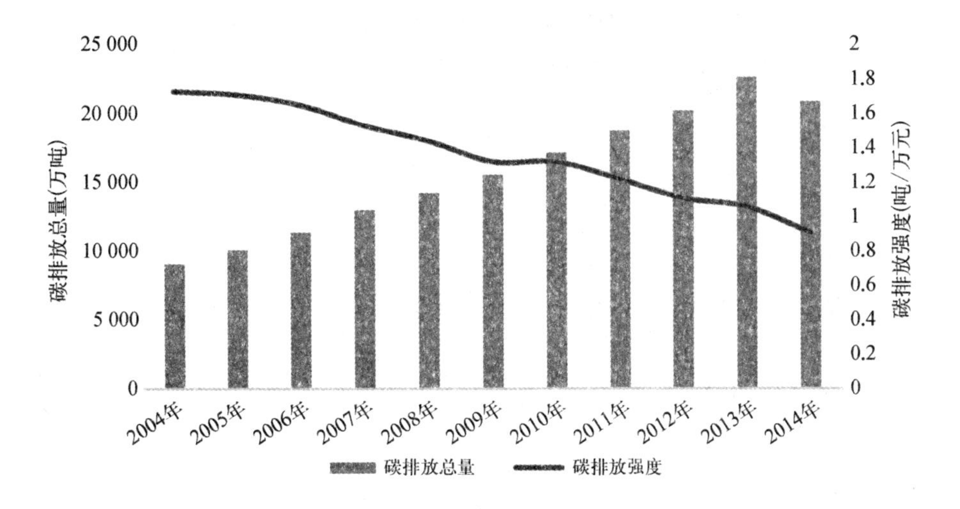

图 2－1　2004—2014 年上海碳排放总量及碳排放强度（按 2010 年可比价）

资料来源：根据 2005—2015 年《上海能源统计年鉴》计算。

（二）上海人均碳排放高于纽约、伦敦、巴黎、东京等全球城市

上海市人均碳排放量已出现在高位徘徊的趋势，2012 年上海市人均碳排放量为 9.57 吨，比 2011 年下降 0.3%。然而，与国际主要国家相比，2011 年世界人均碳排放为 4.6 吨，我国人均碳排放是 6.7 吨左右，因此，上海人均碳排放仍大大超过了世界人均和我国人均水平。就国内外主要城市之间进行比较（见图 2－2），上海市 2011 年人均二氧化碳排放量在国内超过人口能级相当的北京、香港等城市，在国外已经超过发达国家城市包括纽约、伦敦、东京、巴黎等。经测算，在千万人口能级的世界级大城市中，上海市的人均碳排放量处于较高地位。

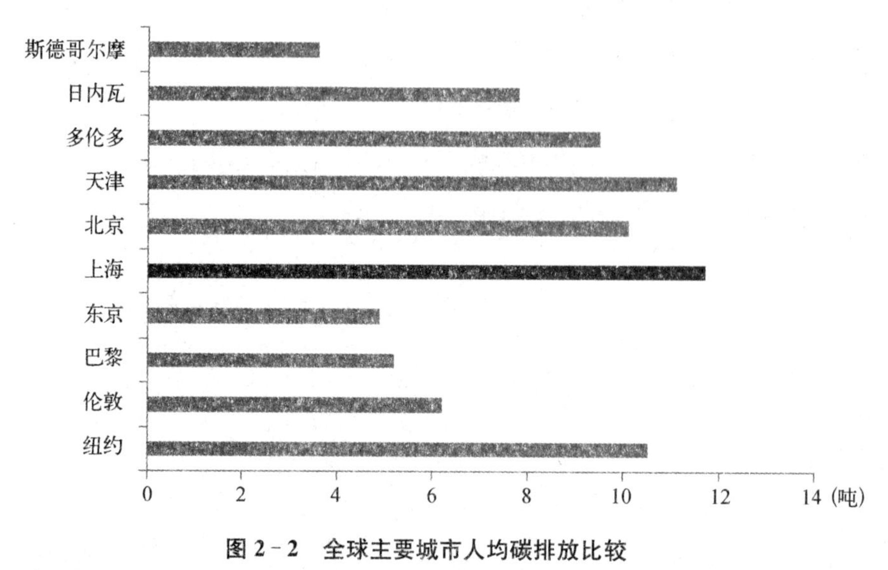

图 2-2 全球主要城市人均碳排放比较

资料来源：World Bank. Cities and Climate Change：An Urgent Agenda[R]. Washington D. C.：World Bank，2010.

二、上海碳排放部门仍以工业和电力为主

上海碳排放中化工业主导的结构性特征仍然存在。联合国人居署的研究指出，发达国家城市如纽约、伦敦、东京等目前属于建筑、生活消费主导型的碳排放，中等发达地区城市如香港等目前属于交通、生活消费主导型的碳排放，而发展中国家城市如上海、北京目前处于由工业主导型的排放向交通主导型的碳排放转变。

上海碳排放以工业和电力为主导，交通运输、建筑虽然占比低于工业和电力，但交通运输的碳排放强度很高，且交通运输、建筑碳排放总量出现快速增长的趋势。上海制造业碳排放主要集中于黑色金属冶炼和压延、石油化工和化学原料制造业三大产业。上海火力发电中煤炭装机占比高，本地装机占全市电力供给的 70%左右，是碳排放以及城市空气污染的主要来源

之一。长距离交通型城市格局仍是上海建设低碳城市的重要因素之一。从历史趋势看，电力与热力生产供应部门占碳排放的比重缓慢下降，交通运输和邮政业的比重缓慢增长。此外，城市居民生活及其他部门碳排放也有明显增长（见图 2－3）。

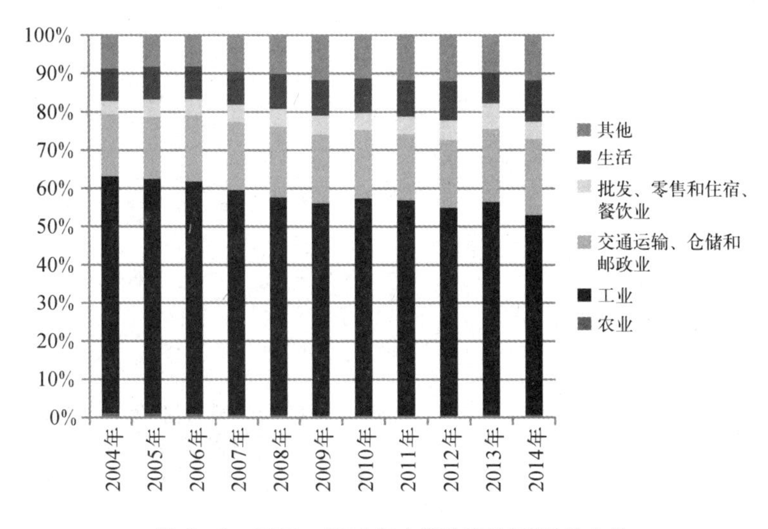

图 2－3　2004—2014 年上海各部门碳排放占比

资料来源：根据 2005—2015 年《上海能源统计年鉴》计算。

2014 年，上海规模以上工业企业综合能源消费量达到 5 315.86 万吨标准煤，占全市能源消费总量的 47.96％。其中制造业能源消费总量 4 955.24 万吨标准煤。2014 年工业综合能源消费量占全市的比重比 2012 年时有所下降。根据 2014 年的统计口径，上海制造业大类中共有 31 个细分产业部门。各细分产业部门的能源消费总量及单位工业总产值能耗详见图 2－4。从中可以发现，上海制造业大类中，能耗较高的行业与能效较低的行业较为集中，并且重合度较高。

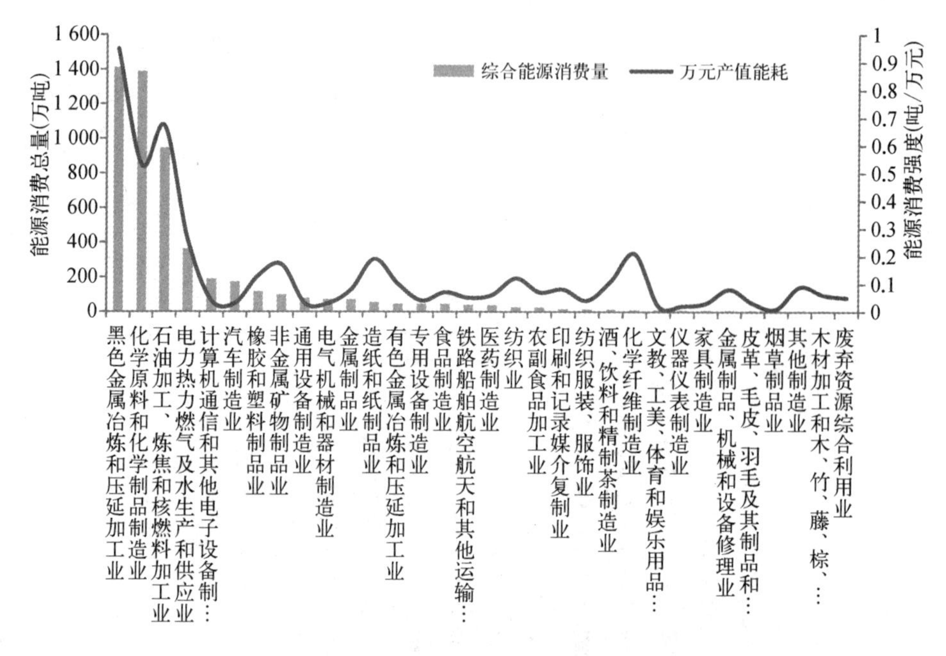

图 2-4　2014 年上海工业部门能源消费总量及强度

资料来源：根据《上海能源统计年鉴 2015》计算。

第二节　上海碳排放的空间分布

一、工业碳排放行政区域空间格局

为了便于分析研究，考虑数据可解析性，我们根据能源统计年鉴口径，分区县计算工业碳排放，由区属工业碳排放量加总所在区县内分行业主管部门大企业的碳排放量，再加上各区内市级层面分行业主管部门考核的重点排放企业的排放量。按照这一粗略计算，2014 年各区县中，金山区工业碳排放最高，宝山区次之，浦东新区位列第三。纵向比较来看，2014 年金山区碳排放较 2012 年有一定程度增长，宝山区由于宝钢集团碳排放的下降，出现了较为明显下降，浦东新区碳排放总量由于高桥石化碳排放的下降也出现了显著下降。

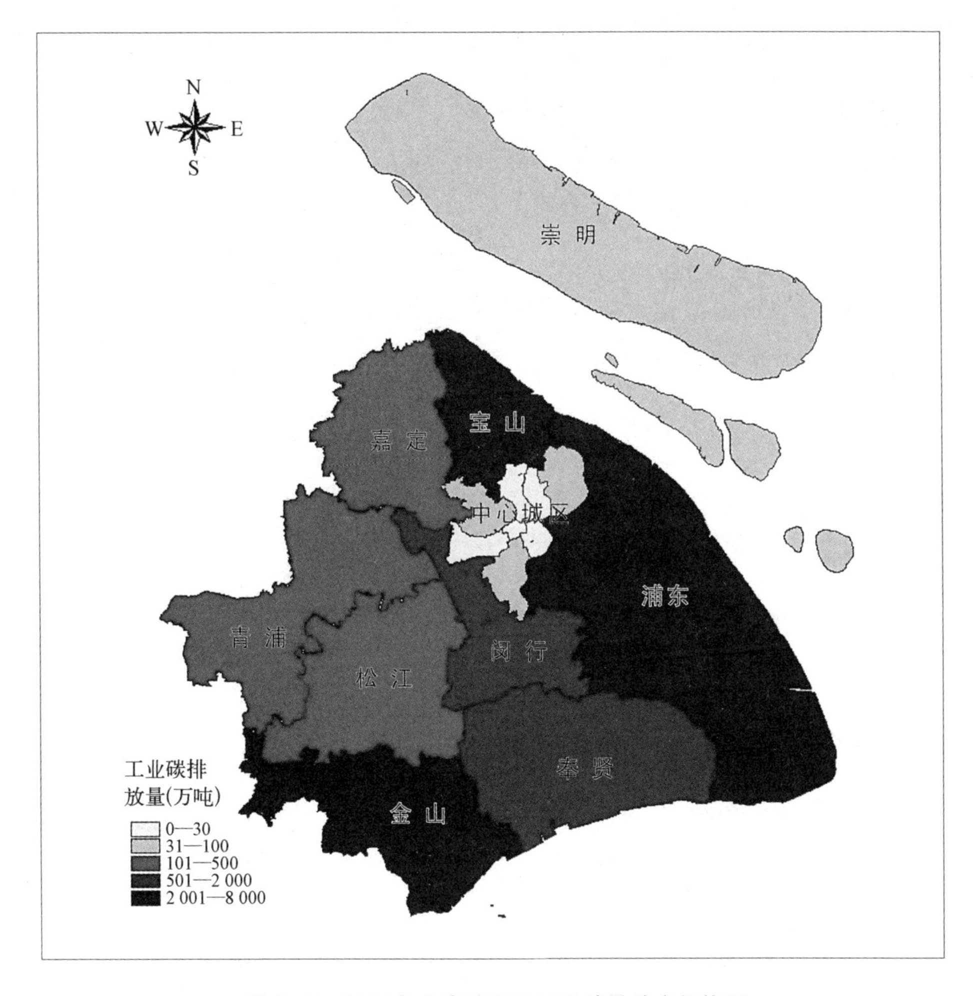

图 2-5 2014 年上海分区县工业碳排放空间格局

资料来源：根据《上海能源统计年鉴 2015》计算。

根据上海市城市总体规划(2006—2020)，本市工业区块分为三大类，分别是规划工业区块(即"104 区块")，包括公告开发区、产业基地及城镇工业用地三大部分，规划面积 789.3 平方公里；规划工业区块外、集中建设区内的现状工业用地(即"195 区域")；规划工业区块外、集中建设区外的现状工业用地(即"198 区域")，用地面积大约 198 平方公里。

不同区工业地块的单位土地产出差异很大。2014 年，全市 104 地块工业用地平均产出率为 67 亿元/平方公里，其中公告开发区平均土地产出水平

72.1 亿元/平方公里，国家级开发区和市级开发区土地产出水平比较大，国家级开发区土地产出水平 117.5 亿元/平方公里，市级开发区土地产出水平 51.3 亿元/平方公里。产业基地土地工业产值产出 70.6 亿元/平方公里，城镇工业地块土地产出 38.1 亿元/平方公里①。

各区中，嘉定区以 127.9 亿元/平方公里排名第一，浦东新区、松江区排名二、三位。有 6 个区单位土地产出低于全市平均水平，其中奉贤区、宝山区、金山区是需要重点关注的区，这三个工业地块面积占全市 104 地块的面积 36%左右，但工业产出规模仅占 104 地块的 21%左右（见图 2-6）。

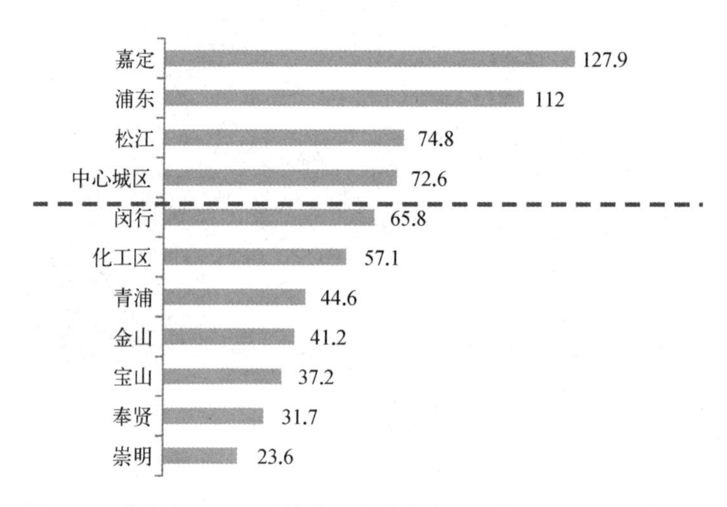

图 2-6　上海各区工业地块单位土地产出　　单位：亿元/平方公里

资料来源：上海市经济和信息化委员会. 2015 上海产业和信息化发展报告——开发区[R]. 上海市经济和信息化委员会，2015.

同时，奉贤、宝山、金山这三个区区属工业的单位工业产值能耗也是各区县中相对最高的，因此，笔者认为，这三个区提升能源效率与提升单位土地产出的任务和结果具有一致性。同时，由于上海工业园区呈现鲜明的主导产业集聚特征，这三个区能效与土地产出效率提升的过程与其主导产业产出效率提升息息相关（见表 2-1）。

---

① 上海市经济和信息化委员会. 2015 上海产业和信息化发展报告——开发区[R]. 上海市经济和信息化委员会，2015.

表 2－1　宝山区、奉贤区、金山区主要开发区主导产业集聚状况

区　县	园区名称	主　要　产　业	主导产业比重
宝山区	白鹤工业园区	金属制品业 黑色金属冶炼和压延加工业	61.83%
	宝山钢铁基地	黑色金属冶炼和压延加工业	100%
	宝山工业园区	金属制品业 专用设备制造业 电气机械和器材制造业	59.54%
	宝山杨行工业园区	金属制品业 有色金属冶炼和压延加工业	59.62%
奉贤区	化工区奉贤分区	化学原料和化学制品制造业	100%
	金汇工业园	电气机械和器材制造业 化学原料和化学制品制造业 农副食品加工业 专用设备制造业	42.05%
金山区	金山第二工业园区	化学原料和化学制品制造业	100%
	上海山阳工业区	食品制造业 电气机械和器材制造业	56.38%
	金山石化基地	石油加工、炼焦和核燃料加工业 化学原料和化学制品制造业	97.6%
	上海金山工业园区	造纸和纸制品业 电气机械和器材制造业 橡胶和塑料制品业	47.08%
	化工区金山分区	化学原料和化学制品制造业	88.7%

资料来源：上海市发展与改革委员会，上海市经济与信息化委员会. 2014 年上海开发区发展报告[R]. 2014.

在 104 地块中，公告开发区的产出份额占 67.7%左右，是主体部分。鉴于能耗、产值、土地面积等数据的可得性，本报告主要对公告开发区主要研究的 22 个市级开发区的情况进行分析。2014 年，市级开发区工业总产值 9 036.4 亿元，累计实际开发面积 197.8 平方公里，能源消耗总量 540.93 万吨标准煤。其中上海星火工业园区是市级开发区中能源消耗最高的，超过 100 万吨标准

煤，也是单位产值能耗最高的开发区，达到 0.582 吨/万元，同时也是单位土地能耗最高的开发区，按累计开发面积计算，星火开发区单位土地能耗为 0.15 吨/公顷左右。

二、上海电力企业碳排放空间分布

上海市建成投产与正在服役的火电企业共约 21 家，其中，公共纯燃气发电与燃气—蒸汽联合循环发电企业共有 5 家，装机容量约 613 万千瓦，占整个火电装机容量的 29.76%。2014 年，发电设备总装机容量为 2 183 万千瓦，比 2005 年增加了 894 万千瓦。2014 年，上海 6 000 千瓦及以上电厂发电设备平均运行小时数为 3 705 小时，比 2005 年减少了 1 593 小时，发电量为 800.26 亿千瓦时，全市火电企业总碳排量为 5 566 万吨。至 2013 年年底，服役的火电厂主要分布在郊区的浦东新区 7 家、闵行区 2 家、金山区 3 家、宝山区 5 家、杨浦区 2 家、奉贤区 1 家、青浦区 1 家、崇明区 2 家(见图 2－7)，根据《上海市电力发展“十二五”规划》，到“十二五”期末，上海市中心城区的煤电企业全部关停。

三、上海建筑碳排放空间格局

(一) 住宅建筑碳排：近郊区大于中心城区及远郊区

2014 年，上海市各区住宅建筑碳排量空间分布如图 2－8 所示，与 2005 年相比在空间格局上没有发生明显的变化。浦东新区仍保持着较高排放水平，2014 年达到 518.66 万吨。崇明区和静安区住宅建筑碳排量最低，分别为 35 万吨和 29 万吨。中心城区各区碳排数量虽然亦有增加，但增长速度低于其他区。宝山区和闵行区住宅建筑碳排量增长速度较快，仅次于浦东新区。从总体上看，崇明、青浦、金山、奉贤等远郊区住宅建筑碳排量仍相对较低，浦东新区继续保持较高住宅建筑碳排水平。中心城区住宅建筑碳排量相对下降，而宝山、闵行近郊区住宅建筑碳排量上升相对较快。

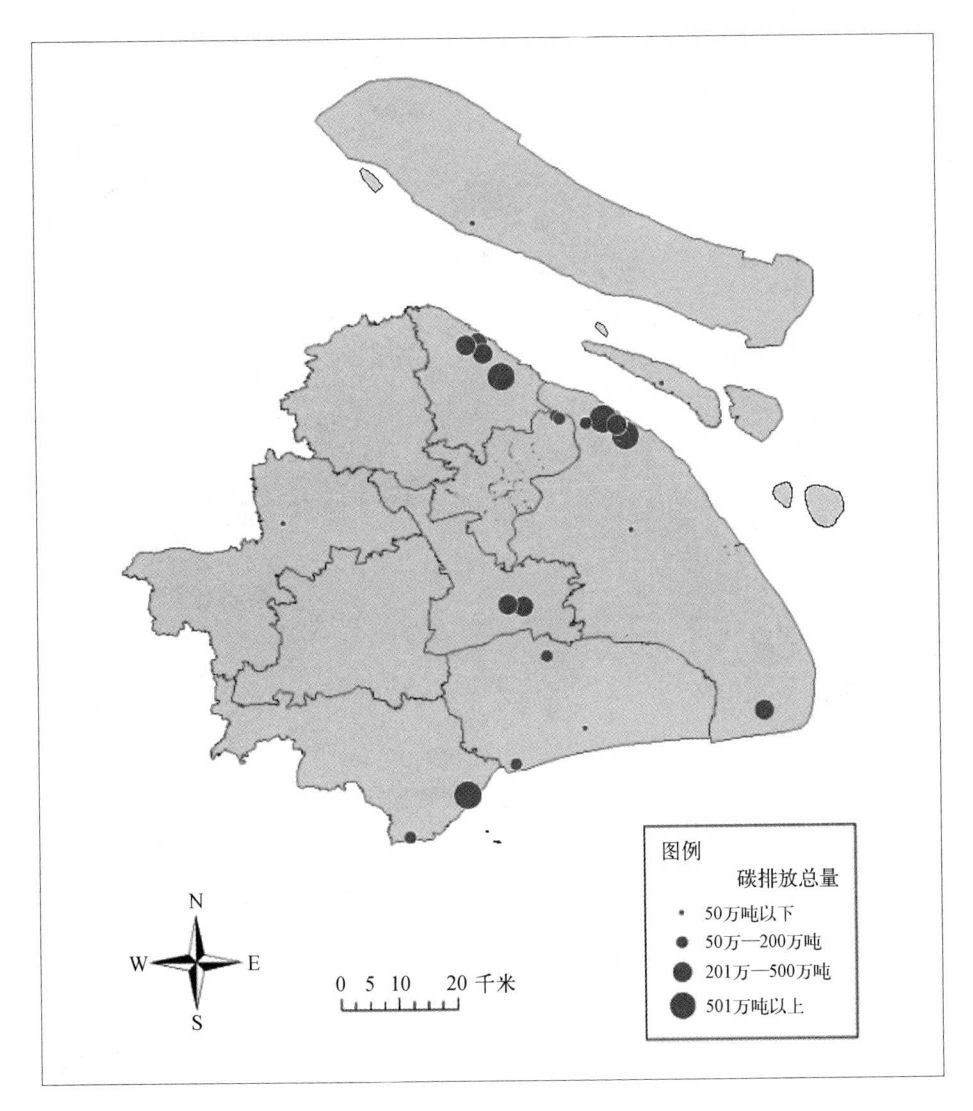

图 2-7 2014 年上海电力碳排放空间分布

资料来源：根据《上海能源统计年鉴 2015》计算。

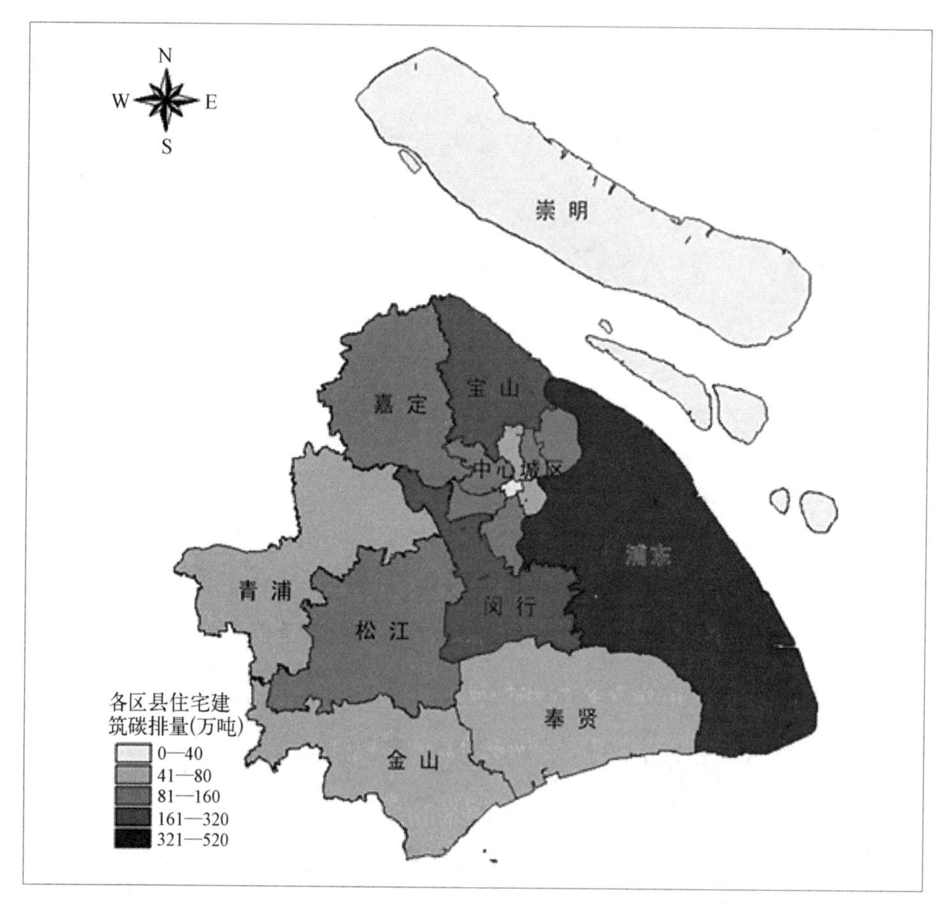

图 2-8　2014 年上海各区住宅建筑碳排放情况

资料来源：根据《上海能源统计年鉴 2015》计算。

（二）商业建筑碳排放空间分布不均

2014 年，上海市各区商业建筑碳排放量空间分布如图 2-9 所示，浦东新区商业建筑碳排放量在所有区中保持最高，为 391.6 万吨，与其他区之间的差距明显缩小。黄浦区、闵行区、嘉定区、徐汇区和普陀区商业建筑碳排放量均高于 100 万吨，也反映出上述区商业在该时期内得到了快速发展。崇明区商业建筑碳排放量在所有区中仍最低，为 22.9 万吨。总体看来，上海市中部各区商业建筑碳排放量要高于其余区，浦东新区、闵行区、嘉定区、徐汇区、黄浦

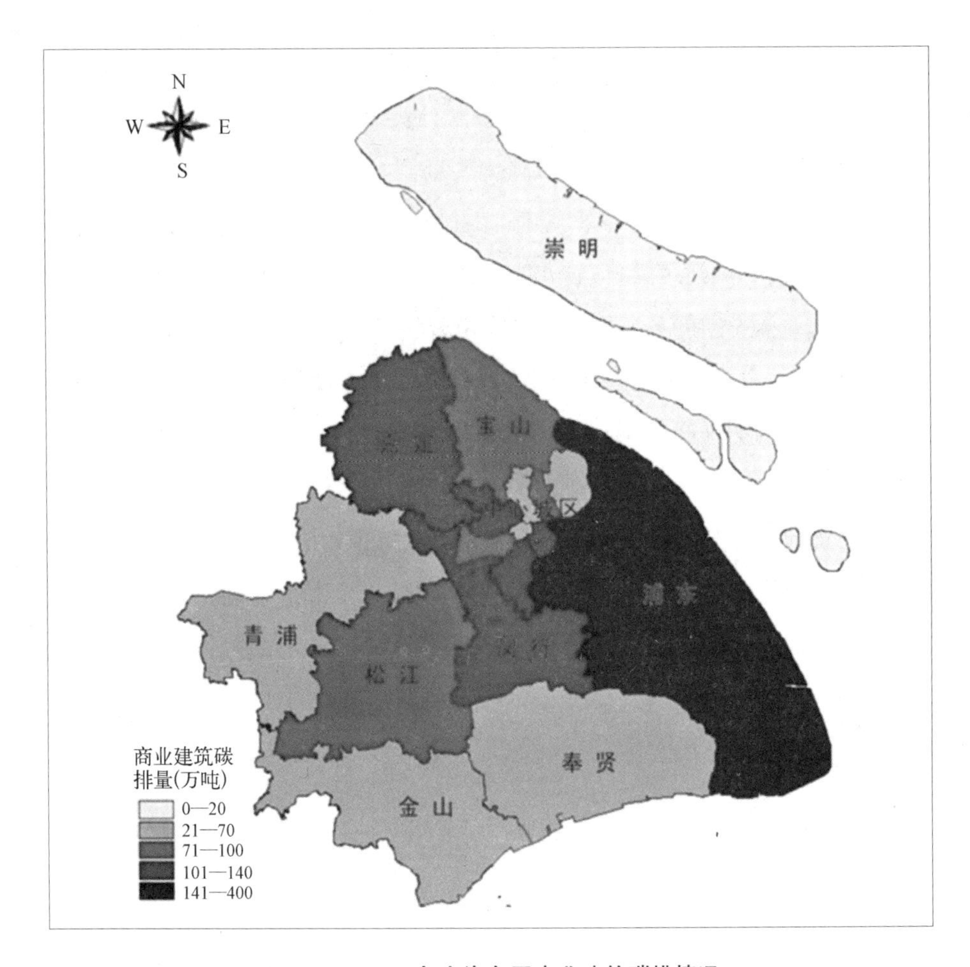

图 2－9　2014 年上海各区商业建筑碳排情况

资料来源：根据《上海能源统计年鉴 2015》计算。

区、普陀区商业建筑碳排放量在所有区中处于较高水平。

上海市各区商业建筑碳排放量空间分布格局表现出以下特征：

首先，浦东新区一直处于最高水平，但在总量上没有发生显著变化；中心城区和嘉定、闵行区商业建筑碳排放量增长较快，使得上海市中部各区商业建筑碳排放量要高于其余区；中心城区的杨浦、闸北区商业建筑碳排放量增长幅度较小，低于中心城区其他区。上海市商业类建筑碳排放总量空间分布格局与各区土地面积和人口规模密切相关，浦东新区、闵行区在土地面积和人口数量上都要高于其他区，需要与人口相对应的商业服务功能作支撑。

其次,不同类型商业建筑碳排放量空间分布有所差异。商业类建筑又可分为办公类、商场类和宾馆类 3 种,从各区分类型商业建筑碳排放量来看,中心城区办公类建筑进而宾馆类建筑碳排放量较大,郊区商场类碳排放量较大,如 2014 年黄浦区和徐汇区办公类建筑碳排超过 50 万吨,远远高于郊区;而闵行区、嘉定区商场类建筑碳排放分别为 101 万吨和 89 万吨,远远高于中心城区。商业建筑碳排空间分布格局与上海市各区主要经济功能和人口规模密切相关,中心城区主要承担现代服务业,办公楼宇和商务酒店数量众多,郊区主要承担制造业功能,同时也是上海市人口主要居住地区,商场店铺数量众多。

再次,从各区商业建筑人均碳排放来看,中心城区远远高于郊区。虽然从排放总量上看,近郊区商业类建筑碳排放量较高。但由于中心城区人口数量较少,商业建筑人均碳排放量更高。2014 年上海市中心城区除了杨浦区外,人均商业建筑碳排量均高于其他郊区,其中静安区、黄浦区和长宁区商业建筑人均碳排量分别为 2.43 吨/人、2.05 吨/人和 1.28 吨/人,郊区最高的如金山区也仅为 0.87 吨/人。说明中心城区虽然商业建筑碳排放总量较少,但碳排放强度较大。

四、上海碳汇空间格局

城市绿色生态空间作为城市的生态基础设施,是城市空间结构的重要组成部分,其空间规模、特征和布局均是其服务功能、社会和生态效益的关键影响因素。在城市低碳化和生态化的发展趋势下,优化和整合城市中以绿地、公园和湿地为主的绿色生态空间,系统性开展生态环境的恢复和保护,不仅是城市碳汇需要,也是满足和引导城市居民在城市中参与生态游憩活动的需要。

近年来,国外城市生态空间的发展充分体现了人们对大自然的向往和对精神世界的追求,呈现出生态空间建设强调文化与休闲等功能的融合,引导公众参与生态空间保护、采取近“自然”手段开展生态空间保护管理、生态空间管理与科研紧密结合等趋势。

上海市已初步形成市域“环、廊、区、源”的城乡生态空间体系,园林绿地、湿地、耕地是目前上海市主要的城市绿色生态空间类型，近年来，上海绿色空间呈现出园林绿地总量不断增加（见图 2－10）、但区域分布不均衡（见图 2－11），耕地总量面积逐渐减小（见图 2－12）、湿地总量资源减少、人工湿地增加的趋势。

1995—2014 年，上海园林绿地面积总量不断增加，从 1995 年的 6 561 公顷增加到 2012 年的 125 741 公顷。尤其是 2009 年以后增加幅度较大（部分由于统计口径变化，城市绿地由公园绿地、生产绿地、防护绿地、附属绿地和其他绿地五大类构成）。但区域分布不均，市郊绿地面积远远大于中心区域（见图 2－11）。

与 1998—2000 年上海市完成的第一次湿地资源调查相比，上海市湿地资源发生了很大变化。总的来看，湿地资源总量呈现减少趋势，特别是近海与海岸湿地资源大量减少，人工湿地显著增加。上海市域内面积 100 公顷以上的人工湿地由第一次湿地资源调查的 299.00 公顷增加到第二次湿地资源调查时的 5 927.90 公顷，增加了 5 628.90 公顷，增加量是第一次调查时湿地资源的 18.83 倍（见图 2－13）。

园林绿地、湿地、耕地是目前存在的主要的陆地碳汇类型，笔者将上海市总碳汇量核算近似地分成这 3 种类型来研究，即上海市生态空间总碳汇量为这 3 种类型碳汇量之和。

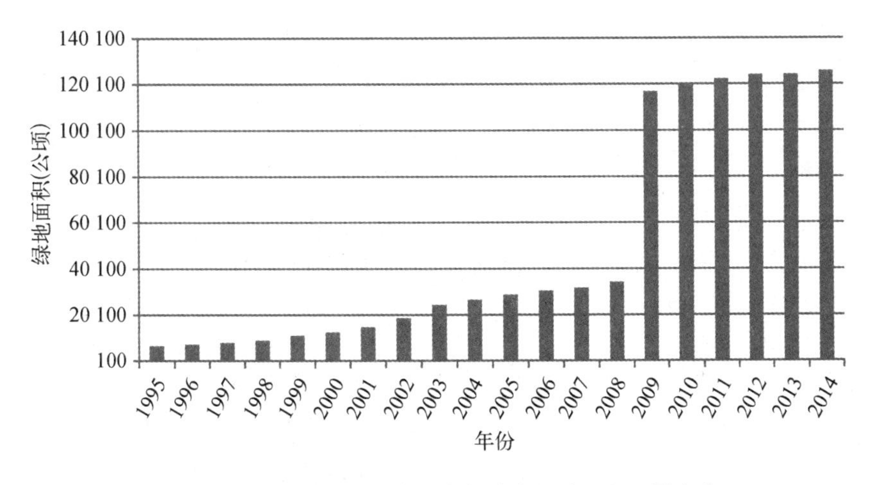

图 2－10　1995—2014 年上海市城市绿地面积总量变化

资料来源：根据《上海统计年鉴 2015》计算。

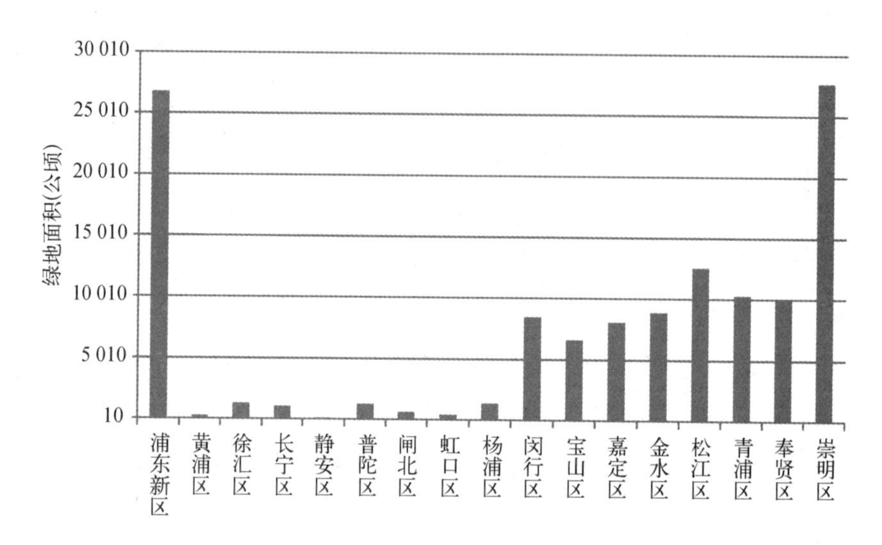

图 2-11　2014 年上海市各区园林绿地面积分布

资料来源：根据《上海统计年鉴 2015》计算。

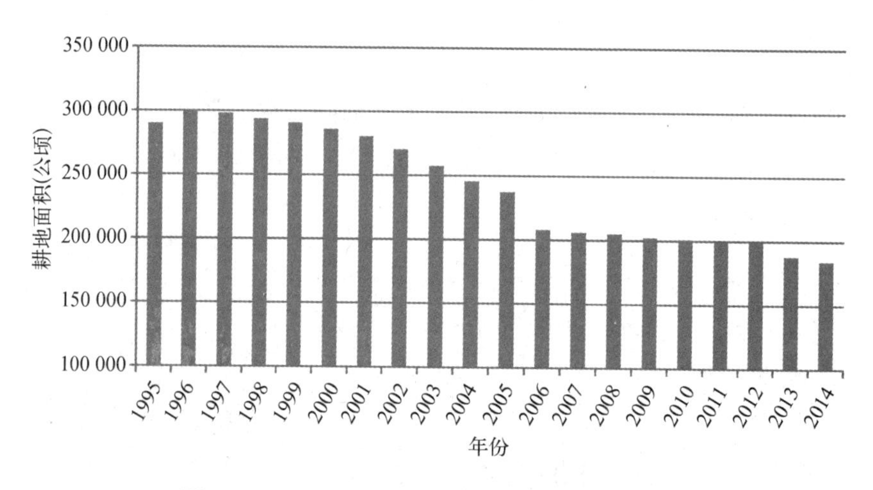

图 2-12　1995—2014 年上海市耕地面积总量变化

资料来源：根据《上海统计年鉴 2013》《中国统计年鉴 2015》计算。

首先，从碳汇总量上看，1996—2014 年上海市生态空间碳汇总量一直在 100 万吨/年—110 万吨/年的范围内波动，相对于上海市近年来每年超过 2 亿吨的碳排放量，生态空间固体能力显得微乎其微，上海市生态空间碳汇对碳减排的作用十分微小(见图 2-14)。

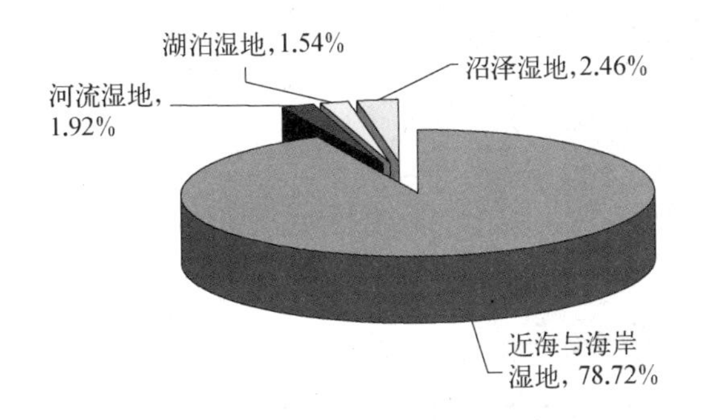

图 2-13 上海市湿地类型面积与比例结构

资料来源：孙余杰，薛程.上海市第二次湿地资源调查综述[J].上海绿化市容，2014(1).

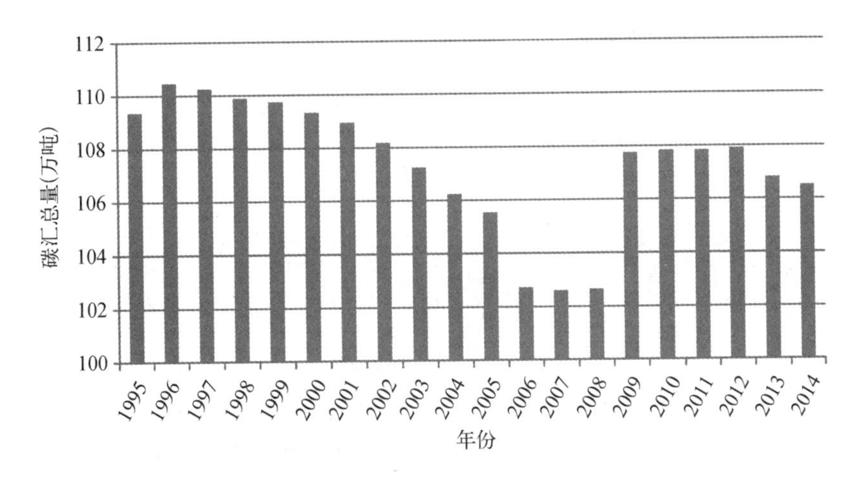

图 2-14 1995—2014 年上海碳汇总量

资料来源：根据《上海统计年鉴 2013》《中国统计年鉴 2015》计算。

其次，从历年生态空间碳汇能力的变化来看，1996—2006 年，上海市生态空间碳汇总量一直处于下降趋势，由 1996 年的 110.46 万吨/年，下降到 2006 年的 102.59 万吨/年，2006—2008 年一直维持在 102 万吨/年的最低水平，2009 年以来虽有所回升，但基本维持在 107 万吨/年左右，上升趋势并不明显，而且 2013 和 2014 年又表现出下降的趋势(见图2-14)。

再次，从生态空间的碳汇类型来看，湿地碳汇所占比重最高，2014 年占到生态空间碳汇总量的 75.04%，而且湿地碳汇量比较稳定。耕地碳汇所占比重次

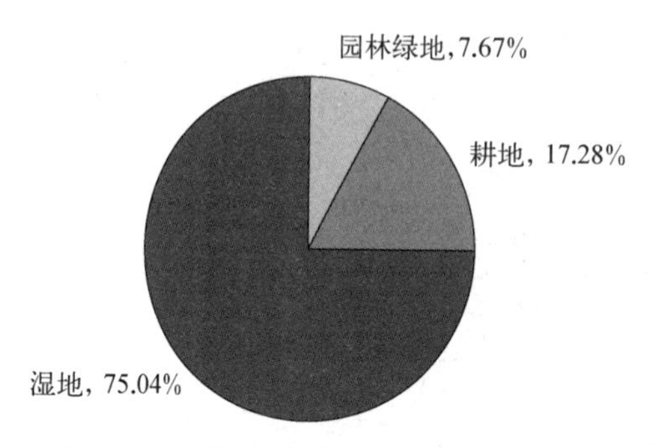

图 2-15 2014 年上海市生态空间碳汇构成

资料来源：根据《上海统计年鉴 2013》《中国统计年鉴 2015》计算。

之,2014 年占到生态空间碳汇总量的 17.28%。园林绿地碳汇所占比重最低,2014 年占生态空间碳汇总量的比重为 7.67%。从历年比较来看,上海市生态空间碳汇类型构成趋于稳定,园林绿地碳汇所占比重趋于上升,耕地碳汇所占比重趋于下降,湿地碳汇稳中有升(见图 2-15)。

上海碳汇空间格局表现出远郊区大于近郊区,近郊区大于中心城区的特征,主要集中于崇明和浦东,青浦次之。中心城区生态空间总量不足,规模较小,并未与人口分布和经济活动形成合理配比。不仅不能满足城市居民日益增长的生态休闲需求,也影响了生态空间的碳汇能力(见图 2-16)。

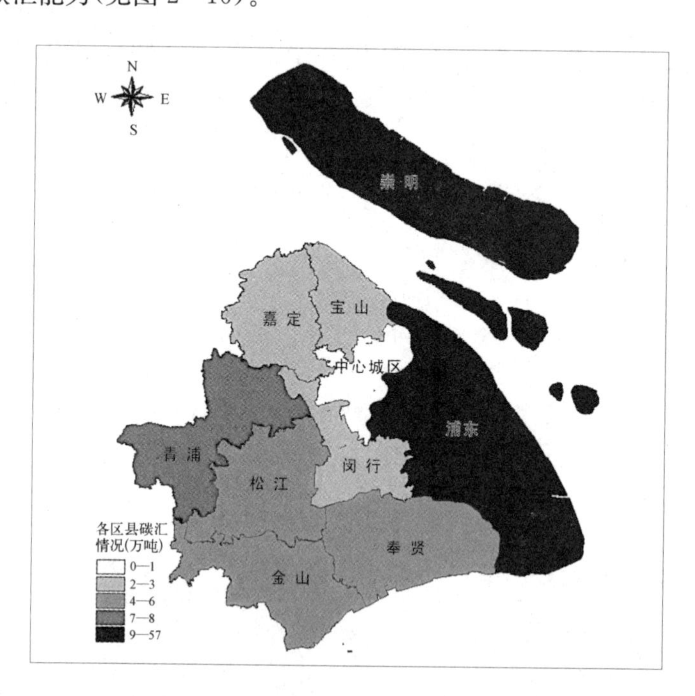

图 2-16 2014 年上海各区生态空间碳汇情况

资料来源：根据《上海统计年鉴 2015》、2015 上海市各区县统计年鉴计算。

附　录

附表　主要燃料种类的二氧化碳排放系数(单位：万吨 CO_2/万吨燃料)

燃料种类	排放系数	燃料种类	排放系数
原煤	1.818	柴油	3.186
洗精煤	2.291	燃料油	3.127
其他洗煤	0.725 4	液化石油气	2.985
煤制品	2.668	炼厂干气	1.718
焦炭	3.017	天然气(亿立方米)	16.872 (万吨/亿立方米)
焦炉煤气(亿立方米)	7.903 (万吨/亿立方米)	其他石油制品	2.947
其他煤气(亿立方米)	12.026 (万吨/亿立方米)	其他焦化产品	3.017
汽油	3.070	其他能源 (万吨标准煤)	2.277 (万吨/万吨标准煤)
煤油	3.149		

资料来源：周冯琦. 上海资源环境发展报告 2010[M]. 北京：社会科学文献出版社，2010.

第三章　上海低碳城市建设目标设定

对上海低碳城市建设目标的设定，应在识别碳排放的主要影响因素及其未来变动趋势的基础上，建立碳排放情景分析模型，分情景预判上海未来30年可能的碳排放格局，根据高站位、宽视野、可实现的原则，提出"1强度+3峰值"目标，将这些发展目标分解成53个单项指标的低碳城市建设指标体系，给定相应的目标值。

第一节　碳排放影响因素识别

未来30年，上海城市人口还将进一步增长，城市仍面临碳排放增加的压力和挑战。城市的形态、经济总量和结构、能源结构、能源供给方式、建筑模式、消费模式、交通和建成的基础设施等，都是影响城市碳排放的重要因素。

一、城市碳排放的影响因素

要确定城市碳排放的峰值及减排目标，首先必须对碳排放的影响因素进行识别。近年来，各国学者对城市碳排放的影响因素进行了实证研究。本部分根据上海城市的实际情况，结合已有的研究观点和结论，对影响上海城市碳排放的因素进行分析。

（一）能源

能源部门既是经济的组成部分，又是经济活动的要素支撑。能源活动是上海主要的碳源之一，能源活动的碳排放全部来源于燃料燃烧。大量研究表明，以煤为主的能源结构是我国碳排放总量大量增长的主要因素。同时，能源结构的变化是导致碳排放变化的主要原因之一。对上海能源结构与碳排放的实证研究表明，能源结构的变动尤其是高排碳的煤类能源比重下降，热、电等能源比重上升是上海碳排放强度下降的主要原因①。

（二）经济

能源作为现代社会的基础生产要素，其需求数量很大程度上由经济发展的速度和水平决定。同时，经济内部结构和发展模式也决定了对能源需求的结构和消耗水平。产业结构的变化，包括从农业，采掘业、轻工制造业到向与资源相关重工业的转变将导致二氧化碳排放量的迅速增加②。通过调整经济结构可以实现资源的更优配置，从而降低能耗，减少碳排放量，已得到大多数国家实践证明。

（三）技术

多数研究结果表明，技术进步通过能源效率或能源强度的改善节约了能源，对减少碳排放起着积极作用。能源系统内部，可再生能源技术的研发及产业化对能源活动产生的碳排放产生了显著的减排效果。在其他领域，颠覆性

---

① 帅通，袁雯.上海市产业结构和能源结构的变动对碳排放的影响及应对策略[J].长江流域资源与环境，2009，(10).

② 谭飞燕，张雯.中国产业结构变动的碳排放效应分析——基于省际数据的实证研究[J].经济问题，2011，(9).

的技术创新也产生了巨大的资源节约效应,如新能源汽车技术、3D打印技术、新一代IT技术等。

(四) 资源环境

节能减排一直是国家能源工作和应对气候变化工作的重点内容,并出台了一系列相关政策。有研究表明,征收碳税可以有效降低碳排放量,并显著增加政府税收收入①。上海市出台的能源目标责任制、碳排放权交易及其他节能减排政策的推进,对节能减排体系的建立、低碳技术和手段的发展、低碳意识的提高等产生了深远影响,从而影响到能源需求和城市碳排放的变化。

二、城市能源需求部门结构

国民经济各部门对能源的需求有较大差异,本部分主要识别各部门中能源需求较密集的细分领域,为建模奠定基础(见图3-1)。

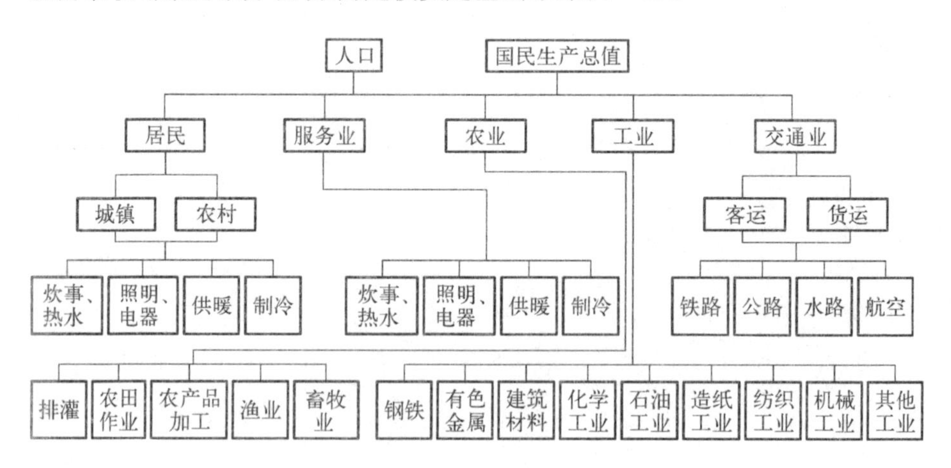

图3-1 城市能源需求结构图

资料来源:笔者自制。

① Cosmo V D, Hyland M. Carbon tax scenarios and their effects on the Irish energy sector[J]. Energy Policy, 2013, 59(8).

第二节 上海碳排放情景分析建模

一、情景分析建模思路

建模的核心是基于上海未来中长期发展的愿景，以全球城市建设为中长期目标，以人民生活和社会建设需求为驱动因素，侧重分析经济、社会、能源、环境、技术相互影响——全局性均衡。

笔者对 CGE 模型的建模思路如图 3－2 所示。

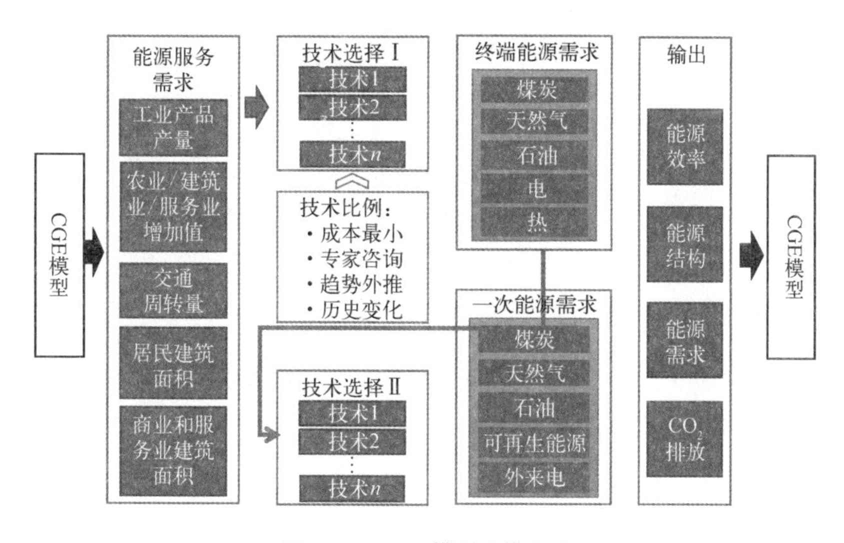

图 3－2 CGE 模型建模思路

资料来源：笔者自制。

二、模型方法学

——单区域模型

——基年 2010 年，2015 年单一情景，考虑了 2000—2014 年趋势

——2020—2050 年四个情景

——CGE 模型——价值量，产业增加值和居民收入

- 产业结构调整，经济转型

——Stock 模型——价值→实物，产品产量和服务量

- 观念变革，消费方式，投资模式

——Enduse 模型——实物→能源，能源消费和碳排放

新技术应用，技术成本降低，效率进步，碳交易等

三、情景设定

笔者对未来上海不同经济转型路径和技术进步水平下的能源发展定义了 4 个情景：参照情景（REF）、节能情景（CM_1）、低碳情景（CM_2）和强化低碳情景（CM_3），并将具体的情景定义如下：

（一）参照情景（REF）

不实施经济转型和节能减排政策的“对照”情景，延续以往经济增长“重规模、轻效益”模式，走“先污染、后治理”的发展道路，在能源节约、环境治理和气候变化领域不采取积极主动的应对措施。这个情景不会发生，仅用于对照趋势。

（二）节能情景（CM_1）

经济转型缓慢，但节能减排战略获得持续推进。在经济转型方面，产业结构调整举步维艰，上海仍延续工业和服务业并重发展格局；同时在工业内部，石化、钢铁等高耗能产业转型升级缓慢。但在技术层面，节能减排战略的持续推进实施，促使能源技术效率稳步提升，非化石能源获得长足发展。这个情景是“十二五”初期上海乃至我国能源发展的趋势性延续。

(三) 低碳情景(CM_2)

加快推进经济转型升级,更积极地应用推广节能低碳环保技术。体制改革加速了上海的经济转型进程,科技创新成为拉动增长的新引擎,不合理的能源消费需求得到遏制。同时在雾霾等污染的生态环境约束条件下,先进高效的能源利用技术和非化石能源技术获得广泛应用。这个情景是未来能源可持续发展的较理想情景。

(四) 强化低碳情景(CM_3)

在加快经济转型升级基础上,在低碳经济领域投入更多的资源,绿色建筑大量推广,城市空间格局实现调整,碳捕捉和储存等关键减碳技术得到普及应用,并进一步考虑国际低碳技术合作。该情景实现难度和成本较高。

情景特征如表 3-1 所示。

表 3-1　情景定义和特征

<table>
<tr><td rowspan="2">情景</td><td>REF</td><td>CM_1</td><td>CM_2</td><td>CM_3</td></tr>
<tr><td>参照情景</td><td>节能情景</td><td>低碳情景</td><td>强化低碳情景</td></tr>
<tr><td rowspan="2">宏观经济</td><td colspan="2">缓慢转型 BAU</td><td colspan="2">加速转型 TRAN</td></tr>
<tr><td colspan="2">维持现有经济发展方式。
经济结构/要素结构/产业结构自然发展,无政策干预</td><td colspan="2">顺利实现经济发展方式转变。
引导投资结构,鼓励消费并优化消费结构,转变增长方式</td></tr>
<tr><td rowspan="2">能源技术</td><td>低 REF</td><td>中 CM_1</td><td>高 CM_2</td><td>激进 CM_3</td></tr>
<tr><td>能源效率进步缓慢。
对能源供应结构不做干预</td><td>持续推进节能减排战略,能源效率水平稳步提高。
积极发展非化石能源</td><td>大力推广节能环保的新型能源技术,快速提升能源效率水平。
重点推进天然气对煤炭的替代,推广分布式能源供应、非化石能源稳步发展、鼓励碳捕捉技术应用</td><td>环境治理对能源形成倒逼机制,以更高昂的成本推进能源技术革新。
推进天然气对煤炭的强力替代、推广普及碳捕捉技术</td></tr>
</table>

资料来源:笔者自制。

四、情景参数设定

(一) 情景组合参数设定

对上海碳排放进行情景分析时,需要对不同情景下的主要模型参数进行设定,包括人口、土地、全要素生产率等要素条件,居民消费与储蓄倾向,政府收支,社会投资,消费与贸易,能源技术普及等(见表 3-2)。

表 3-2　　非转型和转型情景组合的参数设定

<table>
<tr><th colspan="2" rowspan="2">情景名</th><th>*REF*</th><th>CM_1</th><th>CM_2</th><th>CM_3</th></tr>
<tr><th>参照情景</th><th>节能情景</th><th>低碳情景</th><th>强化低碳情景</th></tr>
<tr><td rowspan="3">要素</td><td>人口</td><td colspan="4">采取特大城市人口控制政策,上海市常住人口年均增速逐步下降,2015 年达到 2 480 万,2020 年达到 2 620 万;2030 年达到 2 800 万;2040 年达到 2 940 万,2050 年 3 100 万左右</td></tr>
<tr><td>土地</td><td colspan="4">上海建设用地零增长</td></tr>
<tr><td>TFP</td><td colspan="2">2014—2020 TFP 年增长 2%,2020—2030 年增长 1.8%,2030—2050 年增长 1.5%</td><td colspan="2">2014—2020 TFP 年增长 2.2%,2020—2030 年增长 2%,2030—2050 年增长 1.7%</td></tr>
<tr><td rowspan="2">居民</td><td>消费</td><td colspan="2">居民消费逐步向服务业倾斜,工业产品消费逐年降低,2030 年上海居民消费中工业产品比重低于 25%,相当于日本 2000 年水平</td><td colspan="2">居民消费转型升级,服务业消费稳步提升,2030 年上海居民消费中工业产品比重为 20%,相当于日本 2010 年水平</td></tr>
<tr><td>储蓄</td><td colspan="2">2015 年后居民储蓄率开始下降,2030 年居民储蓄率分别下降至 2010 年的 90%,2050 年居民储蓄率下降至 2010 年的 65%,占总居民总收入的 25%</td><td colspan="2">随着收入水平提高和社会保障体系逐渐完善,居民储蓄率稳步下降。2030 年居民储蓄下降至 2010 年的 82%,2050 年下降至 48%,占居民总收入的 20%</td></tr>
<tr><td>政府</td><td>税收</td><td colspan="2">维持基年状态</td><td colspan="2">服务业税负逐渐降低,2014—2020 年税率年下降 2.5%,2020—2030 年下降 1.5%。个人劳动所得税率降低,2010—2030 年下降 1.5%</td></tr>
</table>

续　表

情景名		*REF*	CM_1	CM_2	CM_3
		参照情景	节能情景	低碳情景	强化低碳情景
政府	转移支付	维持基年状态		政府加大对于社会福利的投入，2014—2030用于社会公益事业转移支付的比重每年上调0.4%，2030年后每年上调0.6%	
	政府消费	政府消费增速等于GDP增速，政府消费结构与基年保持不变		节约型政府建设使政府消费增速低于GDP增速约20%，政府消费结构与基年相同	
投资	投资流向	居民和企业的投资流向，按照上一年的资本回报率分配，回报率越高的行业获得越多的新资本		居民和部分企业的投资流向，按照上一年的资本回报率分配，回报率越高的行业获得越多的新资本。加强对战略新兴产业和现代服务业的投资力度，2014—2030年对服务业投资比重年增长1个百分点，对机械设备制造业投资年增长0.5%	
	资本形成结构	资本形成结构延续发达国家模式（参照日本），2030年达到2000年日本水平，即建筑和制造业比重低于80%，信息网络10%，金融服务业10%		资本形成结构向科技化、智能化、品牌化发展，资本形成结构2030年达到日本2010年水平，到2050年交通基础设施、信息网络、专利、知识产权等服务类资产比重提高至14%	
省际/国际贸易		延续上海作为一流工业城市的地位，继续强化钢铁、石化、化工、食品等领先产业产品外调，满足东南省份需求，辐射全国		上海定位成为全球城市，特别是金融、地产、医疗、教育等将成为上海对外出口的主要形式。 打造全球先进制造业领先城市，高技术和资本附加值的机电产品将成为主要工业出口产品。适度保持钢铁和石化产品的外调能力，满足江浙地区市场需求	
能源技术	节能技术	不施加特殊政策推进节能低碳技术应用，能源效率提升缓慢	持续推进节能减排工作，淘汰落后产能，推广高能效、低污染的各类节能技术。完成全国和上海市节能低碳任务指标	通过理顺能源价格，或碳税、补贴等方式更加积极地推进先进用能设备的推广和适用，2020年工业能耗达到2010年国际先进水平	以环境治理为优先目标，实施严厉的资源税、碳税等环境保护政策，确保2020年各主要用能领域能效达到同期国际先进水平

续 表

<table>
<tr><th colspan="2" rowspan="2">情景名</th><th>REF</th><th>CM_1</th><th>CM_2</th><th>CM_3</th></tr>
<tr><th>参照情景</th><th>节能情景</th><th>低碳情景</th><th>强化低碳情景</th></tr>
<tr><td>能源技术</td><td>非化石能源</td><td>不施加特殊政策，稳步发展非化石能源</td><td>维持“十二五”非化石能源发展模式，通过政府补贴等方式，积极发展水电、风电、光伏等非化石能源</td><td>统筹分布式与集中式能源供应方式，大力发展分布式能源，推进天然气对燃煤的替代，稳步提高外来电比重</td><td>推广碳捕捉技术，继续推进燃气替代，提高外来电比重</td></tr>
<tr><td rowspan="2">储能和CSS</td><td></td><td></td><td>积极研究储能技术</td><td>稳步推广储能技术</td><td>推广储能技术</td></tr>
<tr><td></td><td></td><td>积极研究碳捕捉技术</td><td>稳步推广碳捕捉技术</td><td>推广碳捕捉技术</td></tr>
<tr><td>约束</td><td></td><td>无约束</td><td>GDP 强度约束，软约束</td><td>煤炭总量约束</td><td>CO_2 总量约束</td></tr>
</table>

（二）上海宏观经济中长期发展预判

上海宏观经济中长期走势是模型中最关键的参数。本文认为，上海经济发展在中长期仍将略快于全国经济增长，并且在全国经济中的地位更加强化（见表 3-3）。

表 3-3　中长期上海市经济社会发展主要指标预判

	上海 GDP	上海 GDP 增速	是 2010 年倍数	全国 GDP	GDP 增速	是 2010 年倍数	上海 GDP 占全国比重
	（万亿元）	%		（万亿元）	%		%
2010	1.72	11.3	1	40		1	4.3%
2015	2.50	7.8	1.5	67	6.8	1.6	4.0%
2020	3.50	7	2.0	82	7.0	2.0	4.3%
2025	4.80	6.5	2.8	110	6.2	2.8	4.4%
2030	6.28	5.5	3.7	144	5.4	3.6	4.4%
2040	10.03	4.8	5.8	213	4.1	5.3	4.7%
2050	14.15	3.5	8.2	273	2.5	6.8	5.2%

第三节　情景分析结果

一、上海能源消费总量峰值

不同情景下上海能源消费总量有显著差异，节能情景下2040年达到峰值低碳和强化低碳情景下，2020年达到峰值（见图3-3）。

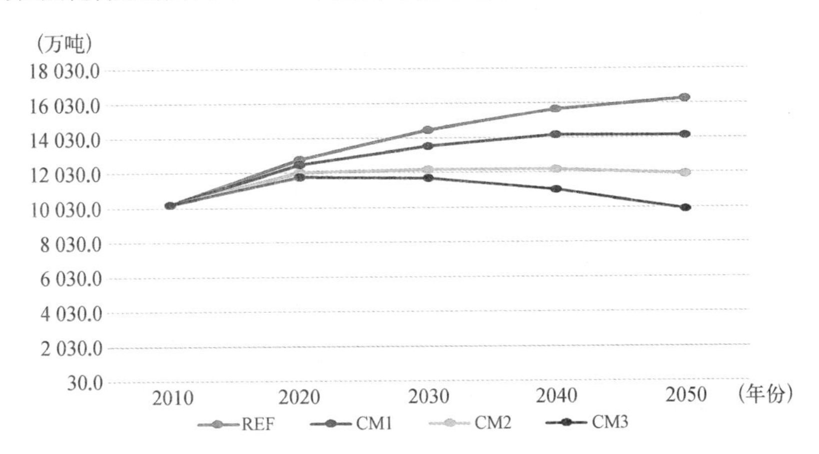

图3-3　2010—2050年上海能源消费总量情景分析

资料来源：笔者测算。

（一）节能情景

2040年达到峰值1.4亿吨标煤，2040—2050年在这一平台上徘徊。

（二）低碳情景

2020年达到峰值1.2亿吨标煤，2020—2030年在这一平台附近徘徊，2040—2050年能源消费总量负增长。

（三）强化低碳情景

2015年达到1.16亿吨，2020年达到1.18亿吨标煤峰值，2030—2040年在峰值平台徘徊,2040 年后稳步实现能耗总量负增长,实现能源消耗与经济增长脱钩。

二、上海一次能源消费中煤炭消费峰值

上海煤炭峰值出现的时间早于能源消费总量达到峰值的时间,上海煤炭峰值约在 4 900 万吨(见图 3-4)。

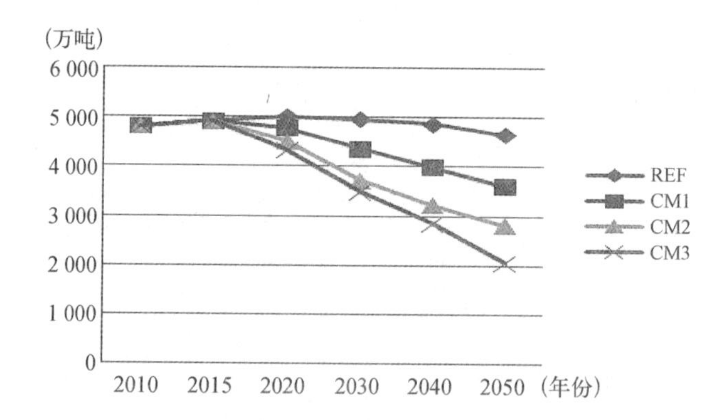

图 3-4 2010—2050 年上海一次能源中煤炭消费量情景分析

资料来源:笔者测算。

(一) 参照情景

一次能源消费中煤炭继续保持增长,2030 年达到煤炭峰值。

(二) 节能情景和低碳情景

2015—2017 年达到煤炭总量峰值 4 933 万吨,之后出现负增长。

(三) 强化低碳情景

2015 年达到煤炭总量峰值 4 933 万吨,2015—2020 年实现 12%的负增长。

三、上海碳排放峰值

上海碳排放峰值与能源消费总量的峰值具有同步性。不同情景下，碳排放峰值并不相同，越早达到峰值，峰值量越低（见图 3-5）。

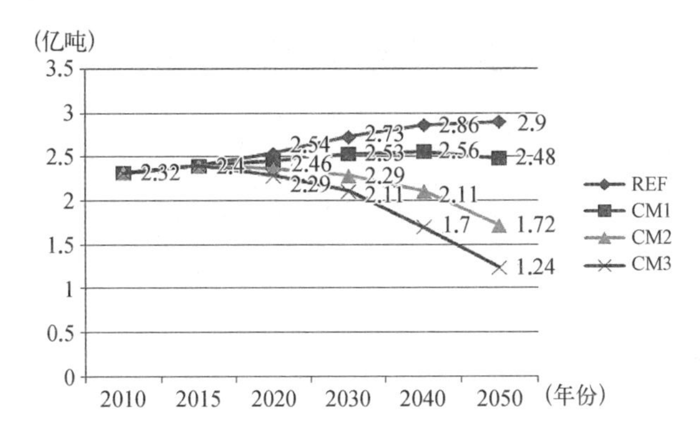

图 3-5　2010—2050 年上海碳排放情景分析

资料来源：笔者测算。

（一）节能情景

上海碳排放在 2040 年达峰值，峰值总量约为 2.86 亿吨。

（二）低碳情景和强化低碳情景

低碳情景下，上海碳排放达峰值时间为 2020 年，峰值总量约为 2.46 亿吨。强化低碳情景下，峰值总量约为 2.4 亿吨。

四、上海碳排放结构预测

（一）低碳情景

低碳情景下，2015 年后工业碳排放总量和占比逐步下降，交通碳排放有明显增加（见图 3-6）。

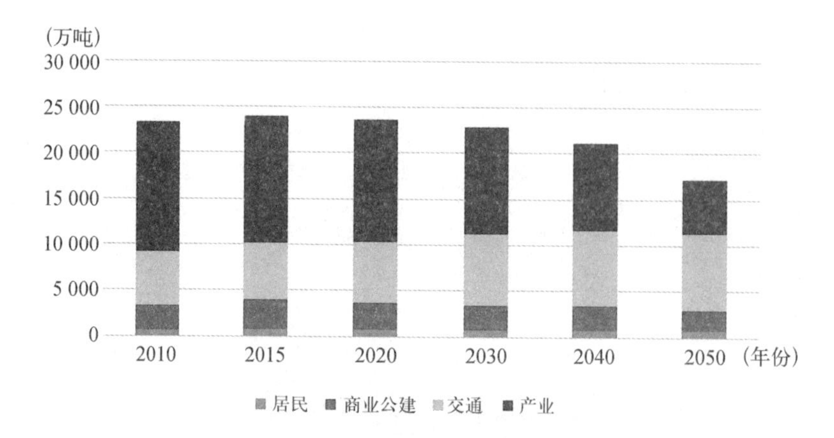

图 3-6 低碳情景下上海碳排放结构

资料来源：笔者测算。

(二) 强化低碳情景

强化低碳情景下，工业碳排放的下降速度加快，在碳排放总量中的比重仅约占$\frac{1}{4}$强。而交通碳排放将占据约$\frac{2}{3}$的比重且减排不明显(见图 3-7)。

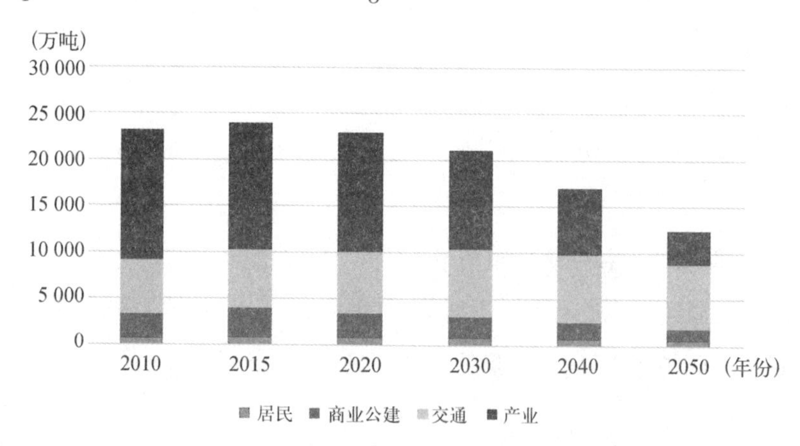

图 3-7 强化低碳情景下上海碳排放结构

资料来源：笔者测算。

五、协同减排效应

由于各种化石能源中含有硫物质和氮物质，化石燃料使用量的减少(借助于节能和清洁能源替代等措施)在减少二氧化碳排放量的同时,能够减少二氧化硫和氮氧化物产生量(见表3-4、表3-5)。

表3-4　　低碳情景相对于参照情景的二氧化硫减排效应

年　份	较基准情景减排幅度	能源消费量下降产生的减排比例	能源结构优化产生的减排比例
2020	8.8%	68.6%	31.4%
2030	20.8%	65.2%	34.8%
2040	29.5%	65.4%	34.6%
2050	36.1%	68.1%	31.9%

资料来源：笔者测算。

表3-5　　低碳情景相对于参照情景的氮氧化物减排效应

年　份	较基准情景减排幅度	能源消费量下降产生的减排比例	能源结构优化产生的减排比例
2020	8.4%	71.9%	28.1%
2030	19.1%	70.9%	29.1%
2040	26.7%	72.3%	27.7%
2050	32.7%	75.2%	24.8%

资料来源：笔者测算。

第四节　上海低碳城市发展目标设定

笔者结合碳排放情景分析结果以及全球城市低碳发展目标横向比较,设定上海低碳城市建设的总体目标及分领域目标。

一、上海低碳城市建设总体目标

根据高站位、宽视野、可实工业的原则,在借鉴纽约、东京等全球城市低碳发展目标的基础上,分情景提出上海未来低碳城市发展“1+3”(1强度+3峰值)目标(见表3-6)。

表3-6　上海低碳城市发展目标

	参照情景					节能情景				
	2015	2020	2030	2040	2050	2015	2020	2030	2040	2050
碳排放总量	2.40	2.54	2.73	2.86	2.90	2.40	2.46	2.53	2.56	2.48
碳排放峰值									2.56	
人均碳排放		9.69	9.77	9.73	9.39		9.39	9.05	8.71	8.03
碳排放强度		0.73	0.43	0.29	0.20		0.70	0.40	0.26	0.18
	低碳情景					强化低碳情景				
	2015	2020	2030	2040	2050	2015	2020	2030	2040	2050
碳排放总量	2.40	2.42	2.29	2.11	1.72	2.40	2.29	2.11	1.70	1.24
碳排放峰值		2.36				2.4				
人均碳排放		9.01	8.19	7.18	5.57		8.74	7.55	5.79	4.02
碳排放强度		0.67	0.36	0.21	0.12		0.65	0.34	0.17	0.09

资料来源：笔者测算。

第一种情景：低碳情景。大力推广节能环保的新型能源技术，快速提升能源效率水平，重点推进天然气对煤炭的替代，推广分布式能源供应、非化石能源稳步发展，鼓励碳捕捉技术应用，顺利实现经济发展方式转变、引导投资结构转变，鼓励消费并优化消费结构，转变增长方式。“1强度目标”是碳排放强度2020年比2005年下降60%；“3峰值目标”分别是碳排放2020年达到峰值、能源消费总量2030年达到峰值、一次能源消费中煤炭总量2014—2017年达到峰值。

第二种情景：节能情景。持续推进节能减排战略，能源效率水平稳步提高，积极发展非化石能源，经济结构、要素结构、产业结构自然发展，无强政策干预。“1强度目标”是碳排放强度2020年比2005年下降59%；“3峰值目标”分别是碳排放2040年达到峰值、能源消费总量2040年达峰值、一次能源消费中煤炭总量2014—2017年达峰值。

在上海碳排放情景分析的基础上，借鉴发达国家及国际大都市低碳城市建设的目标和路径，同时考虑上海经济、城市发展的阶段特征及与国际大都市之间存在的客观差距，参考本报告梳理的联合国环境规划署建议到2020年全球碳排放达到峰值，纽约、伦敦、东京在2020—2030年提出碳排放总量削减的目标，设定的上海低碳城市建设目标，见表3-7。

表3-7　　上海低碳城市建设阶段性目标（低碳情景）

	2020年	2030年	2040年	2050年
碳排放总量（亿吨）	2.36	2.29	2.11	1.72
工业碳排放强度（吨/万元）	0.95	0.665	0.475	0.285
工业碳排放总量（万吨）	11 967.86	8 636.6	7 402.8	6 169
居民出行碳排放总量（万吨）	580	460	290	150
住宅建筑单位面积能耗（tce/m²）	0.013	0.011	0.008	0.006
公共建筑单位面积能耗（tce/m²）	0.042	0.030	0.022	0.016
人均生活碳排放增速（%）	5	3	0	0

资料来源：笔者测算。

以低碳情景为参照，通过产业结构调整、能源结构优化等举措，至2040年，上海碳排放较2010年惯性情景减少26%的碳排放（见图3-8）。

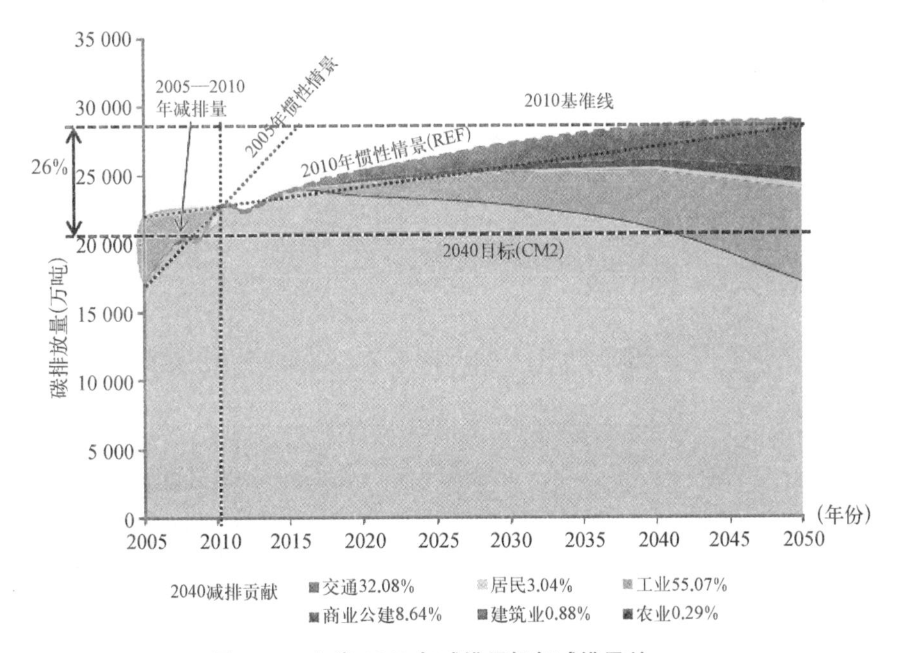

图3-8　上海2040年减排目标与减排贡献

资料来源：笔者测算。

二、上海低碳城市建设分领域目标

上海城市碳排放总量的下降有赖于各行业领域的切实减排，在模拟各领域减排贡献的基础上，本文提出分领域目标体系(见表3-8)。

表3-8　　上海低碳城市建设分领域目标

		指　标	单　位	2012年	2020年	2030年	2040年	2050年
碳源控制	低碳能源	天然气在一次能源中占比	%	9	15	18	24	30
		可再生能源在一次能源中占比	%	0.19	2	3	4	5
		火力发电转换效率	%	42.45	43	45	43	42
		单位能源消耗碳排放系数	吨/吨标煤	2.3	2.2	2.1	2	1.8
	低碳工业	单位工业增加值能耗	吨/万元	0.82	0.41	0.26	0.17	0.11
		工业能耗占能源消费总量比重	%	53.1	50.57	45.43	39.7	33.78
		工业终端能耗相比2010年均增长率	%	−1.8	9.38	5.7	−6.51	−22.13
	低碳交通	公务用车中新能源汽车比例	%	小于1	24	45	67	90
		私家车中新能源汽车比例	%	近似0	1.5	6	25	50
		汽车单位里程油耗下降率	%	0	29	48	57	63
		公共交通分担率	%	26	30	43	53	53
		人均轨道交通里程	km	36	41	58	72	72
		轨道交通线网密度	km/km²	43	50	71	88	88
	低碳建筑	新建住宅建筑节能设计标准	%	65	70	75	80	85
		新建公共建筑节能设计标准	%	50	60	65	70	75
		既有住宅建筑节能改造率	%	10	50	80	100	100
		新建公共建筑中建筑比例	%	0	0	10	20	30
	低碳生活	人均生活用能	千克标煤/人	483	610	745	820	670
		生活垃圾产生量	万吨	716	830	930	750	450
		生活垃圾填埋量	%	56	45	30	20	10

续　表

		指　标	单　位	2012 年	2020 年	2030 年	2040 年	2050 年
碳汇建设	碳汇	林木绿化率	m^2		55	59	62	65
		可绿化屋顶绿化覆盖率	%	6				
		郊野公园累计建设个数	个	22	27	35	42	46
		自然湿地保护率	%	30	50	60	80	90
		人工湿地比重	%	15	16	17	18	19
减排机制	行政手段	能源强度约束						
		碳强度约束						
		能源总量约束						
		碳排总量约束						
	市场手段	碳交易市场体系			区域市场		全国性市场	
		能源价格市场化						
协同减排	协同减排效应	二氧化硫减排						
		氮氧化物减排						

资料来源：笔者测算。

（一）产业结构调整和升级

上海工业低碳发展的阶段性目标依据国家《工业领域应对气候变化行动方案(2012—2020)》的相关规定，并参考美国、英国、日本近 50 年来的工业碳排放运行轨迹，及欧盟等制定的中长期工业碳排放减排目标确定。

《工业领域应对气候变化行动方案(2012—2020)》规定，到 2015 年，全面落实国家温室气体排放控制目标，单位工业增加值二氧化碳排放量比 2010 年下降 21%以上；到 2020 年，单位工业增加值二氧化碳排放量比 2005 年下降 50%左右，基本形成以低碳排放为特征的工业体系。

按照行动方案中规定的工业碳排放强度的下降速度，参考欧盟低碳路线图中，工业部门到 2030 年减排 34%—40%，到 2050 年减排 83%—87%。以情景分析数据为基础，上海工业碳排放到 2020、2030、2040 年分别比 2010 年减少49.74%,64.82%、74.88%(见表3-9)。

表3-9 上海工业低碳发展阶段性目标

	2010年	2020年	2030年	2040年	2050年
工业碳排放强度减排目标(吨/万元)	1.89	0.95	0.665	0.475	0.285
工业碳排放总量减排目标(万吨)	12 338	11 967.86	8 636.6	7 402.8	6 169
工业碳排放占全市碳排放比重目标	56.84%	42%	36%	29%	22%

资料来源:笔者测算。

(二)优化能源结构和效率

从主要依赖传统化石能源转变到综合利用化石能源与清洁能源,从集中供能为主转变到集中与分布式相结合的供能方式,从主要提供能源产业向提供能源产品、服务与综合解决方案转变。2040年,上海一次能源中,煤炭和原油的比重各下降至20%左右,天然气所占比重提升至28%,外来电占比升至25%,可再生能源占比提升至8%。形成与上海全球城市地位相匹配的清洁、高效、多元的能源供应和消费体系。从2015年到2040年,能源结构优化转变的具体情况如下:

1. 2015—2020年的能源结构优化转变

加快电力基础设施建设,为可再生能源的规模化使用奠定基础。同时鼓励条件成熟的地区大力发展可再生能源和清洁能源。

2. 2020—2030年的能源结构优化转变

传统化石能源清洁化利用。发展煤炭高效洁净燃烧技术,包括整体煤气化联合循环发电技术,循环流化床燃烧技术,增压流化床联合循环发电技术等。在大型火电机组中推广CCS技术。

3. 2030—2040年的能源结构优化转变

建成多品种、多来源的清洁、高效、多元能源供应系统,实现能源系统电气一体化,推动能源行业从提供能源产品向提供综合性能源解决方案转变。

（三）低碳建筑

上海市低碳建筑发展，需要解决既有建筑的节能改造、新建建筑的低碳化以及低碳建筑技术的开发和应用，在近期（2020年）、中期（2030年）、长期（2040年）不同发展阶段具有不同的目标定位。

1. 近期低碳建筑发展目标（2020年）

到2020年，对新建建筑继续100%严格按照国家或地方节能标准执行设计建造外，积极稳步推进建筑执行更高节能标准。继续有重点地稳步推进既有建筑节能改造，降低建筑能耗，提升能效水平，实现50%具有节能改造条件的住宅建筑完成50%节能设计标准改造。到2020年实现60%以上大型公共建筑安装分项计量监测系统。

2. 中期低碳建筑发展目标（2030年）

到2030年，对新建建筑继续积极稳步推进建筑执行更高节能标准，并100%严格执行。其中新建居住建筑到2030年实施75%的节能设计标准；新建公共建筑在原有节能设计标准的基础上，逐步推广实施更高标准的低碳节能技术，到2030年实施65%的节能设计标准。

到2030年，对既有建筑节能改造，一方面扩大改造率，另一方面逐步提高节能改造标准。实现80%具有节能改造条件的住宅建筑完成50%及以上节能设计标准改造。到2030年实现大型公共建筑100%安装分项计量监测系统。

3. 长期低碳建筑发展目标（2040年）

到2040年，对新建建筑继续积极稳步推进建筑执行更高节能标准，并100%严格执行。其中新建居住建筑到2040年实施80%的节能设计标准；新建公共建筑在原有节能设计标准的基础上，逐步推广实施更高节能标准，到2040年实施70%的节能设计标准。

到2040年，对既有建筑节能改造，实现具有节能改造条件的住宅建筑，全部完成50%及以上节能设计标准改造。

(四) 低碳公共交通

从不同阶段面临的主要挑战和有利因素出发,以 2030 年为节点,上海低碳交通建设宜追求不同的战略目标定位,采取相应的战略举措。2030 年前,上海宜致力于建设"公交和慢行便捷的都市",以优化城市空间格局(实现就业与居住就地平衡)和大规模建设市郊铁路为重点举措,同时采取加密郊区公交网络、改善公交吸引力和慢行交通环境、增加私家车使用成本以及提升燃油经济性等措施。2030 年后,上海宜致力于实现"交通领域的能源革命",抓住技术进步的机遇,以推广新能源汽车为重点举措。

1. 2015—2020 年战略目标

建设"公交和慢行便捷的都市"取得阶段性成果,相关政策和规划先行出台,重大工程启动并在若干重点区域率先建成。

2. 2020—2030 年战略目标

"公交和慢行便捷的都市"全面建成。

3. 2030—2040 年战略目标

到 2040 年,公交车、出租车、公务车、公共服务用车中新能源汽车比例要达到 67%,私家车中新能源汽车比例要达到 25%。

(五) 绿色生态空间

上海市绿色生态空间发展,需要解决自然生态空间的保护、人工生态空间的建设以及不同生态空间类型和功能的融合发展,在近期(2020 年)、中期(2030 年)、长期(2040 年)不同发展阶段具有不同的目标定位。

1. 近期绿色生态空间发展目标(2020 年)

到 2020 年,上海市绿化生态空间建设以提高规模、调整结构和布局为主要目标任务。

2. 中期绿色生态空间发展目标(2030 年)

到 2030 年,继续完善城市绿色生态空间建设,根据绿地大小、功能、位置和服务范围等指标,编制绿地分级系统。随着城市规模的扩大,严格生态红线，到2030年，中心城区实现平均400米范围内有一块相当规模的公共绿地。城市林木绿化率达到59％以上，继续开展立体绿化，到2030年实现屋顶绿化总面积占可绿化屋顶面积的60％左右。重视发展郊野公园和湿地公园，到2030年，实现新建8个郊野公园，使郊野公园总数达到13个。

3. 长期绿色生态空间发展目标（2040年）

到2040年，城市林木绿化率达到62％以上，可绿化屋顶100％完成立体绿化工作；城市绿色生态空间不只具有构建和美化城市景观、改善生态环境的功能，同时能满足城市居民回归自然、与自然和谐的心理需求。

第四章　上海低碳城市建设面临的挑战

上海建设低碳城市面临巨大的挑战，这既有发展战略、空间布局等宏观层面的经济社会发展带来的挑战，也有产业、交通、建筑、技术等细分领域的各自发展不符合低碳城市建设的要求所产生的问题，更有城市管理、社会监督等城市综合管理层面的缺失从而不能为低碳城市建设提供制度支撑的挑战。

第一节　发展战略偏差、城市基础、空间布局所导致的发展路径锁定

改革开放以来，上海市政府主导的经济发展战略取得了巨大的成就，财政收入大大增强，人民生活显著改善，经济中心城市的集聚辐射功能明显提升。

但是必须看到，我们的经济发展战略其本身是一种高投入、高排放的粗放型发展模式，在取得巨大经济成就的同时也付出了沉重的资源环境代价。GDP的增长对资源、能源的依赖性较强，主要污染物排放超过环境承载能力，大气、水、土壤污染问题十分突出。

一、发展战略偏差

现行的经济发展战略在付出资源环境代价的同时，也在根本上塑造了整个城市的经济、社会、消费结构。在三次产业中，制造业是投入产出周转速度最迅速的产业，土地、资本、劳动力投入后可迅速获得产出，从而支撑经济增长，因此在经济增长动力不足时，发展制造业往往是能够起立竿见影之效的选择。特别是在我国长期以来形成的廉价自然资源、廉价的污染物排放权的社会背景下，资源环境的稀缺性完全没有内生化，这一定程度上更加速了制造业的快速发展。此外，由于在经济全球化的时代上海制造业的快速发展主要依靠大规模吸收外资，制造业自然发展过程中对服务业的中间需求未能充分释放，导致上海高端的生产性服务业及商务服务业的发展长期滞后于制造业发展。

在以发展经济为中心的导向下，城市既是生产基地，又是一定范围区域的政治和经济中心，生产区和生活区并不十分明确，城市的各项功能都是以产品生产为中心建立和完善的。因此，在城市中，工业生产用地占城市建设用地的比例较大。各区县为了争相发展经济，早期往往对引进的企业不加选择，企业的意志往往凌驾于城市规划之上。造成郊区大量工业企业效率较低，并且布局混乱，对当地的生态环境影响较大。

以追求生产总值为首要目标，经济系统致力于把廉价自然资源转化为产品，以满足人们生存、发展和享受的需求。生产者为了集中精力扩大生产，一定程度上延续、固化了以所有权的独占为特征的消费模式，而不支持新兴的为使用价值付费的协同消费模式。生产者生产产品出售所有权，消费者使用物品使用价值后当作废物抛弃所有权，形成了一种线性消费模式，这是一种资源耗竭型和环境污染型消费模式。

二、城市规模扩张

在未来一段时间内，上海常住人口较快增长的趋势还将延续。尽管近两年上海人口增长较之前10年有所放缓，但如果按每年增加约30万人口推算，到2020年，本市常住人口也将达到约2 600万人。根据上海社会科学院城市与人口发展研究所发布的《上海人口变迁与展望》一书预测，2030年上海常住人口将达3 000万人。

人口增加直接导致生活用能的增加，进而增加了该领域的碳排放。对上海人口规模和上海市生活直接碳排放进行相关性分析，两者的相关系数为0.96，高度正相关。这表明，随着人口的增加，生活领域的直接碳排放也会随之增加。

国际经验表明，城市规模的扩大对城市二氧化碳排放量的影响是直接和明显的。观察1960—2010年美国的人均碳排放与碳排放总量的历史轨迹可以发现，1960年代—1990年代，人均碳排放量与二氧化碳排放总量的趋势较为一致。1990年代后，随着经济全球化的深入推进，美国吸引了全世界各地的人员集聚，美国碳排放总量与人均碳排放量的走势差异开始显现。人均碳排放量逐渐趋缓，碳排放总量却持续走高，这一趋势一直持续了近20年，直到2008年前后国际金融危机及全球气候谈判压力的驱动，美国碳排放总量才开始下降。

三、高碳基资源禀赋

近年来，上海经历了从高碳基的煤炭类能源逐步向较低碳基的石油、天然气转变的优化过程。2003—2014年，上海煤炭消费占能源消费总量的比重由58.8%下降至34.08%；石油类能源的比重从37.6%上升到42.88%；天然气消耗量增长迅速，但在全市一次能源中的比重仍较低，仅为8.24%。外来电在上海市能源消费中所占的比重逐年攀升，占总能源消费的14.08%。由此，上海市能源消费结构呈现“三增一减”的特点。但现有的能源结构对于建设低碳城市的目标是较为滞后的，若要从根本上降低碳排放，必须加快能源清洁化、多元化、高效化建设。就目前上海面临的形势看，能源消费清洁化、多元化仍然任重道远。

第一,电力基础设施建设存在瓶颈。上海电网是世界上电力负荷密度最高的电网之一,国家规划加强电力大区联网,继续实施"西电东送",推进"北电南送",这有利于上海更多地使用包含外来电在内的清洁能源电力,但长距离、大规模受电仍受到关键技术瓶颈限制;同时,按照节能减排的要求,上海市小火电机组关停与其他省份的能源、电力需求增长较快,可能增加上海保障外来电的难度。此外,受到资源环境约束,上海市电力设施尤其是电网建设的建设难度越来越大,解决电力建设面临规划落地难、动拆迁难、建设成本高等问题。

第二,可再生能源的大规模利用遭遇资源及成本困境。上海地处北纬 31 度,属中纬度地区,紧靠上海出海的长江口区,太阳能资源相对不足,而风能资源较为丰富。每千瓦火电的投资成本约为 5 000 元,而陆上风电每千瓦投资成本则在 8 000—10 000 元。为分摊设备折旧成本,绿色风电的价格比常规标准电价高出 0.53 元/(kW・h)。上海当地燃煤发电机组上网电价在 0.33—0.38 元/(kW・h)。因此,在现有的经济环境下,风电的市场竞争力要远低于煤电的市场竞争力。而上海每千瓦海上风电投资为 21 220 元,远高于陆上风电的投资成本;同国际和国内风电建设成本比较,上海陆上风电建设成本远高于国家发改委特批的江苏如东 10 万 kW 风电建设 0.436 元/(kW・h)的成本;而海上风电建设成本同欧洲海上风电建设成本相比要高出近 10%。此外,由于太阳能、风能本身的偶发性、间歇性及不稳定性,对电网基础设施要求极高,而发展分布式能源仍面临供电体制的问题。

第三,天然气稳定气源面临挑战。上海的天然气资源几乎全部依赖外部调入,其中对国外资源依存度达 60%左右。陆上气源主要在西部边远地区,需要长距离管道输送,资源供应安全风险大,而本市燃气的应急储备能力仍然较为薄弱。同时,随着国家节能减排力度加大,不少省市均将发展天然气作为能源结构调整的抓手,资源竞争势必加剧。据预测,与油价挂钩的国际气价预测仍将处于高位态势,国产天然气价格逐步接轨国际天然气价格,气源成本增高,将导致摊销压力加大,影响天然气利用。此外,还存在着天然气调峰难度大、设施运行安全管理面临新挑战、燃气事故屡有发生、城乡用气发展水平不均衡、现行价格机制不完善等问题。在输配系统建设、天然气高效利用及资源合理配置等方面，也存在着新的矛盾。

四、长距离交通依赖型的城市空间格局

随着"一城九镇""1966"等规划政策的实施，上海逐渐形成了"主城＋卫星城"的城市空间结构①。"十二五"期间上海继续"坚持城乡一体、均衡发展，把郊区放在现代化建设更加重要的位置，推动城市建设重心向郊区转移，落实国家主体功能区战略，充分发挥市域功能区域的导向作用，以新城建设为重点，深化完善城镇体系，加快推进新型城市化和新农村建设，率先形成城乡一体化发展的新格局。"

2005—2014 年，郊区人口增长迅速，尤其是以浦东新区、闵行和松江人口增长数量最多。而中心城区常住人口基本保持稳定，黄浦与静安区甚至出现了常住人口的负增长。上海城市空间布局的人口导入进展较为迅速。

另一方面，由于级差地租、产业布局、居民收入的分化等原因，上海空间布局突出表现在产业发展、配套设施建设与人口导入并不匹配，办公楼宇等商务办公场所仍然集中于中心城区，医疗、教育等公共服务设施也较多地集聚于中心城区，这实质上是造成了双向的潮汐通勤问题。部分人群居住于郊区，而工作于中心城区；部分人群居住于中心城区，而工作于郊区。

城市空间蔓延及人口导入与产业导入的不匹配极大地增加了社会通勤时间和通勤距离。2000—2014 年，上海市公共交通从 37.22 亿人次上升到 61.22 亿人次，增长了 64.44%（见图 4－2）。

除公共交通运输量增加外，私家车的数量也在不断增加。私人汽车在 2014 年达到 144.98 万辆，比 2005 年增加了 3.5 倍（见图 4－3）。可以看出，上海市机动车结构在变化，表现最为明显的是汽车的增加，特别是私人汽车的增加。

---

① 胡桥. 上海市工业用地对城市空间结构的影响研究[D]. 上海交通大学，2011.

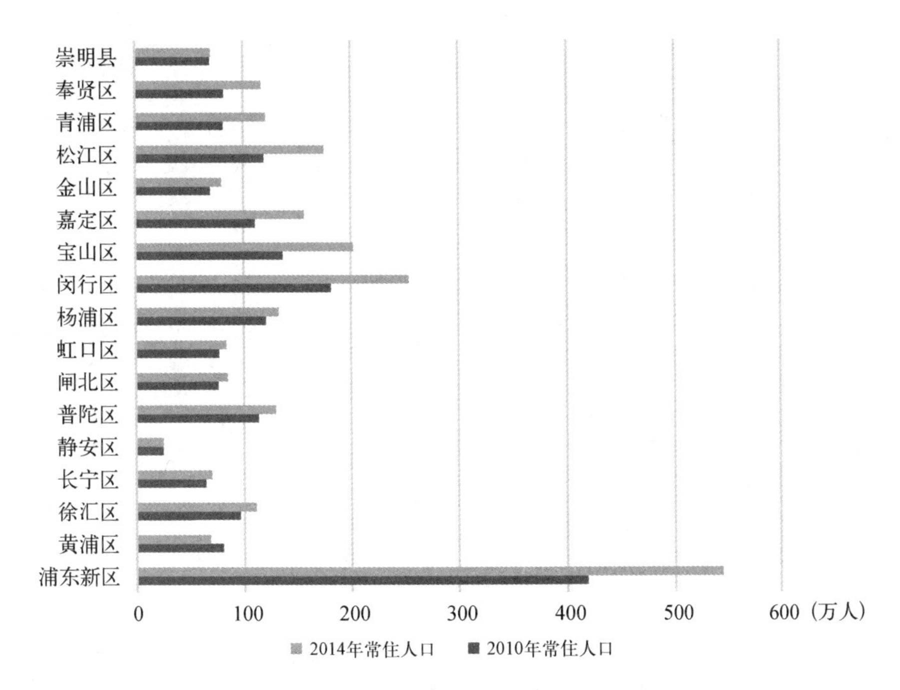

图 4－1　2010 年、2014 年上海市各区人口增长情况

资料来源：《上海统计年鉴(2011,2015)》。

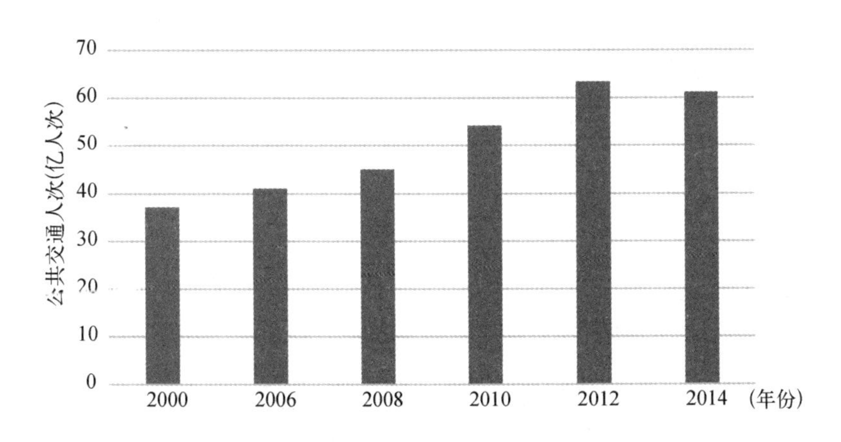

图 4－2　上海市公共交通出行人次(2000—2014)

资料来源：《上海年鉴》《上海统计年鉴 2015》。

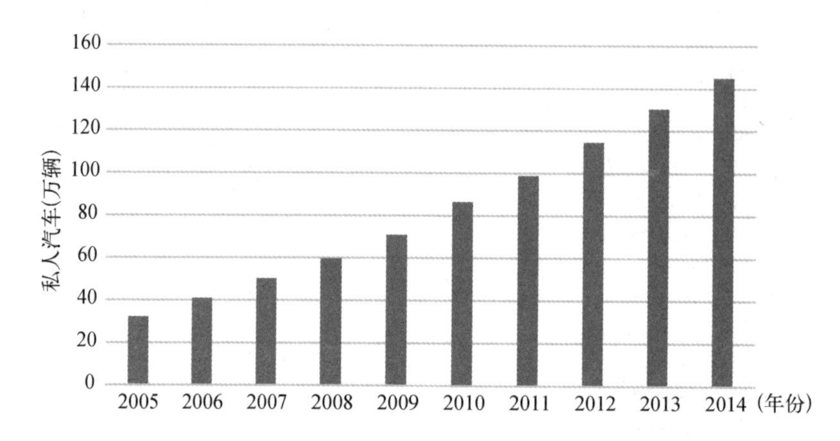

图 4-3 上海市私人汽车增长情况(2005—2014)

资料来源:《上海统计年鉴 2015》。

第二节 产业、建筑、技术等细分领域面临的挑战

根据 2014 年的统计口径,上海制造业大类中共有 31 个细分产业部门。从各细分产业部门的能源消费总量及单位工业总产值能耗中可以发现,上海制造业大类中,能耗较高的行业与能效较低的行业较为集中,并且重合度较高。

一、重化工业高比重的产业发展格局

属于高耗能、低能效的制造业行业分别是:黑色金属冶炼和压延加工业;化学原料和化学制品制造业;石油加工、炼焦和核燃料加工业;非金属矿物制品业;金属制品业;橡胶和塑料制品业。这六个高能耗、低能效的部门能源消费总量占制造业能耗总量的 77.39%,前三大部门的能耗占制造业总体的 68.78%。因此我们把关注的重点放在黑色金属冶炼和压延加工业;化学原料和化学制品制造业;石油加工、炼焦和核燃料加工业三大行业上。

这三个行业是被纳入上海市六个重点发展工业行业中的，在上海具有较大规模和传统竞争优势的行业。是否对其进行结构调整是社会各界争论不休、见仁见智的话题，无论是否调整都千头万绪，顾虑重重。

首先，尽管重工业尤其是具有基础产业性质的钢铁、石化是在一个经济体进入工业化中期大力发展的产业，但纵观已经进入服务经济时代的经济发达国家，其基础的重化工业虽然占经济体的比重已经有较大下降，但在产品产出上仍然保持一定的体量。

如钢铁产业，1980—2015 年，美国、日本、德国粗钢产量占全球的比重都有较大下降，美国 2015 年粗钢产量占全世界的比重为 5%左右，比 1980 年下降约 9%；日本占全球的比重比 1980 年下降约 8%；德国下降约 3%。但这期间三国的粗钢产量基本保持一定的规模。截至 2015 年，美国、日本、德国三国的粗钢产量分别为 7 810 万吨、1 亿吨和 4 140 万吨，近年来除 2009 年受国际金融危机影响有明显下降外，基本都保持着这一规模（见图 4 - 4）。

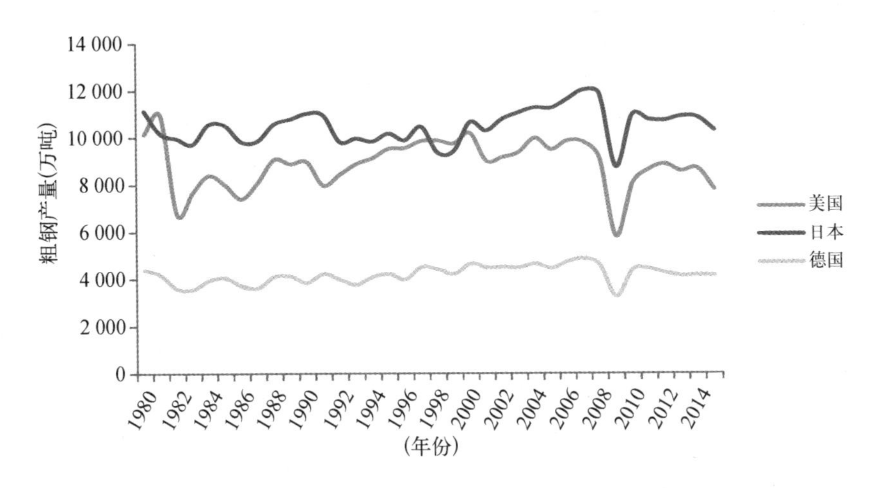

图 4 - 4　1980—2014 年主要发达国家粗钢产量

资料来源：国际钢铁协会粗钢产量统计。

美国是全球最大的化学品生产国，化学品产量约占全球的 1/5。化工产业一直是美国最大的制造业部门之一，也是最大的出口部门之一。石油和化工产业中，美国仍是世界上最大的乙烯生产国，尤其是页岩气开发成功使得近年来其生产能力有所增加，在世界总产能中的份额为18.3%。未来随着乙烷原料的大量使用，美国乙烯开工率还将逐步提高。

其次，上海高耗能行业中具有非常鲜明的超大型企业主导行业发展的格局（见表4-1）。

表4-1　2014年上海主要高耗能制造业行业中大型企业经济指标所占比重

	企业数		工业总产值		利　润	
	数额（家）	占比	数额（亿元）	占比	数额（亿元）	占比
黑色金属冶炼及压延加工业	4	3.15%	1 200.87	81.05%	125.01	190.88%
化学原料及化学制品制造业	16	2.05%	849.98	31.89%	9.4	6.94%
石油加工、炼焦及核燃料加工业	2	5.13%	1 504.87	105.80%	−31.25	−139.32%
非金属矿物制品业	5	1.23%	54.08	9.42%	5.82	16.38%
金属制品业	10	1.28%	161.05	16.84%	18.71	34.43%
橡胶和塑料制品业	7	0.94%	169.69	18.44%	10.62	18.97%

资料来源：《上海统计年鉴2015》。

其中黑色金属冶炼和压延加工业内4家大型企业的工业总产值占全行业的81.05%，利润占全行业190.88%；石油加工、炼焦和核燃料加工业中2家大型企业的工业总产值占全行业105.80%，亏损是全行业的1.39倍。

这些行业不但经济指标是高度集中的，能源消耗也是高度大企业集中的状况。如2014年，上海宝钢集团能源消费总量1 543.87万吨标准煤，占黑色金属冶炼和压延加工业全行业能耗的84.96%；中国石化上海石油化工股份有限公司能源消费总量758.30万吨标准煤，大企业的能耗占石油加工、炼焦和核燃料加工业全行业的81.8%；上海化学工业经济技术开发区能源消费总量702.56万吨标准煤、上海华谊集团能源消费总量329.92万吨标准煤，这两大企业的能耗占化学原料及化学制品制造业全行业能耗的73.8%。

上述行业是国民经济的基础产业，而行业内的超大型企业均是国有企业，并且在全国都具有技术、规模上的先进性。目前行业内也在进行结构调整，但一般都着眼于规模较小、地域分散的中小企业以及大企业集团内部的主动产品结构调整。这些调整对于整个行业内的能源消费状况及碳排放状况的彻底扭转和改善还是杯水车薪。

二、城市建筑的低能效与碳减排压力

（一）城市建筑的低舒适性与碳减排压力

建筑是直接与人的日常生活相关，同时人民的生活质量、生活水平也直接反应在对建筑内各类设施的完备性与追求室内空间的舒适上，由此直接造成建筑能耗的不断提高。考察美国建筑领域碳排放的历史轨迹，发现美国在人均 GDP 处于 2 万美元前的发展阶段，建筑碳排放持续上涨，当人均 GDP 达到 2.5 万美元的阶段，建筑碳排放开始达到峰值 8 亿吨左右，此后逐渐下降，但基本保持 5—6 亿吨的排放规模。

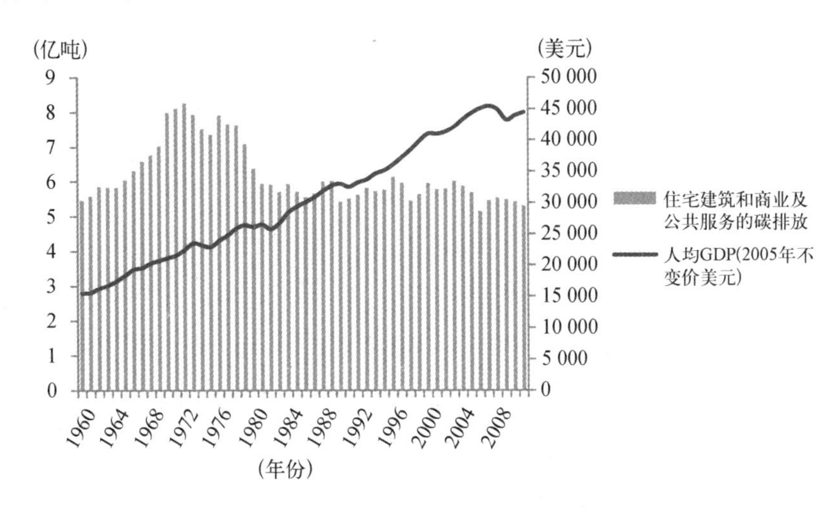

图 4-5　1960—2011 年美国建筑能耗与人均 GDP 走势

资料来源：World Bank：DataBank.

总体上看，我国的单位建筑能耗是低于欧美发达国家的。有学者在充分对比了平均气温、采暖度、节能技术及数据可得性的基础上，选择中、美两国典型节能建筑的能效进行对比，其结果如表 4-2 所示。

表 4-2　　中、美典型节能建筑能效对比

指标		中国典型节能建筑	美国典型节能建筑
		建筑面积：4 760 m^2	建筑面积：2 880 m^2
总能耗	全年(kWh/a)	283 124.8	345 200
	单位面积(kWh/m^2·a)	59.48	119.86
采暖能耗	全年(kWh/a)	86 478.56	42 969.6
	单位面积(kWh/m^2·a)	18.17	14.92
制冷能耗	全年(kWh/a)	73 888.92	64 224
	单位面积(kWh/m^2·a)	15.52	22.3
暖通空调能耗	全年(kWh/a)	160 400.9	107 195
	单位面积(kWh/m^2·a)	33.8	37.22
照明能耗	全年(kWh/a)	40 126.8	73 209.6
	单位面积(kWh/m^2·a)	8.43	25.42
家电/办公设备	全年(kWh/a)	30 321.2	119 347.2
	单位面积(kWh/m^2·a)	6.37	41.44
特殊功能设备能耗	全年(kWh/a)	50 833.21	30 744
	单位面积(kWh/m^2·a)	10.5	10.68

资料来源：朱能. 中美高能效建筑的能效对比[C]. 新能源·新城市——APEC低碳城镇发展论坛论文集,2014.

从总体能效看,美国单位面积建筑能耗是中国的2倍。分指标看,在采暖能耗方面美国略低于中国(3.25 kWh/m^2·a)以上),而空调能耗上中国略低于美国(3.42 kWh/m^2·a)以下);单位面积照明能耗方面美国建筑远大于中国建筑;两国的高能效建筑均注重节能技术的应用,美国注重热回收节能技术的使用,采用了自然采光系统及照明自动控制系统,中国注重能源系统的优化;办公建筑的家电/办公设备单位面积能耗方面美国均远远大于中国,室内环境参数上美国优于中国。

从节能建筑的设计建设标准来看,以德国被动房屋(即能耗低于50 kWh/m^2·a)与中国65%节能标准对比,其结果如表4-3所示。

表 4－3 德国被动房建设标准与国内 65%节能标准建筑建设标准对比

	德国被动房标准	国内 65%节能标准
传热系数(墙屋面地基)	$K \leqslant 0.15$ W/(m² · k)	$K \leqslant 0.4$—0.6 W/(m² · k)
传热系数(门窗)	$K \leqslant 0.8$—1.0 W/(m² · k)	$K \leqslant 2.5$ W/(m² · k)
体形系数	A/V≤0.4	A/V≤0.26
建筑气密性	$n_{50} \leqslant 0.6$/h	无要求
室内温度	18℃—24℃	18℃±2℃
空气湿度	相对湿度 40%—60%	无要求
空气速度	平均室内空气流速＜0.15[m/s]	无要求
房间内表面温度	不低于室内温度 3℃	无要求

资料来源：沈宓，鄢涛. 欧洲建筑节能发展及中欧对比分析[J]. 建筑，2013(17).

可见欧美国家在高舒适度需求下的高能耗水平，已经通过不断的技术发展与创新，在保持其生活舒适水平的前提下不断降低。而目前中国的建筑低能耗水平，是在城乡之间经济发展水平存在巨大差异、牺牲室内环境舒适度的前提下达到的。

上海作为一个能源短缺的城市，近年来建筑能耗总量以每年 10%左右的速度递增①。不同建筑类型的单位面积能耗也在逐年攀升中(见表 4－4)。

表 4－4 2007—2010 年上海部分建筑抽样调查能效

建筑类型	单位面积能耗(kWh/m²)			
	2007 年	2008 年	2009 年	2010 年
大型公共建筑	114.00	117.60	115.71	119.73
政府办公建筑	87.17	87.37	87.17	88.79
中小型公共建筑	69.43	72.44	73.15	—
居住建筑	12.00	14.72	14.34	—

资料来源：上海市城乡建设和交通委员会. 上海市民用建筑能耗调查统计——2009—2010 年度工作报告[R]. 2012.

① 上海市城乡建设和交通委员会. 上海市"十二五"建筑节能专项规划[N]. 2012.

(二) 公共建筑低能效与公共建筑需求增长的双压力

随着城市经济快速发展,上海建筑能耗供需矛盾将更加强烈。一是随着本市城市功能转换及提升、城市多个副中心的建立、市郊区城镇化发展快速、城市基本设施重大工程的推进完善,以及后世博效应都将促进本市现代服务业和楼宇经济的快速发展,致使各类型的公共建筑需求激增,公共建筑能耗存有较大的上升空间。二是城乡居民人均收入和生活质量的显著提高,将促使人们对居住条件的改善需求,用能设备增多,居民生活用能需求的刚性增长趋势明显。三是随着区域发展与城镇化进程的推进,上海作为长江三角洲地区区域的核心区,到了 2015 年城镇化比例高于 70%,民用建筑面积总量将超过 9 亿平方米。若按照目前建筑能耗增长态势预测,2015 年本市民用建筑总用能需求将达到 3 165 万吨标准煤左右(包含建筑运行能耗和建筑施工能耗),相比 2010 年净增长 1 018 万吨标准煤。四是随着大气污染状况不断恶化,以及大气污染治理客观上存在的长期性,未来上海居住及公共建筑在提高室内环境指标,提高宜居性上将有更大的投入,如安装新风系统等,而此项投入在美国建筑中也是高耗能项。此外,受全球气候变化的影响,自然灾害、极端气候频现,也进一步加剧了建筑能耗的攀升速度。2013 年夏季长时间持续高温用电负荷峰值屡创新高,在给城市安全供能带来严峻的挑战的同时,也给建筑节能工作带来了重大压力。

在城镇化速度不断加快以及人民对居住环境要求不断提升的现阶段,低碳建筑发展之路应该通过政策与技术的进步约束其总体能耗上升过快的趋势,与此同时保证建筑的舒适度,并不断提升建筑室内环境品质。

从上海市商业建筑占全市建筑总面积的比重来看,1998 年以来除了 2008 年受金融危机影响有所下降,总体上一直处于上升状态,到 2010 年达到最高值 13.67%。之后,由于房地产业的快速发展,使得商业建筑占全市建筑总面积的比重有所下降,但 2012 年仍保持了 12.40%的比重。当前建筑能耗在社会总能耗中所占的比重越来越高,而大型商业建筑耗电量是普通住宅的 10—20 倍,是建筑能源消耗的高密度领域,消耗民用建筑总用电量的 30%以上。

商业建筑占全市建筑总面积的比重持续增高，使得商业建筑减排基数大，减排难度大，也成为推动建筑能耗快速增长的最主要原因之一。

三类商业建筑中，商场类建筑能耗最大、宾馆酒店建筑次之、办公类建筑最小。2012 年，商场类建筑年碳排放量为 991.17 万吨，办公类建筑年碳排放量为 515.31 万吨，宾馆类建筑年碳排放量为 136.35 万吨。商场类建筑年碳排放量远远高于其他两种类型建筑。

近年来，上海市商场类建筑面积增长速度高于宾馆类建筑和办公类建筑，1999—2014 年上海市商场类建筑面积年度增长率总体上高于宾馆类建筑和办公类建筑面积增加率。特别是 2000—2006 年商场类建筑面积保持了两位数增长率，2003 年甚至达到 32%。虽然 2009 年三类建筑面积增长速度纷纷下降，但商场类建筑面积增长速度仍高于其他两种类型。由于商场类建筑单位面积能耗也是最高的，为 228.8 $kWh/m^2 \cdot a$，宾馆类建筑和办公类建筑单位面积能耗分别为 169.38 $kWh/m^2 \cdot a$ 和 1 148 $kWh/m^2 \cdot a$。商场类建筑面积相对较快的增长速度，会增加商业建筑总体能耗水平，增加商业建筑节能减排压力。

三、低碳技术水平及创新能力的差距

以低能耗、低污染为基础的“低碳经济”，一个重要的支撑就是“低碳技术”。技术是将低碳城市由规划到实践的物质桥梁，是决定低碳城市发展速度的关键。因此只有利用科技创新，推进低排放或无排放的能源技术进步及能源利用效率提高，掌握碳捕捉、存储、封存的核心技术，才能在低碳城市建设中具备物质基础。

整体来看，低碳技术存在于三个阶段上：一是源头上，在能源利用环节即减少碳排放。这就涉及开发利用可再生能源以及清洁地利用现有的常规能源。二是过程中，即在利用能源的过程中，改进技术设备和转变能源利用方式，尽量减少能源的消耗和碳排放。三是在末端，即尽量处理已经排放出的温室气体，这就具体到了"碳捕获""碳封存"和"碳转变"等技术。简言之，"低碳技术"就是指寻找可再生能源和更合理有效地利用能源、改变常规能源利用方式、处理温室气体的技术。

(一) 上海现有低碳技术水平不能为低碳发展提供技术支撑

上海可再生能源在一次能源中的比重极低，可再生能源利用缓慢，与上海在这一领域的技术研发和储备不足，不能通过发挥技术溢出效应而使可再生能源利用成本快速降低有直接关系。以上海重点发展的海上风电为例，目前上海海上风电最大单机装机容量约为 3.6 兆瓦，而在欧洲投入大规模商用的海上风电的单机装机最基础的是 3.6 兆瓦，德国、英国、比利时等国已经实现了 6 兆瓦海上风机的规模商用。

2008—2010 年，主要高耗能产业的产品单耗波动剧烈，吨钢单位能耗、单位乙烯能耗都出现了明显波动。2010 年的产品单耗是近年来最好水平，2012 年吨钢单位能耗是 2010 年的 1.06 倍，单位乙烯能耗是 2010 年的 1.04 倍。2010—2014 年，主要高耗能产品单耗保持平稳，没有下降的迹象(见图 4-6)。

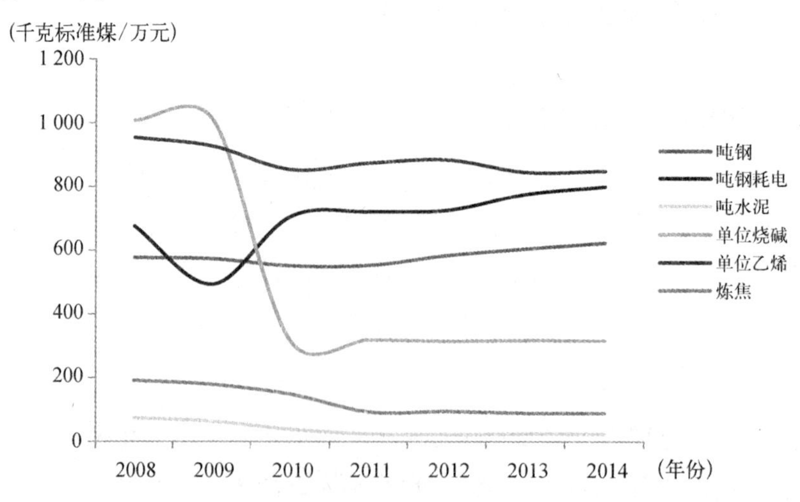

图 4-6 2008—2014 年上海高耗能制造业门类主要产品单耗

资料来源：2009—2015 年《上海能源统计年鉴》。

横向比较来看，上海高耗能产品的单耗均与国内外领先水平有较大差距。钢铁方面，2014 年上海吨钢综合能耗、烧结、炼铁、转炉、电炉、轧钢工序综合能耗均落后于全国重点钢铁企业的平均水平（见表 4－5）。

表 4－5　　2014 年上海钢铁工序能耗的国内对比　　（单位：千克标煤/吨）

	上　海	全国重点钢铁企业	全国最低值
吨钢综合能耗	623.54	584.7	
烧　结	48.03	48.9	承钢 35.00
炼　铁	378.4	395.31	涟钢 322.4
转　炉	－5.01	－9.99	富鑫－40.31
电　炉	96.32	59.15	韶钢 15.11
轧　钢	70.58	59.22	汉中 17.58

资料来源：上海能源统计年鉴（2015）；王维兴．2014 年全国重点钢铁企业能耗数据一览[N]．中国冶金报，2015/4/17。

表 4－6　　上海主要石油化工产品能效与国内先进水平对比

项　　目	2013 年	2014 年	国内最低值
原油加工单位耗电（千瓦时/吨）	60.3	63.97	36.3（中海油惠州炼油分公司）
单位乙烯耗电（千瓦时/吨）	110.32	109.21	69.3（中国石化茂名分公司）
单位烧碱综合能耗（千克标煤/吨）	316.97	316.65	315（新疆天业（集团）有限公司）

资料来源：石油和化工行业重点耗能产品 2013 年度能效领跑者标杆企业及指标。

（二）产品结构调整客观上延宕了碳减排技术发挥巨大作用的时间

高耗能行业均为基础产业，其产品多是作为国民经济的基础原材料投入中间使用。探究上海部分高耗能产品单品综合能耗下降不明显或者不降反升的原因，其中重要的一点是这些行业内的产品结构在发生变化。以钢铁行业为例，近年来宝钢股份坚持定位于高端产品的差异化发展道路，形成了以高等级汽车板、高效高牌号无取向硅钢和低温高磁感取向硅钢、镀锡板包装材为代表的战略产品群，同时建立了品种、规格齐全的薄板、厚板和钢管三大碳钢产品系列。另外不锈钢产品、特钢产品的产销不断缩减，至 2013 年，不锈钢、特钢产品已完全调整。高端产品的技术含量、附加值都有显著提高，但随着加工深度提高、加工工序延长，产品综合能耗尤其是轧钢环节的综合能耗会相对提高。

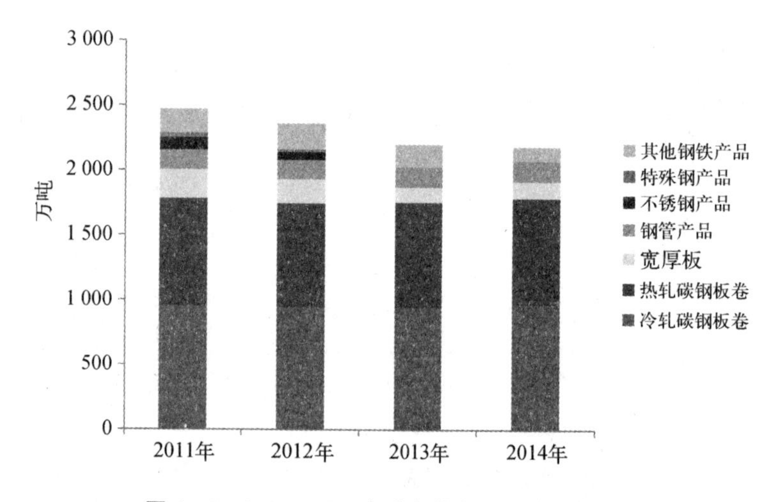

图 4－7 2011—2014 年宝钢股份细分产品销量

资料来源：宝钢股份年报(2011—2014)。

2014 年上海的吨钢综合能耗比 2010 年有所上升，从工序看，炼铁、转炉、电炉工序综合能耗有较显著下降，但轧钢综合能耗与 2010 年基本持平。这也印证了上文所说宝钢产品结构开始向高技术、高附加值演进的同时，轧钢加工工序增加、加工时间增长所带来的必然结果。未来随着宝钢产品结构的继续高端化、高附加值化，产品综合单耗的下降将是一个长期的过程。

四、传统消费模式阻碍可持续生产方式的变革

几乎所有的研究都表明收入水平对碳排放量及排放结构有着明显的影响。对上海居民人均可支配收入与常住人口人均生活领域直接碳排放进行相

关性分析，相关系数为 0.89，高度正相关。这表明，人均收入的提高带来了直接碳排放水平的提高。同时，对人均生活间接碳排放与人均可支配收入进行相关性分析，两者相关系数为 0.97，高度正相关，这也说明，人均收入的提高，也会间接使碳排放增加（见图 4－8）。

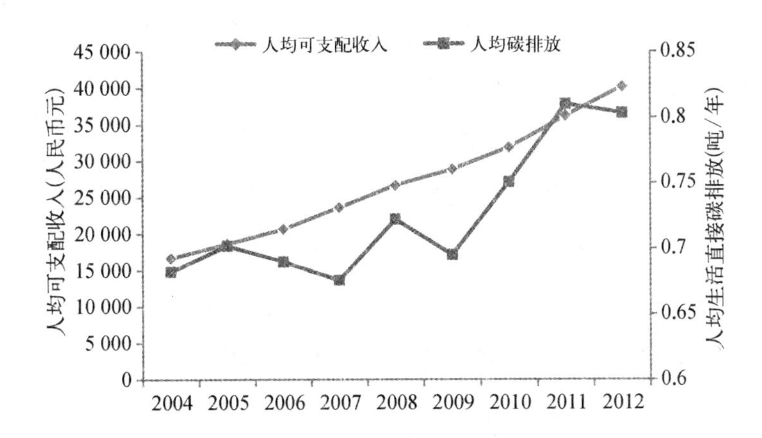

图 4－8　上海市人均可支配收入与人均生活直接碳排放(2004—2012)

资料来源：《上海统计年鉴 2013》。

不同收入水平决定了不同的消费模式，其导致的碳排放也不相同，高收入水平居民产生的碳排放高于低收入水平居民产生的碳排放。尤其是当财富大幅度增加，物质生活极大丰富后，物质消费水平一直呈上升趋势，过度消费愈加成为中高收入群体中出现的新问题。

过度消费消耗了大量的有限资源，产品快速的新旧交替又使得大量滞留的旧产品出现，旧产品不能发挥其原有的使用价值，并且占据了大量空间；与此同时，这些处于闲置状态的旧产品也很难再进入传统 3R 原则中的再利用（Reusing）阶段，短时间内也很难被再循环（Recycling）。另一方面，过度消费导致人的生活方式与生命机能的冲突，身体机能的加速衰退，许多“现代病”就是过度消费的结果。从循环经济的角度来说，过度消费与循环经济提倡物质的适度消费、层次消费的观念相违背。

针对过度消费所产生的问题，发达国家兴起一种为使用价值付费，而非独占所有权的消费模式，被称为协同消费或“协作消费”（Collaborative Consumption），也有人称之为“为使用量付费”。协同消费是一种比较具有环保意识的消费行为。我们有充分理由相信，通过产品共享，经济会变得更加高效，我们也会减少资源消耗。这也是汽车共享、升级再造（旧物新用）、联合办公和手袋租赁等新商业模式流行的原因之一。

但与欧美发达国家消费者相比，中国消费者表现出更不愿意分享的价值观。在共享产品服务方面，他们认为“拥有”代表成就和社会地位，只有在必要的时候才会考虑分享。即使部分消费者能够看到从分享中获得的个人利益，但仍然认为“拥有”更为有利。中国文化代表的“拥有”胜于共享的价值观念，会导致更符合循环经济要求、更低碳的消费模式较难风靡。

五、生态空间难以扩大，碳汇增加的空间有限

从碳汇总量上看，1996—2014 年上海市生态空间碳汇总量一直在 100 万吨/年—110 万吨/年的范围内波动（图 4 - 9），相对于上海市近年来每年超过 2 亿吨的碳排放量，生态空间固体能力显得微乎其微，上海市生态空间碳汇对碳减排的作用十分微小。

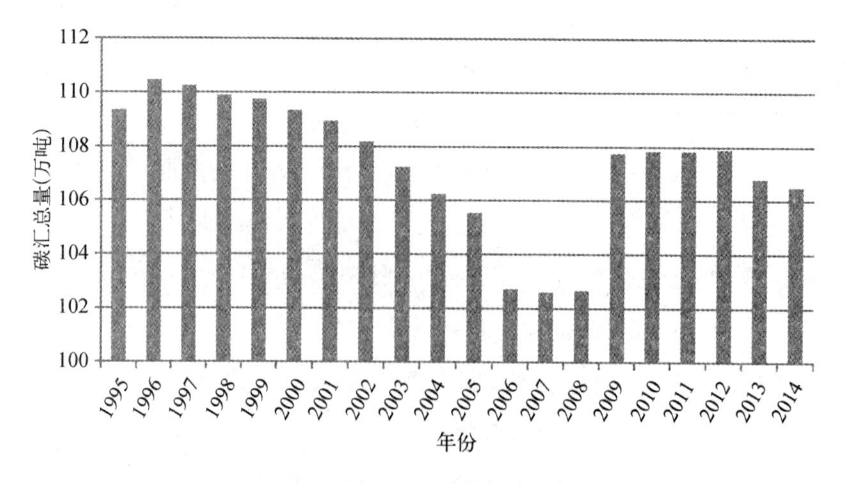

图 4 - 9　1995—2014 年上海市碳汇总量变化

资料来源：根据《上海统计年鉴 2015》计算。

从历年生态空间碳汇能力的变化来看，1996—2006年，上海市生态空间碳汇总量一直处于下降趋势，由1996年的110.46万吨/年，下降到2006年的102.59万吨/年，2006—2008年一直维持在102万吨/年的最低水平，2009年以来虽有所回升，但基本维持在107万吨/年左右，上升趋势并不明显，而且2013年和2014年又表现出下降的趋势。从目前实际情况来看，上海市生态空间碳汇能力跟不上二氧化碳排放的增长速度。

从生态空间的碳汇类型来看，湿地碳汇所占比重最高，2014年占到生态空间碳汇总量的74.1%，而且湿地碳汇量比较稳定。耕地碳汇所占比重次之，2014年占到生态空间碳汇总量的18.4%。园林绿地碳汇所占比重最低，2014年占生态空间碳汇总量的比重为7.5%。从历年比较来看，上海市生态空间碳汇类型构成趋于稳定，园林绿地碳汇所占比重趋于上升，耕地碳汇所占比重趋于下降，湿地碳汇稳中有升。

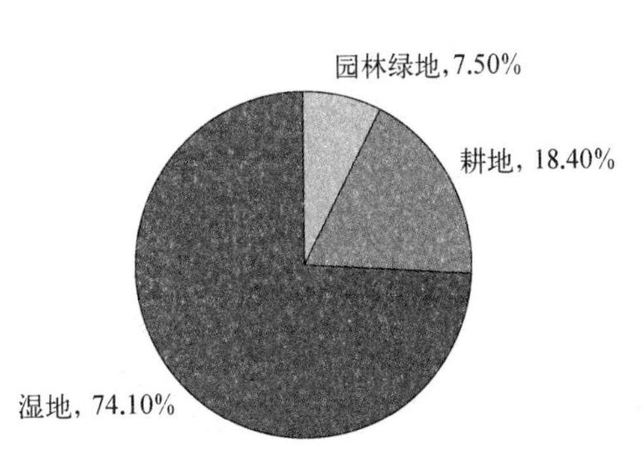

图 4－10　2014 年上海市生态空间碳汇构成

资料来源：根据《上海统计年鉴 2015》计算。

在园林绿地碳汇方面，近年来，上海的城市林地和绿地建设实现了跨越式发展。特别是1998年以来，上海改变传统城市绿地建设中常见的“见缝插绿”方式，推行“规划建绿”，结合大市政建设、旧城改造、污染工厂搬迁等，辟出成片土地建设园林绿地，城市绿化建设取得突破性进展。以上海大都市圈大环境绿地为基底，以城市敏感区为核心保护区域，以外环、郊区环形成两大主要环城绿带，新城、新市镇周边绿化形成次要的郊区城镇环，规划了全新的梯形分布、组团布局的绿化体系。上海市绿地覆盖率从1995年的16%增加到2012年的38.3%。随着绿化面积的增加，上海市园林绿地碳汇能力已由1995年的0.43万吨/年增加到8.1万吨/年。虽然上海的绿化面积逐年增加，绿地碳汇能力不断增强，但增长的潜力正逐渐变小。

第三节　综合管理能力滞后

一、低碳城市的管理能力滞后

毋庸置疑，在低碳城市发展过程中，“自上而下”的政府主导型发展模式是主要动力，政府是低碳城市建设的主要推动者和政策供给者，政府的领导力和行动将决定低碳城市建设的进程和水平。

（一）缺乏统一协调、推进低碳城市建设的专门机构

建设低碳城市是一项系统工程，涉及能源、环保、科研和金融等诸多领域，加上低碳经济的重要性、复杂性和关联性，发改部门、财政部门、环保部门、科技部门、气象局和外事部门等都可能涉及。发达国家及全球城市所出台的应对气候变化行动或规划都有强大的执行力，甚至成立专门机构来推动。目前，上海涉及低碳城市的领导和管理分属不同部门，在产业结构调整、低碳技术研究、市场开发和推广应用等方面难以统筹规划和集中管理。由于电力部门、能源管理部门、财政部门、生产制造商、应用单位等部门之间各自为政，政策标准不一。缺少协调机制，对低碳城市的建设形成重重障碍。如在太阳能产品的推广上，由于涉及部门较多，又缺乏统一规范的行业标准，使不同部门的协调比较困难，造成了太阳能产品安装难、管理难、使用难的局面。

（二）缺乏对低碳城市中长期发展目标的研究

由于长期以来受到渐进模式的影响，习惯于解决眼前的问题，以至于无暇顾及政府部门的应有任务、方向及战略，导致了在很多重要的领导领域没有公共目标或者方向模糊不清。在低碳城市建设领域也是如此，只有制定了低碳城市中长期目标，才可能在此基础上形成低碳城市顶层设计及各领域的目标及政策方略，才能引

领低碳城市建设持续不间断地走向深入。我们看到国际上主要的低碳城市都出台了中长期中标,有些城市甚至制定了 2050 年的碳减排目标。需要指出的是,中长期目标的制定必须建立在对城市碳排放总量、结构、趋势、阶段特征等内容深刻研究的基础上。而上海目前缺乏权威的低碳城市中长期发展目标的研究,现有的只是理论界单独展开的研究,由于没有政府相关部门的参与,导致研究的数据基础较为薄弱,研究方法过于简单,其研究结论也缺乏可靠性和可参考性。

(三) 碳统计监测体系不完善

准确了解碳排放现状,有助于科学客观地掌握和了解该城市的碳排放的状况。是城市进行碳管理的先行条件,是城市设定低碳发展路径的基础。同时,每个城市与城市之间的地域、人口结构、经济水平、产业结构、用能模式等都不尽相同,通过碳排放量的对比和分析,可以了解到各城市碳排放水平差异的根本原因,为各城市制定有针对性的减排措施提供依据。

当前上海低碳城市研究和推进中面临的一个突出问题是能耗及碳排放统计基础条件仍然薄弱,尤其是建筑能耗领域,数据质量参差不齐,尚未有权威的能够满足建筑节能分析需要的能耗数据,原因在于一是尚未将建筑能耗统计工作纳入统计主管部门的日常工作之中,使得建筑能耗水平统计和节能减排任务分解缺少数据支撑。美国的建筑能耗数据由隶属于美国能源部的统计机构——能源信息署(EIA)组织的商业建筑能耗调查和居住建筑能耗数据平台统一发布。国内目前的各种建筑能耗分析数据均来自研究者的抽样调查,研究结果受抽样调查对象影响较大,难以对上海市建筑能耗及减排任务有一个完整而准确的认识。由于不同类型建筑的单位面积能耗有较大差距,仅仅根据建筑面积推算能耗水平,结果的准确性有待商榷;二是在技术层面的统计口径上,如建筑面积的界定、建筑能耗的边界、不同能源种类的转换方法等在具体操作过程中仍不够规范,按建筑类型、终端用途和能源品种细分的建筑能耗统计较为缺乏,需要建立统一协调、资源共享机制加以改进和完善。

二、缺少社会监督保障机制

上海低碳城市建设主要涉及政府、企业、市民三大责任主体，目前对这三大责任主体的监督机制都存在一些漏洞；要顺利推进上海低碳城市建设，就需要及时堵上这些漏洞，完善监督机制。

（一）对政府的监督：规划编制、规划执行和环保执法环节存在疏漏

由于政府在社会生活中的核心地位，可以说它是上海低碳城市建设的最重要责任主体；然而，对政府的监督在规划编制、规划执行和环保执法等环节却存在疏漏。

1. 在规划编制环节论证不够，未做到决策科学性

当前，上海低碳城市建设面临的许多挑战都来自城市空间和产业发展方面，如产业、公共服务分布与人口分布不配套带来更大交通流量，郊区新城和中心城区之间、郊区新城和新城之间缺乏快速公交工具，重化工业比重过大带来更大环境压力；而这些问题的源头则是相关城市规划和产业规划等在编制环节论证不充分，未能实现决策的科学性。在这一过程中，人大审批、社会公示等制度都未体现出应有的监督力度。

2. 有关官员或部门任意突破原规划，规划严肃性不足

既有规划不是不可以突破或变动，如果时过境迁，原有规划已不能适应当前形势，就应当修订；但这种修订必须要经过严格的程序，而不能任意突破，使之失去严肃性。在上海某些规划的执行过程中，有关官员或部门可任意突破原规划，如在原先划定的生态保留区块或生态红线范围内进行建设，使原规划中所体现的一些环保理念最终未能贯彻落实。《中华人民共和国城乡规划法》（2007年）和《上海市城市规划条例》（2003年）对有关官员或部门任意突破原规划的法律责任都含糊其辞，造成违法成本过低，法律威慑力不足。如前者仅仅规定“未按法定程序编制、审批、修改城乡规划的，由上级人民政府责令改

正，通报批评；对有关人民政府负责人和其他直接责任人员依法给予处分”；后者仅仅规定“越权编制或者违法编制、变更城市规划的，审批机关不予审批”，“对违反本条例规定造成违法建设的审批责任人，由其所在单位或者上级机关给予行政处分”，“市或者区、县规划管理部门不依法履行监督职责或者监督不力的，由其上级主管部门或者监察机关责令改正，对直接负责的主管人员和其他直接责任人员依法给予行政处分；构成犯罪的，依法追究刑事责任”。

3. 对规划执行效果缺乏报告和追责机制

目前，就本市乃至我国编制的许多规划而言，缺乏对其执行效果的监督机制；即对于规划是否达到预期目标，未能建立执行者（如地方政府）对同级人大的报告机制，对于未能实现预期目标的情况，也没能建立追责机制。这样，最终会造成即使未达到预期目标，也无人负责、不了了之的情况。

4. 环保执法中存在有法不依、执法不严、违法不究现象

有些企业长期违反环保法规，甚至群众多次举报，有关执法部门却出现懈怠或不作为的情况，造成有法不依、执法不严、违法不究的局面；既不利于本市低碳城市建设，也在群众中造成较坏影响。究其原因，某些基层政府或有关部门还是目光短浅，过于重视这些企业带来的财政收入等短期利益，造成在环保执法中软弱甚至不作为。

（二）对企业和市民的监督：监督对象多，监督成本高，违法成本低

对企业和市民违反环保法规的监督首先难在监督对象多，监督成本高；相关执法部门的确人力不足，不可能对其进行全天候、全方位监督。在这种情况下，提高违法成本是有效的监督手段，虽然违法者被执法者发现的概率很低，但一旦被发现则处罚力度很重，也能使其“畏法”而不敢违法。对于企业而言，这种情况随着修订后《环保法》(2014 年 4 月)出台而有所改观；然而，对于市民而言，乱扔垃圾、黄标车进市区等违法行为的处罚力度仍然过轻。如 2014 年 7 月 1 日起，黄标车在外环内全天限行，但违者只罚款 200 元，记 3 分，违法成本显然偏低。

第五章　上海低碳城市建设路径

《上海市城市总体规划(2016—2040)》明确上海2040年的目标愿景是“卓越的全球城市”,致力于在2040年建设成为拥有较强适应能力和更具韧性的生态城市,成为引领国际绿色、低碳、可持续发展的标杆。建设低碳城市不仅是应对国际减排压力、完成国家碳减排目标的需要,也是城市实现自身总体规划目标的应有之义。

实际上,低碳城市建设涉及城市发展的各个领域,是低碳能源、低碳生产、低碳消费、低碳治理等方面内容的综合。从发展脉络来看,低碳城市是工业文明向生态文明转换过程中的新实践;从空间尺度来看,低碳城市是全球低碳行动背景下城市建设的空间响应;从建设过程来看,低碳城市建设是一个全社会化、全流程化的过程。结合当前低碳城市的建设实践,本书对低碳城市的理解是,在一定的城市空间范围内,将低碳发展理念融入从规划到建设、从生产到消费、从政策制定到执行等各环节,通过城市发展战略、发展规划的转型,通过技术创新和制度创新,引领和推动生产模式和生活方式的转变,形成节约、高效、环保、低碳的城市发展模式。

建设低碳城市的关键在于制定高站位、可实现的碳排放目标及顶层设计,并通过创新的机制推进低碳城市建设的各项工作。

根据高站位、宽视野、可实现的原则,在借鉴纽约、东京等全球城市低碳发展目标的基础上,本书分情景提出上海未来低碳城市发展“1+3”(1强度+3峰值)目标。低碳情景下,碳排放强度2020年比2005年下降60%,碳排放在

2020年达到峰值，能源消费总量2030年达到峰值，一次能源消费中煤炭总量2014—2017年达到峰值。

低碳城市建设是一个复杂的系统工程，低碳城市实施路径既包括各个细分领域具体的实施路径，又有宏观层面涉及低碳城市建设各个层面的基础路径。需要在能源部门增加清洁能源和可再生能源，积极发展分布式功能和智能电网，建立清洁、高效、多元的能源供应体系，通过持续的需求侧能效管理措施减少碳排放，尤其是在工业、电力、供热和建筑部门。同时，更关键的是深入推进市场机制创新，实行碳排放权交易，推进能源消费与碳排放总量控制，在大幅度降低低碳城市建设成本的前提下推动低碳城市建设。

为应对全球气候变暖，越来越多的国家或地区开始建立碳排放交易体系，期望以较低的成本来控制温室气体总量。上海作为7个试点省市之一，于2013年11月26日正式启动碳排放权交易市场体系。上海碳交易试点启动近3年来，取得了一系列的成绩，成为全国唯一一个连续3年实现100%履约的市场，中国核证减排量CCER交易非常活跃，并基本上形成了一套完整的市场交易及管理制度体系。然而，也需要看到，上海碳排放权配额市场交易仍不活跃，碳排放权价格发现功能仍未充分发挥，碳排放权交易的分配交易方式和管理制度体系仍需进一步完善。

在碳交易试点中，初始碳排放权分配方式选择是否适当，关系到能否在达到既定碳减排目标的情况下，最大限度地优化资源配置效率，促进市场发育。因而本书建议，从第二阶段开始，在既有企业初始碳排放权分配中逐步扩大拍卖的比例，建议2016—2020年5%—10%采用拍卖法分配，其余采用继承法分配；在“十四五”期间第二个“执行期”的初始碳排放权分配中，建议30%—50%采用拍卖法分配，其余采用继承法分配，其后拍卖比例再逐步扩大。同时增量碳排放权也要逐渐通过拍卖的形式进行分配。

同时，现有的节能管理体系及制度安排的出发点是约束并激励全社会节能，而碳排放权交易是发现碳减排的成本差异，并允许管制对象之间进行交易而实现管制目标。碳交易机制与节能管理制度之间对企业的激励、约束都存在着一定的矛盾冲突。在碳交易已经开展并将建立全国统一碳市场的背景下，对于纳入配额管理的单位应更注重市场机制的作用，而使行政手段的激励逐步退出。同时从行政成本最小化的角度出发，碳排放权交易机制的管理可以与现有节能管理体系充分衔接。

第一节 上海低碳城市建设的总体思路

一、以紧凑型城市为规划导向

城市蔓延对生活碳排放同样有着两种相对的作用效果，即交通和居住都会显著增加生活碳排放，仅在交通方面通过减缓拥堵而降低碳排放。大多数的研究证实，城市蔓延的总体效果将增加城市的生活碳排放。而紧凑型城市能够控制城市蔓延，解决未来城市资源环境，尤其是土地资源紧缺及人口增长带来的矛盾和产生的问题。因此，未来城市规划应以紧凑型城市为规划导向，打造舒适宜居的城市环境。紧凑型城市脱胎于传统欧洲城市，于1990年欧共体发布的《城市环境绿皮书》中首次出现，是目前以欧洲为主的西方发达国家促进城市可持续发展，控制城市蔓延的代表理论。对于紧凑型城市到底是什么样子，许多科学家莫衷一是，但也存在一些共性，认为，紧凑型城市能够以较少的土地提供容纳更多人和活动空间，空间不仅具有高的运转效率，同时还有良好的环境质量，其主要特征可概括为“高密度、高效率、高质量”，其目的导向是可持续发展①。而紧凑型城市规划是一个复杂的系统工程，受多种因素影响，需在城市规划设计中注重以下内容：构建“多中心网络空间发展模式”的紧凑型城市；积极构建以公共交通为导向的绿色交通体系；将低碳文化贯穿于城市总体规划之中；规划中注重绿色空间功能设计，打造人与自然和谐相处的

① 张昌娟，金广君．论紧凑城市概念下城市设计的作为[J]．国际城市规划，2009，(6)．

绿色空间;注重社区发展,使人们之间互动体验增强。

二、持续的需求侧能效管理

努力通过持续的需求侧能效管理措施来减少部门碳排放在制造业中通过大数据技术进行分析和管理,建立智能能效管理系统,提高制造过程的能源使用效率。在建筑及建筑综合体中建设智能能效管控系统,优化建筑能源控制。提高可再生能源在一次能源中的比重,积极发展分布式供能和智能电网,建立清洁、高效、多元的能源供应体系。

三、交通新技术的应用

采取新技术,发展城市郊铁、地铁、公交车相结合的多层次、高质量的公共交通体系。加快推广应用新能源汽车,多种新能源技术并进。研发推广多种汽车节能技术,既将单个技术集成应用,又致力于实现绿色驾驶。采用智能交通技术,建立城市智慧交通管理系统,最小化交通部门的碳排放。

四、倡导低碳生活

寻求市民的支持并在资源效率和低碳生活方式上达成一致。随着收入水平的提高,低碳生活方式是减少上海未来能源需求的关键。打造互联、共享的消费模式,构建为使用权付费的消费方式,并以消费模式的转型推动生产模式转变。完善低碳产品市场机制,倡导责任消费。

五、推进工业园区差别化管理

上海未来的 GDP 增长是由城市服务和低碳产业来驱动的,这是降低碳强度的关键。当然，这并不是简单地将高排放企业搬出城市边界来减少城市的碳足迹，要将产品结构调整与工艺流程选择升级相结合，如钢铁行业缩短炼钢工艺流程，向电炉炼钢转型。进一步推进对工业园区的差别化管理，大力发展节能环保服务业以及新技术产业，依托消费模式转型推进制造模式转型，推广再制造模式，构建企业内部循环经济体系。

六、探索低碳治理创新

在上海碳排放权交易试点的基础上，完善碳排放权分配和交易方式，进一步理顺管理机制，深入推进碳排放总量限制与交易机制，推进能源消费总量控制与节能量交易或购买绿色电力，所有这些都可以大幅度降低低碳城市建设的成本。

第二节 不同情景下上海低碳城市建设的路径

一、节能情景下低碳城市建设路径

节能情景下低碳城市建设路径如表 5－1 所示。

表 5－1 节能情景下上海低碳城市各领域建设路径

	2015—2020 年	2021—2030 年	2031—2040 年	2041—2050 年
规划	规划修编			
空间响应	城市更新；工业用地二次开发			

续　表

	2015—2020 年	2021—2030 年	2031—2040 年	2041—2050 年
能源低碳化	提升能效； 煤炭总量控制	能源结构清洁化； 能源来源多元化	可再生能源利用规模扩大； CCS 技术研究利用	天然气占一次能源比重超过 26%；可再生能源占 3%； 智能能源管理
生产	节能减排； 结构调整	能源结构优化； 提高能源利用效率技术创新	新型制造技术推广	制造模式转换； 企业内部循环为特征的循环经济普及
消费	倡导责任消费	规范低碳产品市场	形成低碳生活方式	以租赁、共享的消费模式逐渐取代占有所有权的消费
交通	提升公共交通便捷性和人性化	公共交通规模扩大、功能完善	公交车、出租车、公务车、公共服务用车新能源替代	新能源汽车大规模利用
建筑	节能建筑标准提高	存量建筑大规模节能改造	新型住宅能源供应结构转变	零碳建筑
生态空间	扩大公共绿地	推进四地（林地、绿地、湿地、耕地）融合发展	优化生态空间的组成要素	提升碳汇能力
减排机制	节能目标责任制	温室气体与大气污染物协同减排机制	碳减排市场机制完善	消费模式与生产模式变革

资料来源：笔者自制。

二、低碳情景下低碳城市建设路径

低碳情景下低碳城市建设路径如表 5 - 2 所示。

表 5-2　　低碳情景下上海低碳城市各领域建设路径

	2015—2020 年	2021—2030 年	2031—2040 年	2041—2050 年
规划	规划修编			
空间响应	城市更新； 工业用地二次开发			
能源低碳化	提升能效； 煤炭总量控制	能源结构清洁化； 能源来源多元化； CCS 技术研究利用	可再生能源利用规模扩大； CCS 技术推广	天然气占一次能源比重超过 30%； 可再生能源比重接近 4%； 智能能源管理
生产	节能减排； 工业结构调整； 提高能源利用效率技术创新； 能源结构优化	新型制造技术推广	推广再制造； 发展企业内部循环为特征的循环经济	企业内部循环为特征的循环经济普及
消费	倡导责任消费； 规范低碳产品市场	形成低碳生活方式	构建为使用权付费的消费模式	消费模式转型推动生产模式转变
交通	提升公共交通便捷性和人性化	推动就业与居住平衡	新能源汽车大规模利用	交通领域能源革命
建筑	节能建筑标准提高； 存量建筑大规模节能改造	新型住宅能源供应结构转变	低碳建筑技术推广	零碳建筑推广
生态空间	扩大公共绿地	推进四地（林地、绿地、湿地、耕地）融合发展	优化生态空间的组成要素	提升碳汇能力
减排机制	节能目标责任制； 温室气体与大气污染物协同减排机制	碳减排市场机制完善	消费模式与生产模式变革	

资料来源：笔者自制。

三、强化低碳情景下低碳城市建设路径

强化低碳情景下低碳城市建设路径如表 5-3 所示。

表 5-3　　强化低碳情景下上海低碳城市各领域建设路径

	2015—2020 年	2021—2030 年	2031—2040 年	2041—2050 年
规划	规划修编			
空间响应	城市更新； 工业用地二次开发			
能源低碳化	提升能效； 煤炭总量控制	能源结构清洁化； 能源来源多元化； 可再生能源技术、储能技术研究创新推广； CCS 技术推广	大规模利用可再生能源； CCS 技术普及，占比达到 90%	天然气占一次能源比重接近 33%； 可再生能源比重超过 6%
生产	节能减排； 工业结构调整； 提高能源利用效率； 能源结构优化	新型制造技术推广； 3D 打印、工业机器人、自动化认知、新材料等技术推广	新型制造技术普及； 推广再制造； 发展企业内部循环为特征的循环经济	企业内部循环为特征的循环经济普及
消费	倡导责任消费； 规范低碳产品市场	形成低碳生活方式； 移动互联网、物联网技术不断创新深刻改变人类生活	为使用权付费的消费模式推广	消费模式转型推动生产模式转变
交通	提升公共交通便捷性和人性化	城市空间系统优化；新能源汽车大规模利用	远程办公普及； 自动/半自动驾驶汽车推广	城市空间与交通格局重塑

续 表

	2015—2020 年	2021—2030 年	2031—2040 年	2041—2050 年
建筑	低碳建筑技术推广	存量建筑大规模节能改造；新型住宅能源供应结构转变	零碳建筑推广	零碳建筑普及
生态空间	扩大公共绿地	推进四地（林地、绿地、湿地、耕地）融合发展	优化生态空间的组成要素	提升碳汇能力
减排机制	节能目标责任制；温室气体与大气污染物协同减排机制	碳减排市场机制完善	消费模式与生产模式变革	

资料来源：笔者自制。

第三节　上海低碳城市建设的细分领域

本节从城市发展战略、能源系统、产业转型、交通革命、建筑升级、绿色空间、低碳技术、管理能力及监督机制 9 个方面论述未来 20 年间上海低碳城市建设的路径。

一、城市发展战略转型、城市基础设施和空间布局

（一）城市发展战略转型

英国《斯特恩报告》的结论表明，及早开展相关行动在经济上是会占优势的。行动越及时，经济损失越少。面对日益严峻的能源和环境约束，为避免经济建设和能源基础设施建设在其生命周期内的资金和技术锁定效应，也必须高度重视向低碳经济转型。因此，把低碳经济的发展模式纳入上海发展战略

框架中，摒弃高投入、高污染、高碳排放的发展模式，从前瞻、长远和全局的角度，部署低碳经济的发展规划，寻找低碳经济与城市发展战略的结合点。

1. 统筹城市规模与产业发展

城市发展规模应以资源承载力为基础进行系统规划，按资源禀赋规划人口控制规模，并制定产业规划，人口增长由产业发展拉动，城市建设随着产业引擎拉动。集约运用城市有限的土地、空间、基础设施等资源，实现城市的健康均衡发展。通过合理控制节奏，统筹人口、产业和城建的匹配，使城市的发展健康有序，城市就业充分、产业优化、建设适度。

2. 生产方式集约高效

生产方式上，转变企业高消耗、低效率、高排放为特征的传统工业经济生产方式，以提高资源生产率为目标，以减量化、再利用、资源化为原则，以低消耗、高效率、低排放为基本特征。从“自然资源—产品和用品—废物排放”流程组成的开放式线性经济模式向“自然资源—产品和用品—再生资源”的封闭式流程为特征的循环经济模式转变。

3. 发展紧凑空间

根据城市发展紧凑空间的要求及发展阶段，从城市物质空间结构及规模方面，加强紧凑化城市设计、城市街道空间的尺度控制及大规模发展混合功能社区，提高城市更多出行依靠公共交通工具使用的可能性。

4. 转变物品所有权占有为特征的消费模式

在消费模式层面上，应转变思维观念，从物质主义的消费方式向功能主义的消费方式转变，实现人民福利水平从传统现代化向低碳消费模式革新。低碳消费是要引导消费者更加关注产品和服务的使用价值，由此，消费模式应更多向个人租用、集体租用、集体共享等模式转变。控制个人对物品所有权的占有，以持续获得高质量的产品服务作为新消费模式的必要标准，这种新的消费价值观念将以低物质消耗满足人类追求高福利生活的需求，奠定了向低碳经济转型的产业基础。

(二) 推动能源系统低碳化

1. 分阶段策略

(1) 2016—2020 年：实现能效倍增

“能效倍增”计划是 2014 年 7 月第二届“生态文明—美丽家园”关注气候中国峰会上正式启动的一项庞大的绿色低碳计划，即到 2025 年启动 2 500 多个项目，能效提高 100%。中国企业首次推出类似计划，标志着中国先锋企业正在践行绿色低碳的重大责任。“能效倍增”计划对于提升上海的工业能源效率很有意义。如果把上海能源效率在现有水平上提高 30%，就可以支撑 GDP 再翻番，同时有效遏制对环境的污染。为保证实现“能效倍增”计划，需要推广 10 大成熟先进节能减排技术，研发 10 大关键节能技术以及管理节能、结构节能、技术节能、节能工程、循环经济和合同能源管理 6 大措施。

(2) 2021—2030 年：天然气比重提高，来源多元化

这一阶段页岩气可开采探明储量明确，页岩气开采技术与天然气发电技术得以突破并推广，使我国的天然气供给量获得革命性的增加，确保上海天然气来源的稳定性。同时，上海的天然气管网实行地域全覆盖，多个液化天然气(LNG)接受站，确保外来和进口天然气的正常供应与应急准备。

(3) 2031—2040 年：可再生能源在一次能源供给中比重大幅度提高

这一阶段实现上海海上风电技术、太阳能发电技术进一步提高，可再生能源在一次能源供给中比重大幅度提高。我国核电与水电的大力发展，也保证了上海外部清洁电力供给。可再生能源通过分布式供能等形式实现规模利用，有利于进一步提高上海一次能源供应中清洁能源的比重。同时，由于超(超)临界煤电机组大规模投入生产运营，燃煤电厂能源转化率提高；碳捕集与碳捕捉和储存(CCS)技术使得煤电生产更加清洁化。

(4) 2041—2050 年：实现能源系统电气一体化

城市建筑、交通电气化对上海生活部门能源消费总量的控制能够起到很好作用。因此，需要优化电力的供应结构，使电源更清洁化、高效化、多元化。评估一系列适用于一体化程度更高的能源系统的可能技术方案以最能满足城

市需求的方式设计、规划和运营能源系统。技术可用于积极支持市场、监管和政策的适应性发展，使上海真正转变为全球能源系统中的一员。

2. 配套政策

为实现上海市整合能源系统，解锁低碳技术与成本的矛盾，必须采用协调的政策，积极转变能源系统和潜在的市场。在竞争激烈的市场框架下推动低碳能源和技术（可再生能源、核能和CCS）的发展，要求收入流的回报能够补偿研发与推广的潜在变化，包括未来不可预测的碳、天然气和煤炭价格。从现在进入能源市场的清洁技术推广实践表明，监管和市场转型能够帮助或阻碍单个技术的发展潜力，包括其竞争力。迄今为止，包括上网电价、基于产出的补贴和配额制度在内的经济政策和相关配套方案在推动低碳投资方面起到了重要作用。政府需要评估这些机制是否依然有用，还是需要用新的方案替代。

为降低低碳技术投资者在碳市场的不确定性风险，政府需要采取不同的监管平衡措施。事实证明在某些情况下，创新商业模式是新兴技术抓住新市场的有效手段。例如，电动汽车占到最近在全世界启动的汽车共享计划用车的10%以上，而只占全球汽车销售不到1%的市场份额。汽车共享商业模式会缓解用户的前期成本和行驶里程的顾虑，但会改变个人购买电动汽车的决定。若没有碳定价的刺激，则有必要制定替代政策工具，激发竞争性市场的低碳投资和消费。作为一种政策工具，高碳价继续显示出强大的发展潜力，政府可借助该工具刺激所需的低碳投资和消费。随着技术的成熟，高碳价能够为政策、监管和市场提供新的创新方案，为技术支持机制提供补充。

（三）产业调整升级与制造模式转型

上海高耗能行业每年给生态资源系统带来的沉重压力和负面影响可想而知。但是就现阶段而言，它们在国民经济建设中又同时发挥着低碳产业不可替代的重大积极作用。无法否认这些产业存在的必要性，既不可能让它们消失，也无法消除其不利于资源节约、不利于环境保护的本质特征。所要做的，就是尽可能降低这些产业的资源消耗量和环境污染值。为实现这一目标，本书为上海制造业提供分阶段的产业调整升级路径与制造模式转换路径。

1. 2016—2020 年：产业调整升级

"十二五"末期到"十三五"，制造业的转型升级在现有制造模式的基础上，通过结构调整和技术进步，减少碳排放。

(1) 推进能源结构转换

鼓励高耗能企业在不减少能源消费总量的情况下，减少煤炭、石油等高碳基能源的消费，提高天然气等低碳基能源的使用。

(2) 提升能效

通过低碳技术的引入和应用，实现全工艺流程的清洁生产，使终端治理升级为全程治理，治理与预防相结合，以最大限度地减少传统产业的能源和原材料消耗，减少污染物排放，提高资源利用率，尽量使产品生产过程中产生的废物能够转化为其他生产过程中的资源，重新投入生产。

第一，电机系统节电工程。工业电机及拖动系统用电占工业总用电量的70%左右，是主要的用电设备。采用高效电机、高效风机水泵和变频传动装置，辅以电机拖动系统优化设计、改造和运行，提升电机系统运行能效。更新替换老旧电机，推广应用 800 万千瓦高效电机，实施共计 76 万千瓦的电机变频调速改造。

第二，锅炉及蒸汽系统节能工程。全市 14 个工业区小燃煤锅炉集中供热或热电联产改造，推进重点行业 2 400 台工业锅炉蓄热、优化燃烧、余热回收等节能改造，全面实现 1 500 台燃煤(重油)工业锅炉的天然气、生物质能等清洁能源替代。

第三，余热余压回收利用和能量系统优化工程。开展钢铁行业高炉、焦炉和转炉煤气回收利用，冶金、石化、化工、建材和纺织等行业余热利用、冷凝水回收及锅炉压差发电等项目。重点在石化、化工、冶金等行业组织实施能量系统优化工程。在钢铁行业节能技术的推广中，均提到我国二次能源利用率较低，主要涉及在钢铁生产中对余热、余能及余压的利用。我国大多数钢铁企业的余热余能回收利用率在30%—50%，与日本92%有较大差距，因此二次能源的有效回收利用的潜力很大。

第四，电力节能技改工程。推广使用高效S11及以上变压器，淘汰替换18 000台S7系列及以下配电变压器；采用高压变频技术、汽轮机通流改造、水系统能量优化、低温省煤器改造、机炉协调控制等措施，进一步降低发电厂用电率；电网精细化管理，完善供、售电侧的电能采集系统，降低电网线损；加大节能发电调度力度，在确保电网安全运行的前提下，调用高能效发电机组替代低能效发电机组发电。

表5-4　　主要高耗能行业关键节能技术

	行　业	关键节能技术
1	钢铁	转炉负能炼钢
		脱湿鼓风
		烧结余热发电
		煤调湿
2	石化	大型乙烯裂解炉
		高辐射覆层技术
		石化企业能源平衡与优化调度技术
3	化工	先进煤气化
		先进整流
		液体烧碱蒸发
		蒸氨废液闪法回收蒸汽

资料来源：国家重点节能减排技术推广目录(第六批)。

(3) 降低工艺过程碳排放

针对钢铁、水泥、半导体、硝酸、甲醇、二氯乙烷、氯乙烯、碳黑等重点行业、重点企业和重点工业产品生产，分析目前活动水平数据及温室气体排放因子，核算各行业工业过程的温室气体排放量。

调整企业生产工艺，如钢铁产业，钢铁生产由“铁—转炉—钢”的生产工艺向“废钢—电炉—钢”的生产工艺转变，降低煤炭的使用。在水泥生产中，利用电石渣、脱硫石膏、粉煤灰等固体工业废渣和非碳酸盐原料替代传统石灰石原料，发展新型低碳水泥。对半导体、硝酸、甲醇、二氯乙烷、氯乙烯、碳黑等重点行业，改进生产工艺，采用控排技术。

(4) 继续深化结构调整

重点行业的产业调整，主要聚焦水泥、焦炭、普通建材、化工原料、纺织印染、小型钢铁、砖瓦、制革、零星化工(含危化)、医药原料药及中间体、橡胶塑料制品、有色金属冶炼及加工、玻璃、落后通用设备制造等领域。小型的炼钢及热轧工艺、传统纺织印染、制革全行业退出；零星化工全部调整；危化与电镀、热处理、锻造、铸造四大工艺企业(加工点)数量减半并进入专业园区；水泥等建材行业基本实现整体调整；医药原料药及中间体、橡胶塑料制品、有色金属冶炼及加工、落后通用设备制造等行业产能压缩。

对于园区外的企业，如果达到国家级或上海市经济开发区的相关进入指标要求，可进入园区。反之，则建议调整到外省市发展。

(5) 大力发展节能环保产业

大力发展能够直接消减、弱化重化工产业负面效应的绿色产业，充分发挥这些产业在改善生态环境方面的巨大作用，如节能环保产业。通过节能环保产业提供的专业化节能、减碳、减排解决方案，更经济、更有效地推动高能耗、高排放的制造业实现低碳发展。

(6) 配套政策

第一，节能目标制度。继续实行区县、重点行业、重点用能单位相结合的节能目标分解制度。

第二，能耗准入制度。继续实施“行业限批”和“区域限批”制度。对能耗高、污染重、从长远看不适合在本市发展的行业，限批新上项目。对部分环境容量和用能总量受限的区域，继续限批新上项目。

严格实施前置性能评制度。对审批、核准和备案的各类项目实施前置能源评价制度，开展节能评估和能源审查，禁止高耗能高污染产业和项目进入；

落后生产能力淘汰退出机制，建立高耗能行业、工艺和设备目录，对国家规定淘汰期限的用能产品、设备、生产工艺制定淘汰计划。

第三，能效对标制度。“上对标杆、中对管理、下对限额”的三标体系建设。发挥“上标”引领示范作用，锁定重点产品（工序）单耗，实行产品单耗水平分层梯级管理；强化“中标”监督管理作用，制定一批节能技术和管理标准；突出“下标”淘汰限制作用，制定一批地方产品单耗限额标准。

第四，总量控制与市场交易制度。结合本市 2013 年开展的碳排放权交易试点工作，建立健全碳交易体系及配套制度体系。

第五，低碳园区试点和示范制度。虹桥商务区、崇明岛、长宁虹桥地区、临港地区、原卢湾区中南部、徐汇滨江地区、金桥出口加工区、奉贤南桥新城等第一批低碳发展实践区开展试点，建立碳排放统计、评价和考核机制，探索低碳发展模式。

第六，支持节能环保产业发展相关配套政策。将节能环保服务业纳入现代服务业的范畴予以重点支持。落实并创新国家对合同能源管理的各项优惠政策；财政给予节能环保服务公司配套奖励；设立“区节能环保项目贷款信用担保基金”，为相关节能环保服务公司或其客户提供贷款信用担保；由人力资源和社会保障局制定相关办法，对在本市工作的节能环保服务产业优秀人才在落户、安居、医疗和子女教育等方面提供优惠待遇。

第七，能源价格政策。取消对高耗能企业的优惠电价措施，加大差别电价实施力度，形成有利于节能低碳的价格机制；落实国家促进风力发电、太阳能发电、生物质发电的电价政策，完善地方新能源发电补贴机制；落实和完善天然气发电、分布式供能系统和余热余压发电等上网的价格支持政策。

第八，低碳产品认证制度。制定重点行业单位产品温室气体排放标准；建立低碳产品标准和标识认证制度；加大节能低碳产品推广。

2. 2020—2030 年：新型制造技术推广使用

依托第三次工业革命的成果，建设分布式、智能网络化和扁平化生产与共享的能源结构，并推广新型制造技术，实现制造高效化。

(1) 建设能源再生与共享系统

建设分布式、智能网络化和扁平化生产与共享的能源结构，包括以下几个方面：

一是可再生能源设备，变燃烧高碳化石燃料为使用可再生新能源。

二是能量采集设备，如将每处建筑转变为微型电厂，就地收集可利用的能量。

三是能源储藏设备，利用各种建筑物和基础设施储藏间歇性可再生能源，以确保能源供应稳定。

四是能源通用网络，利用网络通信科技把电网转变为能源通用网络，建立能源神经系统，在开放的环境中实现与他人的资源共享。

五是简易充电设备，建立以可再生能源为动力源、以插电式或燃料电池作为充电器的新型交通运输网，各种电动交通工具所需要的电能可以通过电网平台的充电站进行购买。

(2) 推广新型制造技术

一是数据制造系统，通过对制造过程进行数字化描述，在虚拟现实、计算机网络、快速重组、数据库和多媒体等技术的支持下，根据用户需求快速完成产品设计和生产。

二是智能控制系统，集机械、电子、控制、计算机、传感器、人工智能等多学科先进技术于一体。随着网络技术、生物技术与机械人的融合，智能制造系统(例如工业机器人)具有小型化、智能化和群体化发展的趋势，结构越来越灵活，控制系统越来越小，适应作业环境的能力越来越强，成为柔性制造系统和自动化工厂的重要工具。

三是可重构制造系统，这类制造系统具有重复利用和更新系统的功能，实现快速调试和制造，因而具有很强的包容性、灵活性以及突出的生产能力，有利于满足顾客对"专、精、特、新"个性化商品需求，形成有弹性的专业化。

四是3D打印，利用计算机设计数据，采用材料逐层堆积的方法，代替传统刀具和多道工序，解决复杂结构零部件成形问题。

五是新复合材料，其强度、质量、性能和耐用性均优于传统材料，且更容易加工，为相关产业高速发展创造重要条件。

(3) 配套政策

第一，低碳金融政策。节能低碳资金投入。两级政府逐步增加节能减排专项资金投入；加大融资、信贷等方面优惠力度，吸引和带动社会资本和企业增加节能减排资金投入；社会资金设立节能低碳公益性基金和产业发展基金。

金融信贷政策。引入节能低碳评价因素，提供节能减碳项目融资、担保等金融服务；鼓励银行建立绿色信贷机制，设立绿色信贷专营机构；鼓励企业通过市场化融资渠道、发行债券等方式广泛融资；支持新型制造技术发展和服务企业上市融资；支持设立节能低碳、新能源等各类绿色产业发展投资基金。

第二，可再生能源配额制及绿色证书交易制度。要借鉴国外经验，建立绿色证书交易制度。绿色证书交易制度是建立在配额制度基础上的可再生能源交易制度。在绿色证书交易制度中，一个绿色证书被指定代表一定数量的可再生能源发电量，当国家实行法定的可再生能源配额制度时，没有完成配额任务的企业需要向拥有绿色证书的企业购买绿色证书，以完成法定任务。通过绿色证书，限制高碳能源的使用，引导企业研发和采用低碳技术，发展低碳的可再生能源。

第三，创新激励政策。政府应通过多种形式特别是政策手段来引导和支持企业的技术创新，如对低碳技术投入和低碳产品生产给予税收减免政策，鼓励大中型企业建立低碳技术和产品的研发机构，推动低碳技术的商业化和产业化，如此才能使技术创新真正成为改变经济发展模式、改善生态环境的核心力量。

3. 2030—2040年：制造模式转换

在中长期，即2030—2040年，依托城市消费模式，尤其是耐用消费品由现有的为所有权付费向为使用权付费的转变，导致商品生命周期中权属的转变，使生产者始终拥有产品的所有权，消费者只购买产品的使用价值。基于这样的消费模式，生产者在整个商品生命周期中，包括产品的制造、消费维护、报废后回收循环整个过程都起主导作用，从而可以为制造模式的进一步低碳化创造条件。

(1) 推广再制造

与传统制造业相比,再制造业使用的几乎都是免费材料,随着石油、金属、矿产等资源越来越紧缺,这种商业模式的吸引力将会越来越强。

再制造是旧的零部件不用回炉,经过先进的技术、化学进行处理,然后达到原来的标准,直接进入到消费市场。再制造相比传统制造模式,能够节约60%的能源,节约70%的原材料,成本实际上不到传统制造的50%,具有良好的经济效益和环境效益。

(2) 模块化制造

在生产者拥有产品所有权的消费模式下,模块化制造通过模块化的设计、制造、装配可以实现商品尤其是大宗耐用消费品易于生产、维修和再制造。首先,通过对产品进行合理的模块化划分,利用模块的相似性减少产品结构和制造结构的变化,借助模块的选择和模块间的组合达到在保持产品多样性的同时控制产品成本;其次,一旦产品在使用中出现了问题,模块化的结构将可以通过迅速更换模块来解决,使产品的维修和保养更快捷;再次,材料的选择与配置、再制造加工性能、使用与维护性、经济性、功能物理可行性等方面制订的产品主动再制造模块划分使产品能够能快速地进入再制造领域,产品的更新周期加快。

(3) 配套政策

支持再制造的配套政策包括:一是制定完善相关法律法规和标准体系,如制定旧件回收和再制造产品质量标准、发布再制造工艺技术和装备目录等指导性文件、引入生产者责任延伸制度、再制造产品认证制度、出台促进再制造发展的地方规范性文件,优化再制造发展的政策环境;二是鼓励关键与共性技术研发和产业化应用,构建再制造产业发展技术支撑体系;三是扩大再制造产品范围。继续深化汽车零部件再制造试点,推动工程机械、机床等领域的再制造。同时,深入研究国防装备和电子产品再制造的可行性,提出发展思路,推动国防装备和电子产品再制造;四是加大宣传和推广力度,形成推进再制造产业发展的整体合力。

(四) 城市公交系统与交通能源革命相结合

1. 2016—2020 年：实现公交便捷性和人性化

(1) 开通更多社区公交，解决“最后一公里”问题

一些郊区新建小区为居民提供接驳车服务，方便其往返轨交车站，公交公司也开通了一些社区公交线路，如浦西的 1201—1211 系列公交路线，浦东的 1001—1008 系列公交路线。接下来，这些已有的有益尝试需要进一步推广和改进，使之惠及更多市民。其一，需要做到普遍化，覆盖所有目前尚未通公交线的居住小区；其二，社区公交的班次应该足够密，社区公交两班车之间的时间间隔，应该相当于其所接驳的公交线两班车之间的间隔，如所接驳的地铁线 5 分钟一班，社区巴士就应当设置为 5 分钟一班；其三，现在由小区物业运营的社区接驳车路线，原则上应当由公交公司接手转为正规的公交线，以保证其经营稳定性。

(2) 提高换乘的便捷性

在对一些新的人口集聚区进行规划时，需要体现预见性或前瞻性，对轨交线、轨交换乘站、换乘站周边小区、企业、商务楼等加以统筹规划，做到在为新的轨交换乘站设计较短换乘通道时，不至于遇到来自周边小区、企业或商务楼等的障碍。如徐家汇站 1 号线和 9 号线换乘通道过长，对于设计部门来说也是无奈之举，是因为之前已经建成的建筑物或单位给换乘通道设计带来障碍。对于轨交和公交的换乘，则应尽可能让公交站点靠近轨交出口。

(3) 增加边远地区轨交和公交车班次

对于边远地区，也需要尽可能做到轨交和公交车高峰时 7 分钟一班，非高峰时 15 分钟一班。例如，对轨交而言，一般来说在非延伸段发两辆车，其中有一辆会开往延伸段；将来是否可以增加为，在非延伸段发三辆车，其中有两辆会开往延伸段。

(4) 增加对老人、残疾人和婴儿等的人性化措施

如将来新建的轨交和公交线需要注意让上下车台阶和路面台阶持平，方

便其上下车，尤其是轮椅、婴儿车的上下车，已经有的轨交和公交路线宜在条件允许时按这一要求改造车辆或路面台阶；又如，增加栏杆、扶手等的设置，尤其是低处栏杆、扶手的设置，让坐轮椅的人也可以抓住栏杆或扶手。

(5) 进一步提高智能化水平

建议有关部门建设智能交通管理平台，利用手机 App、微信等现代化通信工具，及时向市民发布公交信息，包括各条轨交线和公交线的时刻表，准点和延迟情况，换乘的节点、时间点和耗时预测，以及轨交和公交站点周边的商店和服务机构。

为了实现上述路径，需要配套以下政策：(1) 制定更优惠的公交票价政策。用好的政策(主要是公交票价体系)来吸引市民放弃私人交通工具、乘坐公共交通，一个有吸引力的公交票价体系应当包含以下几个有特色的部分：覆盖某一交通区的年票、月票、天票；跨区通行的公交车票；方便游客使用的优惠公交票；此外，还可以发售面向游客的优惠公交票，主要是覆盖全上海市域的 4 日票(或 3 日票)、周票(或 8 日票)、半月票和 3 周票(或 22 日票)，以方便不同游玩天数的游客搭乘公交工具畅游上海。(2) 增加私家车使用成本。在改善公交、慢行等低碳出行环境，提升低碳出行方式吸引力的同时，需要增加私家车使用成本，以双管齐下的方式促使市民减少私家车拥有量和使用量。对此，目前的车牌拍卖、车牌额度收紧等措施需要坚持，并在此基础上进一步创新政策措施，如征收拥堵费、适当增加出租车数量。

2. 2020—2030 年：改善公共交通系统

(1) 就业与居住就地平衡

在未来的上海城市、产业等规划中借助以下两方面措施，使产业分布与人口分布配套、公共服务设施分布与产业分布配套，以实现郊区新城的就业与居住就地平衡，从而减少通勤需求尤其是长距离通勤需求。

第一，更多培植郊区新城产业发展，包括将中心城区的部分产业转移过去，在那里创造更多就业机会，让居住在那里的市民更多在当地就业，从而减少其往返中心城区上班的通勤需求。

第二，在郊区新城配置更多、更高质量的教育、医疗等公共服务设施，吸引在那里工作的市民在当地买房居住，以减少其往返中心城区上班的交通需求。现在中心城区和郊区的人均教育、医疗等公共服务经费相差很大，对此，将来需加强市级统筹，提高公共服务经费中市级统筹的占比，以实现公共服务均等化；为帮助郊区赶上中心城区，甚至需要在一定时期使前者的公共服务经费投入超过后者。

根据荷兰经验，在公共交通节点周围集中建设住宅和就业场所、服务设施可降低高峰时段5%—10%的交通量[①]；因此，估计随着交通规划和城市规划、产业规划的协同，就业与居住的就地平衡，2030年上海的出行率(人均每天出行次数)将比2020年下降5%。2020年居民出行率采用本市综合交通规划中的预测值2.57次/(人·天)；2030年这一数字将下降到2.44次/(人·天)；在2030年之后，由于上海的城市规划与建设已经实现就业与居住的就地平衡，该数字将不会再显著下降，估计在2040年和2050年将稳定在2.4次/(人·天)左右的水平上。2030年之后出行率基本保持稳定的原因还在于促使出行率上升和下降的因素同时存在，例如，随着网络技术更加发达，Soho等工作模式将减少出行率，然而随着闲暇时间的增多和网络带来更多交友机会，市民为游玩或会友而出行的次数会增多。

(2) 大规模建设市郊铁路

本市需要加快建设市郊铁路体系，作为整个上海市公交网络的骨干，以此缩短城郊间、郊区间的通勤时间，促使这些区域之间的大量通勤者放弃私家车而转向公共交通。所谓市郊铁路，是一种专门服务于长路程乘客、停靠站点较少、速度显著快于地铁和轻轨的轨道交通工具；中心城区和每个郊区内部应当建成一张完善的公交网，但这张网只是一张“小网”，而以市郊铁路为骨架或连接带把每张“小网”的中心和次中心节点都联接起来，就能在全市形成一张“大网”；这样，一个市民如果要从一张“小网”中的某一节点到另一张“小网”中的

---

① 李琳.欧盟国家的“紧凑”策略：以英国和荷兰为例[J].国际城市规划，2008，23(6).

某一节点，速度就会大大加快。

具体而言，需要将上海划分为若干个“交通区”，中心城区为一个，一般每个郊区为一个，浦东新区一部分划入中心城区“交通区”，另外需要分别以浦东机场、临港新城和外高桥为中心节点划分为 3 个交通区；建设联接各交通区中心和次中心节点的市郊铁路，如以上海新客站为中心城区的中心节点，以上海南站、上海西站、上海北站等为中心城区的次中心节点，上海汽车城是嘉定的中心节点，九亭可作为松江的次中心节点，迪士尼乐园可作为以浦东机场为中心的交通区的次中心节点。

市郊铁路体系建设应尽可能利用现有铁路，如沪宁线可连接昆山、嘉定上海汽车城、上海西站、上海新客站，沪杭线可连接松江、上海南站、上海新客站，宝山交通区可充分利用通往宝钢的铁路线。

(3) 加密郊区公交网络

目前，郊区的公交网络还不够密，从上海轨道交通分布图就可以看出，中心城区的轨交线已经很密，而郊区的轨交线密度就要低得多，这不利于市民在郊区的通勤。为解决这一问题，在郊区需建设更密集的公交网络；这一公交网络需包括轨道交通(地铁、轻轨)、有轨电车、公交车等不同交通工具，满足不同距离的交通需求。

在市郊铁路和郊区内部更密集公交网络都建成后，在城郊间或各郊区间任意两点之间的通勤速度就会加快很多。假设一个居住在中心城区的市民需要到嘉定上海汽车城去上班，他就可以搭乘便捷的公交工具到上海新客站、上海西站或其他站点，坐上市郊铁路，这样他就不需要再和中、短路程的上班族挤在一个车厢内(实现了长、中、短路程乘客的分流)；然后，市郊铁路会在很短的时间内将他带到上海汽车城车站，到了上海汽车城车站后，在嘉定区内部又会有便捷的公交工具将其快速带到上班地点。

(4) 建设立体步道以完善慢行交通

上海要完善慢行交通环境，需要向立体空间要步道，这样不仅可以让行人和机动车、非机动车分流，而且还能节省出一定地面空间来开发自行车道。

第一，建议上海有关部门仿效香港，多建设空中和地下步道，使行人尽可能不要与机动车、非机动车争道，减少机动车道的拥堵，而且要注意让空中和地下步道对接轨交和公交车站，方便行人搭乘公交工具。

第二，建议开辟更多自行车道，尤其是打通市中心的自行车通道，让自行车可以在全市范围无障碍通行。对于一些无法开辟自行车道的中心城市骨干道路，如淮海中路，应当在与之平行的道路（如长乐路、南昌路）上开辟或拓宽自行车道，以补充其不足。

3. 2030—2040年：新能源汽车大规模替代

上海市有关部门在财力允许情况下，加大新能源汽车的推广应用力度。笔者建议：首先，加大财政投入，将更多公交车、出租车、公务车、公共服务用车（如环卫、邮政、市政用车）替换为新能源汽车。其次，对私人购买新能源汽车的国家、市、区三级补贴政策和提供免费车牌政策需要坚持，并加大财政投入以普及充电桩、燃料乙醇加注站等基础设施。2040年和2050年的新能源汽车推广应用目标要较之前大幅提高，如公交车、出租车、公务车、公共服务用车中新能源汽车的占比目标宜分别设定为67%和90%，私家车当中新能源汽车的占比宜分别设定为25%和50%。

2030年之后，上海交通领域中的能源革命还包括随着光伏、风电等比较成熟的新能源电力已经实现与传统电力平价，驱动市郊铁路、轨交、电车的电力中新能源电力占比将会显著提高，这会带动此类交通工具单位里程化石燃料消耗量的显著下降。

二、低碳城市建设细分行业领域

（一）以零碳建筑推进建筑领域碳减排

1. 推动低碳建筑开发与应用

上海市发展低碳建筑，必须进行科技创新和面向建筑业推广低碳技术。通过低碳建筑技术研发机构与企业或者高校之间的产学研合作，加快低碳技术的研发进程,提高技术创新水平,通过自主创新和国际技术合作与转让,尽快掌握和推广低碳技术,保障能源供应安全和控制建筑温室气体排放,同时积极倡导包括风能、太阳能和生物能源技术等在内的"低碳能源"技术在低碳建筑中的应用。就目前的建筑设计而言,实施低碳建筑技术改造和创新应该结合节能设计,节能与减排是相辅相成的两个技术突破口,主要可以分 3 个阶段,从以下几个方面进行改造和创新。

(1) 近期(2020 年)

以发展建筑供暖和制冷技术、建筑材料的低碳技术应用、CO_2 排放动态监测技术等为主要目标。在建筑材料上,必须体现高标准的节能低碳性质,实现低碳或零碳排放。通过开发和使用过程中低碳或零碳排放的供暖系统等措施,实现在现有建筑标准基础上再减少碳排放。为有效掌握既有建筑,尤其大型公共建筑的能耗情况,应建立建筑 CO_2 排放动态检测评价系统,以保证能够动态、及时、实时地观察和控制既有建筑的能耗以及 CO_2 排放情况,并及时有效地解决超耗能建筑问题,努力把能源消耗降到最低、CO_2 排放量降到最少。本阶段内应主要发展的低碳建筑技术如下:

——高效门窗系统与构造技术;

——高性能保温隔热玻璃技术与选用;

——高性能遮阳技术系统;

——建筑辐射采暖制冷系统;

——住宅主动通风与"房屋呼吸"技术系统;

——卫生间后排水成套系统;

——隔声降噪,外墙及浮筑楼板技术;

——CO_2 排放动态监测技术。

(2) 中期(2030 年)

以发展新型住宅能源供应技术为主,实现住宅能源供应结构转变,提高清洁能源供应比例。大力发展可再生能源的先进低碳技术是发展低碳建筑的关键因素,例如发展太阳能、小型风力发电技术等,为零能耗建筑的试点推广提供技术支持。同时还应以建筑材料的发展实现在建筑保温隔热技术方面取得重大突破，包括屋面和墙面隔热技术。本阶段内应主要发展的低碳建筑技术如下：

——高效保温隔热外墙体系；

——高效保温隔热屋面技术与构造设计；

——置换式全新风系统；

——高效太阳能利用系统；

——中水循环及雨水回收再生利用系统；

——绿色屋面技术系统。

(3) 长期(2040 年)

因地制宜开发低碳建筑设计技术，传统的建筑多是采用商品化的生产设计技术和方法，而低碳式建筑，则可以在不违背周边自然和气候条件的基础上，将本地文化和原材料融入设计理念当中，包括建筑内部环境设计技术和外部环境设计技术。同时借助建筑可再生能源利用技术和智能化技术，为零能耗建筑的推广提供保障。本阶段内应主要发展的低碳建筑技术如下：

——热桥阻断构造技术；

——提高住宅光环境舒适性的技术系统；

——智能楼宇自控系统；

——PCM 相位变化蓄热材料技术体系的应用；

——能量活性建筑基础与地源热泵系统。

(4) 远期(2050 年)

在实现新建大型公共建筑 100%达到零能耗建筑标准的基础上，对既有大型公共建筑推广实施以适当的成本进行零能耗化的技术改造，降低既有公共建筑的能耗总量和温室气体排放量。本阶段内应主要发展的低碳建筑技术如下：

——透明保温水系统墙体技术；

——真空隔热保温板；

——既有建筑改造的光伏发电屋面技术；

——高效节能建筑材料技术(涂料、玻璃)；

——建筑能耗智能控制技术。

2. 因时因地制宜发展零能耗建筑

零能耗建筑(Zero Energy Consumption Buildings)也称零能源建筑，是不消耗常规能源建筑，完全依靠太阳能或者其他可再生能源。零能耗建筑概念是发达国家首先提出的，2000 年以后欧美发达国家陆续提出发展零能耗建筑的路线图，目的就是有效、大幅度地减少建筑能源消耗。欧盟规定到 2020 年成员国要达到新建建筑零能耗的基本目标。美国提出到 2030 年新建建筑要达到零能耗。

虽然零能耗建筑还处于研发期，但已成为世界低碳建筑的主要发展方向。上海市中远期可适当尝试在有条件的区域建设示范性的零能耗建筑，确保所有的新建建筑都是低耗甚至零耗的，提高社会建筑存量中低排放或零排放建筑的比例。上海市零能耗建筑应解决以下问题：

(1) 近期(2020 年)

进一步明确对零能耗建筑的认识，做好零能耗建筑实施的前期工作。在当前的相关资料与报道中，零能耗建筑易被误解为“不耗能”。零能耗建筑是建筑物本身对于不可再生能源的消耗为零，并非建筑物不耗能，而是最大可能的应用可再生能源。因此，在未来发展零能耗建筑时可使用“可再生能源建筑”的概念，即使用建筑物自身生产的可再生能源维持运营的建筑。西方发达国家在零能耗建筑方面已取得一定进展，本阶段内主要是收集国外零能耗建筑开展情况，梳理零能耗建筑的技术基础、政策技术、资金基础等基本条件，为上海市零能耗建筑的实施提供保障。

(2) 中期(2030 年)

制定零能耗建筑发展的制度和规范标准，开展零能耗建筑试点。根据上海市建筑节能进展情况，出台建筑能源法规，对各类建筑在规划上做出强制性的零能耗日程表；将零能耗建筑与绿色建筑的发展相结合，在绿色建筑评价标准中加强零能耗建筑方面的相应条款，为零能耗建筑的推进提供制度保障。通过试点示范工程，在政府机关办公楼、医院、学校等类型新建公共建筑试点零能耗建筑，总结经验。

(3) 长期(2040 年)

制定新建零能耗建筑发展的时间表和路线图。在试点工作的基础上，在新建公共建筑中推行零能耗建筑标准，可以借鉴世界上一些国家由政府委托多家机构组成专门的"零能耗建筑推进机构"的经验，成立专门机构组织实施，根据上海市建筑发展规划，因地因时制宜制订切实可行的路线图和时间表，使相关部门和企业有一个明确的努力方向和目标。

(4) 远期(2050 年)

在新建公共建筑实现零能耗的基础上，制订既有公共建筑零能耗改造的时间表和路线图，广泛应用可再生能源技术和建筑节能技术，对政府机关办公楼、学校、医院等公共建筑实施零能耗改造，对采用新能源技术实施零能耗改造的建筑给予奖励，并由政府承担一部分改造费用，以提高社会对既有公共建筑进行零能耗改造的积极性。

3. 完善相关法律政策和规范标准

低碳建筑的发展离不开一定的法规和规范标准的制定，应加强低碳建筑发展的地方法规和规范标准的编制修订工作，充分发挥标准规范引导和约束作用，以法律形式约束政府、企业和居民必须履行的责任，加强对建筑节能市场的监管和制约。

(1) 近期(2020 年)

以完善低碳建筑法规体系为主要任务。目前从国家到地方对低碳建筑没有在法律层面上做出规定和要求，无法对与建筑相关的各方在节省能源、低碳环保等方面实行强制措施，同时也没有对建筑相关各方做出奖惩的规定。所以，近期内上海市需要建立一套完善的低碳建筑地方法规体系，从源头上规范低碳建筑产品市场、资本市场和技术市场中各市场主体行为的合法性，尤其是在项目审批和信贷支持上明确各主体的法律责任，为低碳建筑发展提供法律保障。此外，还需要建立一套低碳建筑认证和评价标准体系，包括：基础标准、技术标准、管理标准、工程标准、产品标准以及各种建筑节能能耗标准、设计标准、运行标准、检测标准和新能源利用标准等，认证和评价标准要体现差异性、可持续性及可操作性等。

(2) 中期(2030 年)

一是完善各种财政税收刺激政策，利用经济手段推动低碳建筑发展。对符合节能型建筑标准的建筑投资者、消费者可实行一定的税收减免，如对投资者实行一定的营业税优惠，对购买者实行一定的契税优惠等；对不符合节能标准的建筑要增加能源使用成本。对采用节能、环保、绿色、生态、低碳等住宅产业化开发建设的项目，应当优先保证土地供应，给予适当的土地优惠政策。二是根据低碳建筑发展形势修订已有政策制度，或出台新的政策措施，如逐步提高建筑节能标准，制定可再生能源建筑应用的标准体系等，为太阳能光热、光伏等可再生能源在建筑领域规模化推广奠定基础，为零能耗建筑的试点推广提高保障。

(3) 长期(2040 年)

一是修订完善原有低碳建筑制度、标准，依据低碳建筑技术的发展水平，提高相应的低碳建筑设计、评价标准。二是出台零能耗建筑发展的保障制度和规范标准等，通过强化节能标准、采取减税激励、加大资助力度等政策措施，促进住宅建筑和公共建筑低碳化发展和零能耗发展，更新完善建筑的节能设计标准。

(4) 远期(2050 年)

出台既有大型公共建筑的零能耗改造制度，实施节能规范鼓励对既有建筑进行零能耗技术改造，对高能耗建筑实行强制报废措施，并设定清晰的设计标准和评价标准。设立专门的基金用于推动既有大型公共建筑的零能耗改造工程，以实现提高建筑舒适度、降低建筑能耗，减少温室气体排放的目标。

4. 创新低碳建筑的市场化运行模式

资金问题是阻碍低碳建筑发展的主要因素之一，解决该问题必须充分发挥政府投资的引导作用并充分调动市场投资的积极性。目前政府资金是上海市低碳建筑领域的主要项目资金来源，而积极吸引民间资本是改变现状和扩大资金来源的主要途径。落实到具体措施上，应包括几个方面。

(1) 近期(2020 年)

一是在低碳建筑项目的投资建设和生产运营权的获取问题上，应在统一的建设规划的基础之上进行公开招标，让各类企业能够进行公平、公正、公开的竞争；对开发商和投资者，在拿地审批环节即规定项目开发时低碳能源技术和设施应用的配额，并加强监理和监管，建成后可由相关公证机构予以性能评估和级别标定认证。二是创新融资方式，应适当降低投资者对低碳领域项目的资本金比例，在不断提高低碳建筑项目的投资收益和运营收益的基础之上，鼓励市场资本在低碳建筑领域进行合资、联营和项目融资等多种方式的合作。三是形成建筑能效第三方测评机制。规范管理第三方能效测评机构，制定建筑能效第三方测评管理制度，实现建筑能效测评的公正科学和规范化发展。

(2) 中长期(2030—2040 年)

在前期市场化融资、第三方测评的基础上，实现低碳建筑管理方式的市场化运行。在建筑运营管理方面，鼓励专业化、商业化的能源服务公司参与低碳建筑管理，规范合同能源管理(EPC)服务模式，让业主尽量和专业化的能源服务公司合作，分享效益。

(3) 远期(2050 年)

由政府出台既有建筑零能耗改造的融资计划，并由政府承担风险给业主提供低息贷款，降低业主融资方面的障碍。既有建筑的零能耗改造全部委托第三方专业机构进行，由业主与第三方签订改造协议，明确零能耗改造的标准和目标，改造工程完成后，再由专业评审机构进行评审，以检测是否达到相关节能标准。

(二) 建设绿色生态空间，提升碳汇能力

1. 空间融合：推进四地(林地、绿地、湿地、耕地)融合发展

当前，上海紧密结合地域特征、城市特点和行业特色，围绕“系统化、精细化、功能化”，全力推动“绿地、林地、湿地”三地融合发展，积极构建与城市定位相适应的基础生态空间。耕地作为一种稀缺的、不可再生的自然资源和经济资源，除了具有生产功能外，更具有调节环境、维护生态系统平衡的功能。鉴于上海社会经济的发展目标、土地资源短缺和庞大生态赤字的现实，上海实施耕地资源保护的重要性，除了“确保国家粮食安全”和保障城市副食品供应外，更体现在对上海生态环境的保护上。因此，应推进上海市四地(林地、绿地、湿地、耕地)的融合发展。

(1) 近期(2020 年)

要把上海耕地生态空间保护的目标纳入国家的宏观调控体系给予准确定位，在确保国家粮食安全的首要目标下，充分考虑适应全球城市发展的耕地生态空间保护目标。一是严格设定上海的耕地保护红线，依据各区县耕地分布现状优化耕地的空间布局，特别是依据各区县耕地土壤质量规划上海市耕地和农业空间布局，明确农业的种植结构，选择合理的耕作制度，加大对耕地的投入和建设力度，开展耕地的开发整理等。二是推进农田防护林体系(防护林、片林和植物篱)生态植被建设。着力解决当前农田防护林及片林结构简单、树种单一且乡土物种比例少的群落配置模式，以及生态景观服务功能单一等问题。

(2) 中期(2030 年)

把耕地纳入到上海市生态空间系统中，将耕地资源的开发、利用与绿地、林地、湿地的开发保护相统筹，提升耕地的生态景观功能。耕地的整治应强化农田景观、生态和休闲功能，在加强耕地质量建设方面加强农田防护与生态环境建设。将耕地由生产性单元尺度提升到生态景观镶嵌体尺度，围绕着不同利用方式的耕地及其周围沟渠、道路、林地等基础设施以及树丛、坑塘等半自然生境要素之间的有机整合，提升耕地生态系统的稳定性。

(3) 长期(2040 年)

在上海市绿色生态空间网络规划框架下,着力推进城市生态游憩空间网络建设。重视乡村和耕地的游憩价值,实现生产、生态功能的融合发展,优化乡村道路和田间道路的生态景观建设,促进耕地与森林公园、郊野公园、自然保护区等为主体的游憩核心区的融合发展。

(4) 远期(2050 年)

发挥耕地在生态系统中的气候与水文调节、生物多样性保护、文化传承等重要的生态景观功能作用。在田块尺度上,普及应用测土配方施肥、保护性轮作和耕作、病虫害综合防治、土壤污染治理等集成技术。实现耕地数量、质量和生态严格监管,耕地质量提升与管护应落实到最直接的利益相关者,制定以农户为主体的土地整治和耕地质量管护制度,实现耕地数量、质量、生态“三位一体”综合管理。

2. 扩大规模:多渠道扩大绿色生态空间

1990 年代以来,上海城市绿化建设经历了缓慢复苏到小步发展,再到快速发展取得突破性进展的发展过程。随着城市规模的扩大,可用于绿化的土地面积日趋紧张。绿色生态空间的碳汇能力与其面积呈正相关关系,因此,要提高上海市绿色生态空间固碳能力,扩大绿色生态空间面积是实现固碳目标的重要途径。

(1) 近期(2020 年)

在园林绿化方面,近期主要是推进大型公共绿地、楔形绿地以及新城、小城镇和大型居住区绿地建设,建成外环绿带、郊环绿带、中心城区林荫大道等建设工程。推进城市绿化从地面水平发展转向空间立体发展,采用多种多样的建设方式加快屋顶绿化发展,如用盆景盆栽花草等合理摆设,形成盆景观赏园;结合场地情况,设置固定的种植坛和藤架,种植攀援植物和花木;全面铺垫种植土,植树、栽花、种草。

在湿地空间保护方面,城市规划部门将湿地作为城市发展规划的控制要素和有利因素,将全市湿地的保护和合理利用规划布局纳入到新一轮城市总体规划范围。根据城市发展规划以及湿地保护与合理利用规划的要求，编制好中长期和近期实施计划，妥善处理湿地圈围利用和生态环境保护之间的关系。形成国际重要湿地、国家重要湿地、自然保护区以及具有特殊科学研究价值的栖息地网络。

(2) 中期(2030 年)

在发展屋顶绿化的基础上，根据建筑物的适宜条件发展垂直绿化，一是推广攀援绿化。利用具有吸盘或气根的藤本植物(如葡萄、紫藤、金银花等具有缠绕性能和蔓性月季、木香等长蔓性藤本)，在不需要任何支架和牵引材料的情况下沿墙面、石壁攀爬，达到墙面绿化的效果。二是推广阳台和窗台绿化。在阳台、窗台上种植藤本、花卉和摆设盆景，增加绿化面积。

在毗邻郊区新城和大型居住社区的地块布局建设郊野公园，原则上远郊区县至少各建一座郊野公园，依靠便捷的交通为市民提供服务，增加上海市绿色生态空间规模，并在市区外围为上海市提供生态保障。

在湿地空间建设方面，本阶段内以适度增加人工湿地比重为主要任务。根据上海市第二次湿地资源调查，上海市域内包括运河输水河湿地、人工养殖塘湿地等类型在内的人工湿地显著增加，增加量是第一次调查时库塘湿地资源的 18.83 倍。在近海与海岸湿地资源大量减少的情况下，适度增加人工湿地面积，可以在一定程度上稳定发挥湿地资源的生态效应。此外，还可通过栽种适当的湿地水生植物，模仿湿地生态结构，使水景既有湿地风光，又拥有湿地的“自净”能力。

(3) 长远期(2040—2050 年)

在本阶段内，中心城区具有立体绿化条件的区域已基本完成立体绿化工作，重点是加强郊区生态空间建设，继续推进郊野公园建设进度，形成中心城区绿地、中心城周边地区绿带、近郊区郊野公园、远郊区的湿地公园、生态保育区以及生态间隔带等相互贯通、有序衔接的生态网络空间体系。

上海是一个名副其实的湿地城市，在前期湿地保护的基础上，本阶段内应优化已开发湿地的利用方式。当前上海的湿地利用以发展农、林、渔业为主，工程利用率则呈逐年增加的势头。未来应积极依托城市产业结构调整，合理开发利用已围垦湿地，重点发展种植业、林业、养殖业以及依赖湿地资源景观的生态旅游业等，减少湿地工程建设，规范已围垦湿地的综合开发利用。在杭州湾沿岸和长江沿岸，通过建设湿地公园、自然保护区等形式不断提高自然湿地保护率。

3. 结构优化：优化生态空间的组成要素，提高碳汇能力

大力发展碳汇林业，用植树造林方式将大气中的气态碳变成固态碳，降低大气中二氧化碳的浓度，是治理大气生态环境恶化的重要途径之一。但由于各种树种的生物产量不等，碳汇能力也不同，同样是胸径 10 厘米的树，阔叶树中的白桦、山杨（生物产量分别为 40. 42 公斤和 55. 92 公斤）要比针叶树中的红松、落叶松、冷杉固碳（生物产量分别为 21. 34 公斤、18. 82 公斤和 24. 88 公斤）的能力强 1—2 倍以上。另外，胸径长到 10 厘米，针叶树要比阔叶树碳汇能力慢的多。因此，速生树种的碳汇能力要比针叶树和其他慢生树种的能力强。发展碳汇林业要因地制宜选择树种，对混交方式和生物产量等进行合理规划（朱俊凤，2006）。

此外，绿地群落结构也影响到绿地系统的碳汇能力。现有的研究表明，假设将现有群落的郁闭度都提高到 0. 6 水平，上海城市森林的碳贮量和年碳固定量将在现有基础上分别增加 28. 2%和 22. 6%，若能将郁闭度提高到 0. 8 水平，碳贮量和年碳固定量的增幅可达 52. 0%和 83. 2%（马涛，2011）。混交林具有更好的固碳效应，其地上树冠部分和地下根系部分都具有成层性，养分空间扩大，光能利用率提高，有利于树木的生长，比纯林具有更高的碳贮量。因此，上海市在新建生态空间时需要综合考虑植被群落的结构优化，同时对既有生态空间逐步进行树种改良。

(1) 近期(2020 年)

以新建绿色生态空间的园林绿化品种优化为主要任务，提高生态空间的固碳能力。上海市新建绿色生态空间物种结构的优化，从增加碳汇的角度考虑，应选择固碳释氧能力较强的植物成为园林绿化的首选树种。根据相关研

究，华东地区具有较强固碳释氧能力的部分植物主要有：乌冈栎、垂柳、乌桕、紫叶李、槐树、泡桐、紫荆、醉鱼草、木芙蓉、喜树、盘槐、黄连木、垂丝海棠、臭椿、八仙花、贴梗海棠、金丝桃、枇杷、广玉兰、腊梅、杨梅、银杏、朴树、杂种鹅掌楸、枫杨、栾树、无患子、结香香樟、七叶树等(俞浩萍，2010)。通过合理优化园林绿地树种结构，使城市绿地碳汇能力最大化，绿地养护管理质量最优化，园林能耗最低化。

新建生态空间在选择混交造林树种时，优先考虑多树种混合使用，优化群落结构，增加生物多样性，以提高林地的碳储量，提高碳汇能力。依据立地条件、当地天然林的树种组成、混交比例进行树种配置，在水肥条件好的地方，可进行乔灌草混交。根据立地条件，选择不同树种，进行团块、带状或根据地形进行不规则混交，营造多样化的森林类型，形成多树种搭配、多层次的景观结构。

(2) 中长期(2030—2040 年)

根据新建绿色生态空间的园林绿化品种优化的经验，对既有园林绿地开展品种改良，改变长期以来上海市存在的林种结构单一、森林结构不合理、林地生产力不高、森林生物量较低、森林资源总量不足、质量不高等问题。生态空间品种改良的方式主要采用与生态空间日常更新维护相结合、循序渐进的方式，避免为了改良而改良造成的浪费。生态空间品种改良的对象主要为当前已建成的绿色生态空间，对于无特殊绿化品种要求的园林绿地原则上均应完成绿地植物品种和群落结构的优化改良，以提高生态空间的固碳释氧能力。

(3) 远期(2050 年)

本阶段绿色生态空间的结构优化，着重改变传统的以物质形态规划为主，追求人工秩序和功能分区的绿色空间结构建设，探索面向自然的城市绿色生态空间规划方法，在规划和建设过程中加强对自然体系整体性和生态过程健全性的保护和恢复，强调生态用地利用的生态适应性和体现自然资源的固有价值。

4. 配套政策

制度建设是推进上海市生态空间建设的重要保障，需要根据建设生态空间的阶段和进展，构建政府主导、市场运作、公众参与的多样化制度创新，引导和约束生态空间保护管理行为。

(1) 近期(2020 年)

以制定地方生态空间保护管理法规体系为主要任务，其目的在于建立规范科学的生态空间保护管理秩序。上海市地方生态空间保护管理法规体系在构成上包括园林绿地保护管理法规、湿地保护管理法规、耕地保护管理法规，包括建立新制度和完善已有制度。通过制度体系建设，明确上海市绿色生态空间保护与合理利用的方针、原则和行为规范；明确管理程序、行为准则，将林地、绿地、湿地、耕地的保护、国土及环境规划、生物多样性保护、国际公约、国家法律等相协调一致，一方面起到引导上海市生态空间保护与利用合理方向的作用，另一方面则是对破坏生态空间的行为加以惩罚，使绿色生态空间保护与合理利用有充分的法律保障。

(2) 中期(2030 年)

在原有制度体系基础上，本阶段内以构建绿色生态空间建设公众参与机制和市场机制为主要任务。

公众参与机制方面，传统的生态空间建设与管理手段只强调政府的权利和责任，而对公众地位和作用仅作了笼统和原则的规定，这与现代城市发展不相适应，应建立全过程的城市绿色生态空间建设与管理公众参与机制。首先是加强信息平台建设投资，强化信息公开的制度规定与监督，扩大信息公开的广度和深度，确保公众及时有效地获得生态空间建设的信息，保障公众的有效参与。其次是畅通公众参与渠道，建立完善的听证制度和监督制度，在一些重大的生态空间项目决策、规划、建设、管理过程中，开展充分调研、跟踪，征求公众对项目的规划设计方案的意见和建议等，使其真正发挥作用。

在生态空间建设的市场机制方面，以政府投资为主体的公益性质的生态空间建设模式在上海已面临巨大瓶颈，高额的建设成本使得政府能够投入到生态空间建设的资金有限，需要探索多元化生态空间建设的市场机制。一是鼓励个人和企业从事速生林、果林、苗木等经济林建设，政府给予资金扶持和实施统一订单等政策，增加经济林面积。二是允许企业或个人在大型生态空间专项建设规划范围内的一定区域，进行体育、休闲项目开发建设，并通过项目赢利，保证生态空间建设、养护与管理的资金需求。

(3) 长期(2040 年)

本阶段主要以深化和完善原有制度体系为主要任务。一是根据上海市生态空间建设出现的新情况和新问题，不断修订完善地方生态空间保护管理法规体系内容。二是制定绿色生态空间功能融合发展的法规和行业标准，从制度上保障绿色生态空间延续城市的历史文脉，融合生态、文化、休闲和游憩等功能，以创造人性化的绿色空间。

(4) 远期(2050 年)

生态空间是城市重要的栖息地和生态过程发生空间，本阶段内根据面向自然的城市绿色生态空间规划建设需要，更新完善城市绿色生态空间建设的相关法规、标准和规范。重点是建立有利于加强自然体系整体性和生态过程健全性的制度体系，包括城市绿色生态空间建设的设计标准、评价标准、发展规划和考核机制等，出台促进城市自然保护和生态重建共同发展的政策文件，以加强城市留存自然要素的保护和已开发地区退化生态的人工恢复等。

(三) 制定低碳技术路线图

制定低碳技术和低碳产品研发的短、中、长期规划，重点应着眼于中长期战略技术的储备，使低碳技术和低碳产品研发系列化(见表 5 - 5)。

1. 加快节能低碳技术研发和推广

重视节能低碳技术研究开发。加快对燃煤高效发电技术、可再生能源技术、工业节能技术、建筑节能技术、二氧化碳捕获与封存、脱碳与去碳等技术研发，力争在关键技术和关键工艺上有重大突破，形成技术储备，为低碳转型和增长方式转变提供强有力的支撑。

表 5-5 低碳技术路线图

	近　期	中　期	长　期
提升能源利用效率的低碳技术	混合动力和混合电力车辆； 工程化城市设计； 高性能、一体化住宅； 高效电气设备； 高效锅炉和燃烧系统； 高温超导电性示范	燃料电池车辆和氢燃料； 低排放航空器； 智慧型建筑； 半导体灯(固态发光)； 超高效采取暖通风与空调； 能源集约型工业转换技术； 能量储存负荷量	超导传输和装备 工业热电结合工艺； 能源管理社区； 城市设计与区域规划工程广泛应用
从能源使用源头减少碳排放的低碳技术	煤气化联合循环技术及装备商品化； 具有竞争优势的太阳能、风能； 分布式发布系统； 先进裂变反应和燃料循环技术； 稳定的氢燃料电池； 纤维素乙醇示范	规模化零排放煤炭工厂； 煤和生物质氢联合生产； 低速风力涡轮； 改进的生物质产业； 社区尺度太阳能； 第四代核电站； 裂变开发基地示范	低排放化石能源； 氢和电力电子学； 可再生能源广泛利用； 生物工程生物质； 生物能和生物燃料； 核电广泛利用； 核聚变发电厂
CO_2 捕获和封存技术	碳隔离能力论坛(CSLF)和碳隔离区域伙伴关系(CSRP)； 燃烧后捕获； 燃料增氧燃烧； 提高碳氢化合物回收； 土壤保护； 直接注入二氧化碳的有效稀释法	地质储存安全性探索； CO_2 传输设施； 土壤吸收和土地利用； 海洋二氧化碳的生物影响	CO_2 成功储存实验追踪记录； 大尺度隔离； 碳、CO_2 产品和材料； 安全的长期海洋储存
二氧化碳排放的度量和检测技术	低成本传感器和通讯	大规模、可靠的数据储存系统； 直接度量替代估算	平稳运作的综合度量监测体系(传感器、指示器、数据可视化和储存模式)

资料来源：笔者整理。

2. 在可再生能源的开发和利用中解决共性技术问题

针对我国一次能源资源水平低，而可再生能源丰富的特点，围绕风能、太阳能、生物质能和地热能等领域，通过产学研联合攻关，以调整和优化能源结构，解决可再生能源利用领域中的关键共性技术问题，并开展示范推广。

3. 加强国际低碳技术合作

国际碳市场是减排的有效机制。国际碳市场的建立，很大程度上促进了发达国家和发展中国家在碳减排方面的合作。上海应通过清洁发展机制(CDM)项目，引进发达国家先进的低碳技术，鼓励企业依靠商业渠道引进技术，鼓励企业通过CDM项目在联合国CDM执行理事会注册，以获得更多的资金及技术支持。

上海要积极参与低碳技术关键领域的国际科技合作计划，提高低碳技术研究水平和自主创新能力。鼓励和支持高校、科研机构和企业发起和参与低碳技术领域国际和区域科学研究计划与技术开发计划，充分利用全球资源，分享国际前沿科技成果，促进低碳相关的技术创新。

4. 配套政策

(1) 可再生能源配额制及绿色证书交易制度

要借鉴国外经验，建立绿色证书交易制度。绿色证书交易制度是建立在配额制度基础上的可再生能源交易制度。在绿色证书交易制度中，一个绿色证书被指定代表一定数量的可再生能源发电量，当国家实行法定的可再生能源配额制度时，没有完成配额任务的企业需要向拥有绿色证书的企业购买绿色证书，以完成法定任务。通过绿色证书，限制高碳能源的使用，引导企业研发和采用低碳技术，发展低碳的可再生能源。

(2) 创新激励政策

政府应通过多种形式特别是政策手段来引导和支持企业的技术创新，如对低碳技术投入和低碳产品生产给予税收减免政策，鼓励大中型企业建立低碳技术和产品的研发机构，推动低碳技术的商业化和产业化，如此才能使技术创新真正成为改变经济发展模式、改善生态环境的核心力量。

三、提升低碳城市综合管理能力

(一) 提升低碳城市基础治理能力

1. 成立统一主管部门负责低碳城市建设推进及研究

发达国家及全球城市所出台的应对气候变化行动或规划都有强大的执行力，甚至成立专门机构来推动。如纽约为了《纽约 2030》中长期规划的制定和推动，特设了一个名为“纽约市长期规划和可持续发展项目市长办公室”的机构专门负责。这样一个统一协调、广泛配合和责任到位的制度安排，对于协调各相关部门、各方面的行动，共同推动低碳城市的长期发展，有着十分积极的意义。笔者建议上海成立统一主管低碳城市建设的部门，可设于发改委，或成立更高一级的协调机构。政府各部门在统一的战略目标的指导下明确其职能定位，加强其协调合作能力，建立沟通和合作平台，避免一哄而上和互相推诿，实现低碳城市的有序发展。

2. 制定行之有效的低碳城市战略发展规划

以行之有效的低碳城市规划为先导，低碳城市建设才可能真正实现。在研究制定规划时，要立足全局，将低碳城市建设纳入本市发展的总体规划中进行综合考虑，做到总体规划与低碳规划的协调统一；要充分考虑本地的具体特点，因地制宜，在借鉴他人发展经验的同时，确立符合自身实际的低碳发展模式；要认识到低碳城市建设具有长期性和系统性，相应地，规划应尽可能详细、系统，保证具有较强可行性，既符合经济建设规律，又符合低碳潮流的发展趋势。

3. 加强本市碳排放统计和监测工作

在统计部门成立相关温室气体排放统计机构，建立起专职从事清单编制管理的工作队伍，统筹温室气体清单的各个组成部分，负责最终数据的汇总和清单结果输出。设立温室气体统计专项经费，确保温室气体统计工作顺利展开，加强对统计数据质量监测，全面保证数据的准确性、真实性和可靠性。编制清单不仅有助于制定低碳政策，还是激励企业自主减排的有效机制，对于法规政策的制定和执行具有基础参照作用。

此外，国际上如纽约市已建立起一套比较细致并反映地方特色的气候监测指标，由纽约市规划局主导，哥伦比亚气候系统研究中心具体监测，由美国国家气象局（NWS：National Weather Service）和美国国家海洋和大气管理局（NOAA：National Oceanic and Atmospheric Administration）提供支持。并成立气候变化研究小组，对纽约市如何整体而全面地应对全球气候变化问题展开持续的研究，每年提出研究报告①。上海可借鉴纽约的经验，由低碳城市统一推进部门或规划和土地管理局牵头，争取国家技术部门的支持，建立立足本市，面向长三角甚至全国的温室气体监测中心。

4. 配套政策

（1）加强相关立法及配套规范性文件的制定

进一步完善促进城市低碳发展的法规政策建设，加强城市低碳发展的法规政策的修订、完善和创新，构建低碳城市法律法规体系，如在低碳城市发展战略方面，制定《上海市低碳经济条例》；在推动可再生能源发展方面，制定《上海市可再生能源条例》；加强碳金融立法，充分利用市场机制促进低碳经济发展，制定《上海市碳排放权交易市场管理条例》及相关配套规范性文件等；根据低碳城市建设需要及时修订环保、能源等方面的法律法规，例如《上海市环境保护条例》《上海市节约能源条例》等；进一步补充完善《民用建筑节能条例》等节能类法规等。加快低碳城市建设相关的法律和政策的制定与完善，将为环境政策的实施提供依据与保障，同时也为推动低碳城市建设创造良好的法律与政策环境，是城市低碳发展的重要保障。

（2）政府管理手段革新

低碳经济要求以技术创新和制度创新为核心，政府管理制度的创新中一

---

① 宋彦，刘志丹，彭科. 城市规划如何应对气候变化——以美国地方政府的应对策略为例[J]. 国际城市规划，2011，26(5)：3－10.

个重要的方面是推进政府经济调控制度的转型，终结和调整那些不利于低碳经济发展的财税和市场政策，创建以低碳为导向的公共政策体系。在低碳经济涉及的能源、技术、产业、消费、金融等层面实现政策创新，通过税收、价格、信贷、保险、预算、财政补贴或补助、财政支付转移等多种政策手段，推动低碳技术的开发、应用和推广，对低碳产业予以倾斜和优惠，对高碳产业形成制约作用，引导企业尽快淘汰落后产能，刺激低碳生产的积极性和创造性。同时，鼓励城市居民的低碳生活、抑制高碳消费。

（二）完善全方位监督机制

要保障上海低碳城市建设的各项规划、政策、措施得以贯彻落实。笔者建议：针对政府、企业、市民三大责任主体构建人大、政协、媒体、公众全方位的监督机制。

1. 政府：强化针对规划科学性、严肃性和执法坚决性的监督

通过完善程序、加强法制、媒体监督等方式，对规划编制、规划执行和环保执法等环节的政府行为加强监督。

（1）在规划编制和修订环节引入"反方案"制度

在现有人大审批和社会公示等制度基础上，在各类相关规划编制和修订环节引入"反方案"制度，以促进对拟议中规划的充分讨论，以保证决策科学性。所谓"反方案"是一种用来驳倒拟议中规划的方案，或者说也是一种"B方案"。组织另一批专家编制"反方案"，并将其提交人大讨论和社会公示，有助于立法机关和普通民众了解原方案或"正方案"中存在的缺点，以便及时加以修正，从源头上减少因城市空间格局、产业发展方向等偏差带来的环境压力。"反方案"的编制可以发挥政协专家多、在学界联系广泛的优势，由政协相关委员会牵头编制；"反方案"的编制需独立于"正方案"的编制部门，从而可以对"正方案"中的缺点加以客观思考。

此外，在规划实施过程中，由于形势发生变化，确实需要变更原规划的，一定要完整履行社会公示、人大审议等程序（包括就修订方案的"反方案"进行讨

论)，不允许不经规范程序随意变更。

(2) 针对规划严肃性和执法坚决性问题，完善对相关官员的追责机制

针对有关官员或部门任意突破原有规划的行为，建议和全国人大沟通，修改《城乡规划法》，并相应地修改《上海市城市规划条例》，明确有关官员或部门任意突破原规划的法律责任，并从重惩处，明确在何种情况下应追究刑事责任，并对相应刑事责任作出具体规定。

对于有关部门环境执法不力或不作为的行为，建议在新修订《环保法》(2014 年 4 月)中引咎辞职制度的基础上，在适当时机和全国人大沟通，引入追究刑事责任的条款。

(3) 针对规划严肃性和执法坚决性问题，进一步完善媒体监督措施

对于有关官员或部门任意突破原规划或环保执法不力的行为，建议进一步完善媒体监督措施，即不但允许而且鼓励市民通过媒体或自媒体披露相关信息，引起广泛关注，形成社会压力。

(4) 建立报告和追责制度

对于相关规划(如《2040 年上海城市总体规划》)的执行效果，建议规定每 2.5 年(或 2—3 年)由上海市政府或其有关部门向市人大进行一次报告；对于未能达到最终或阶段性目标的情况，对相关人员形成追责机制，如在政绩考核中降低分数，严重者甚至可降级降职。

2. 企业和市民：从技术手段、媒体曝光、社区机制、违法成本等方面强化监督

对于企业和市民违反环保法规的行为，应从完善技术手段、鼓励媒体曝光、发挥社区和 NGO 作用、提高违法成本等方面加强监督。

就技术手段而言，要进一步扩大安装污染和能耗在线监测装置的企业和建筑物范围，并且将监测结果向市民公布，鼓励公众监督。

就媒体曝光而言，应允许并鼓励市民通过媒体或自媒体披露企业违法行为，以形成社会压力，引起有关部门重视。

就社区组织和 NGO 而言，它们的作用是双向的，既代表居民或市民维权，

监督企业违法行为，又组织居民或市民进行自律。环保组织代表居民提起公益诉讼的制度已经在新修订的《环保法》中得以确立，将来是进一步扩大诉讼资格范围的问题。社区组织和NGO还可以借助带领居民制定社区环保规约、发动邻里互相监督等手段，来抑制居民的环境违法行为，例如促使其按规定进行垃圾分类；建议有关部门将来重视和利用这种社区机制，形成“政府监督社区，社区监督居民”的双层监督体制，相对于有关部门直接面对为数众多的居民，管制成本将大大降低。

就提高违法成本而言，新《环保法》已经借助按日计罚、上不封顶、组合拳（如供水部门停止供水，土地管理部门禁止向其供地，银行不给予授信，进出口管理部门不给予出口配额，证券监管部门限制其上市）等措施提高了企业的违法成本，接下来是如何执行到位的问题。对于市民的环境违法行为而言，如黄标车进入市区、乱扔垃圾等，可效仿香港加大处罚力度。例如，在香港，乱扔垃圾、随地吐痰、在禁烟区抽烟都会被课以1 500港元的罚款。有鉴于此，上海需要将类似环境违法行为的罚款提高到千元级别，使人畏法而不敢“违法”。

第六章　上海碳排放权交易试点回顾与评价

在《联合国气候变化框架合约》和《京都议定书》的推动下，全球越来越关注气候变化问题。政府间气候变化专门委员会（IPCC）指出，如果我们持续现在的温室气体排放，那么很有可能导致全球气温上升超过 2℃，而且在 21 世纪末可能会上升超过 4℃①。气候变暖会威胁到人们的日常生活（如水、食品、身体健康等），并且可能会带来其他灾难风险（如极端气候等）。为应对全球气候变暖，越来越多的国家或地区开始建立碳排放交易体系，期望以较低的成本来控制温室气体总量，如欧盟、瑞士、新西兰、澳大利亚、美国、加利福尼亚州和魁北克省、日本东京、中国的 7 个试点省市（北京、上海、重庆、广东、天津、深圳、湖北）等。2011 年 10 月底，国家发展和改革委员会批准了 7 个试点省市开展碳排放权交易，上海作为 7 个试点省市之一，于 2013 年 11 月 26 日正式启动碳排放权交易体系。

---

① World Bank. State and Trends of Carbon Pricing 2014[R]. Washington DC: World Bank. 2014.

第一节 上海碳排放权交易的总体框架

一、总量控制

上海市配额总量控制目标的确定，是根据国家碳强度的约束指标、结合本市的经济发展状况和能源控制总量目标，并对试点企业的碳排放水平进行盘查而得出的。根据2011年12月国务院发布的《"十二五"控制温室气体排放工作方案》，到2015年上海市碳排放强度（单位GDP二氧化碳排放）要比2010年下降19%，能源强度要比2010年下降18%。2011—2014年，上海市人民政府每年印发《上海市节能减排和应对气候变化重点工作安排的通知》，明确了各年的二氧化碳减排目标，2011年的碳排放强度比2010年下降3.6%以上，2012年比2011年下降3.2%以上，2013年比2012年下降3.5%左右，2014年规定二氧化碳排放增量控制在850万吨左右。

试点覆盖范围的温室气体排放量估计为1.1亿吨 CO_2 当量，约占45%左右①。2013年上海市的配额总量约为1.6亿吨②，其中，电力、钢铁、石化企业所获得的配额数量最多，分别占总配额的39.6%、28.9%、12.9%（见图6-1）；另外，2013年度的14个新增项目获得的配额数量约为241万吨③。

需要指出的是，上海市并未在政府文件或政府官方网站上公布配额总量和具体分配计划的相关信息和数据，上文描述的数据是从媒体上获得的。可

---

① World Bank. Mapping Carbon Pricing Initiatives: Developments and Prospects [R]. Washington DC: World Bank. 2013.

② 水晶碳投.首年履约期至中国碳市场流动性盘查[EB/OL]. 2014年5月21日，http://www.cco2.com.cn/plus/view.php? aid=886.

③ 上海环境能源交易所.上海2013履约年数据：82家企业参与交易，电企配额占四成[J].上海碳市场快讯，2014，10(43).

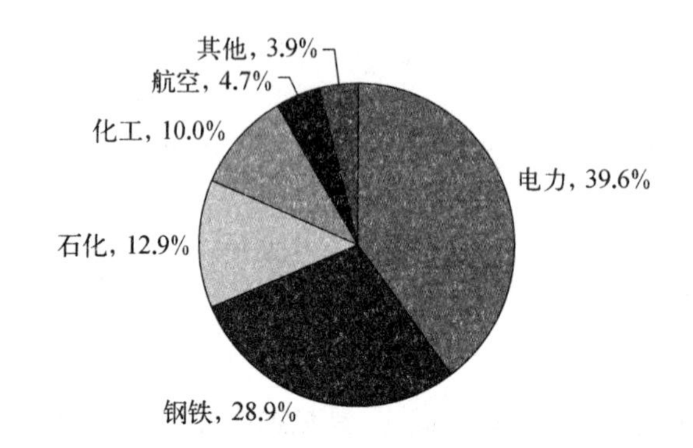

图 6-1　上海市碳市场的配额分配情况(按行业分)

资料来源：上海环境能源交易所.上海碳市场快讯[R].2014,10(43).

见，政府在配额总量和具体分配计划的信息公布上尚缺乏透明度。

二、配额分配

在试点期间，上海市的碳排放初始配额实行免费发放，并一次性向企业发放 2013、2014、2015 三年的配额，当年配额可以全部进行交易，未来年度配额可以交易的比例为 50%。考虑到不同行业的特征，上海市碳排放交易体系主要采取以下两种配额分配方法①(见表 6-1)：(1) 历史排放法。适用于产品类别多、缺乏行业统一标准，包括工业(钢铁、石化、化工、有色、建材、纺织、造纸、橡胶、化纤)和非工业(大型公共建筑，如宾馆、商场、商务办公及铁路站点等)。该方法是基于企业历史排放水平，结合先期减排贡献来确定各年度配额。(2) 基准线法。适用于产品(服务)形式比较单一、能够按单个产品(服务)确定排放效率基准的行业，包括工业(电力)和非工业(航空、机场、港口)。该方法主要是通过制定企业各年度单位业务量排放基准，并根据实际业务量来确定企业各年度碳排放配额。

① 上海市发展和改革委员会.《上海市碳排放管理试行办法》和《配额分配方案》解读[R].2012-12.

表 6-1　上海市碳排放交易体系的配额分配方式

分配方法	行　业	计算公式	排放基数/排放基准	先期减排配额	新增项目配额
历史排放法	工业(钢铁、石化、化工、有色、建材、纺织、造纸、橡胶、化纤)	企业排放配额＝历史排放基数＋先期减排配额＋新增项目配额	2009—2011 年历史排放水平的平均数；并考虑到企业在 2009—2011 年的排放边界发生重大变化等因素。	2006—2011 年，试点企业完成节能量审核的节能技改或合同能源管理项目，按照经审核的节能量换算的二氧化碳排放量的 30%纳入，分三年发放。	对于达到以下新增项目标准的企业，可以发放新增项目配额：(1) 2013—2015 年，企业投产主要生产或用能设施，或在既有设施上进行扩能改造的项目；(2) 项目新增年综合能耗达到 2 000 吨标准煤以上；(3) 相关审批程序完整清楚。
	非工业(大型公共建筑)	企业排放配额＝历史排放基数＋先期减排配额	与工业行业(除电力外)相同	与工业行业(除电力外)相同	—
基准线法	工业(电力)	配额总量＝排放基准×年度综合发电量×负荷率修正系数	根据上海市电厂《DB31/507—2010 燃煤凝气式汽轮发电机组单位产品能源消耗限额》的分类和能效先进值等设定	—	—
	非工业(航空、机场)	企业排放配额＝单位业务量排放基准×年度实际业务量＋先期减排配额	以试点企业 2009—2011 年平均排放强度为基础，并结合行业节能降耗要求确定	与工业行业(除电力外)相同	—

续 表

分配方法	行　业	计算公式	排放基数/排放基准	先期减排配额	新增项目配额
基准线法	非工业(港口)	企业排放配额＝单位吞吐量排放基准×年度实际业务量＋先期减排配额	以试点企业2010—2011年平均排放强度为基础，并结合行业节能降耗要求确定	与工业行业(除电力外)相同	—

资料来源：《上海市2013—2015年碳排放配额分配和管理方案》。

三、报告核查

2012年11月，上海市发展和改革委员会发布了试点企业的名单，并结合不同行业特征发布了《上海市温室气体排放和报告指南》以及电力和热力、钢铁、化工、有色金属、航空等9个行业的温室气体核算和报告方法，并于2013年3月完成了试点企业排放情况盘查。

另外，上海市已经基本建立了监测、报告、核查(MRV)机制(见表6-2)，要求企业按规定制定监测计划、对碳排放进行监测，编制并提交年度碳排放报告，并接受第三方机构对其碳排放量进行核查。上海市已经建立了第三方核查机构备案管理制度，并公布了首批备案的第三方核查机构①。

表6-2　　上海市碳排放交易的监测、报告与核查(MRV)

时　间	主　体	任　务
每年3月31日前	控排企业	编制上一年度碳排放报告，并报市发展改革部门
每年4月30日前	第三方核查机构	核查碳排放报告，并向市发展改革部门提交核查报告
自收到第三方机构出具的核查报告之日起30日内	市发展改革部门	依据核查报告、碳排放报告，审定年度碳排放量，并将审定结果通知控排企业
每年6月1—30日	控排企业	根据审定的上一年度碳排放量，通过登记系统提交配额、完成清缴义务
每年12月31日前	控排企业	制定下一年度碳排放监测计划，明确监测范围、方式、频次等，并报市发展改革部门

资料来源：上海市发展和改革委员会.《上海市碳排放管理试行办法》和《配额分配方法》解读[R]. 2012-12.

① 上海市首批公布的碳排放核查第三方机构一共有10家，分别是上海市信息中心、中国质量认证中心上海分公司、中环联合(北京)认证中心有限公司上海分公司、上海市节能减排中心有限公司、上海同际碳资产咨询服务有限公司、上海市环境科学研究院、上海市建筑科学研究院、上海市能效中心、上海泰豪智能节能技术有限公司、上海同标质量检测技术有限公司。

虽然上海市已经明确规定了9个行业的温室气体核算方法并对试点企业的碳排放进行盘查，但由于长期以来缺乏碳排放水平的基础统计，因而其历史数据与实际排放量之间可能存在一定的偏差。另外，虽然《上海市碳排放管理试行办法》中明确规定了企业监测、报告碳排放并接受第三方机构核查的义务，但相关的监测、报告和核查的信息和数据并未向公众公布。

四、交易规则

上海环境能源交易所制定了碳排放交易规则，对会员管理、结算、信息管理、风险控制管理、违规违约处理等方面做出了明确的规定（见表6-3），并建立了注册登记系统和交易系统等。

表6-3　上海市碳排放交易规则

交易规则	具体内容
交易产品	碳排放配额：SHEA2013，SHEA2014，SHEA2015
	国家核证自愿减排量（CCER）
交易方式	挂牌交易
	协议转让
会员制度	自营类会员：可进行自营业务
	综合类会员：可进行自营业务和代理业务；代理客户交易和结算
结算制度	二级结算制度：交易所对会员统一进行清算和划付；综合类会员负责对其代理的客户进行清算和交割
	净额结算制度：在一个清算期中，会员就其买卖的成交差额、手续费等于交易所进行一次划转
	交易资金银行存管制度：指定结算银行与交易系统共同办理碳排放交易资金的结算业务
风险控制制度	涨跌幅限制制度（±30%）
	大户报告制度
	配额最大持有量限制制度

续　表

交易规则	具 体 内 容
风险控制制度	风险警示制度
	风险准备金制度
信息披露制度	及时行情：包括配额代码、收盘价、成交价、最高价、最低价、成交量、成交额、涨跌幅等
	公开信息：与碳排放交易有关的公告、通知及重大政策信息
	报表：定期发布反映市场成交情况的周报表、月报表、年报表
违规违约制度	对会员、客户、结算银行等违规违约的处理

资料来源：上海环境能源交易所.碳排放交易规制及实施细则解读[R].2013-12.

五、监督管理

根据《上海市碳排放管理试行办法》，上海市对企业、第三方核查机构、交易所的违规行为做出了明确规定。对于未履约企业，处罚措施主要包括罚款、将其违规行为记入企业信用记录并向社会公布、取消相关财政支持和评比资格、不予受理相关评估报告；对于第三方机构和交易的违规行为，主要处罚措施为行政罚款(见表6-4)。

表6-4　　上海市碳排放交易体系对违规行为的处罚

对象	行　为	罚　款	行政处理措施
企业	未履行报告义务	1—3万元	记入该企业信用记录，通报工商、税务、金融等部门，并向社会公布； 取消其享受当年度及下一年度本市节能减排专项资金支持政策的资格以及3年内参与节能减排先进集体和个人评比的资格； 不予受理其下一年度新建固定资产投资项目节能评估报告表或者节能评估报告书
	未按规定接受核查	提供虚假资料、隐瞒信息：1—3万元； 抗拒、阻碍核查：3—5万元	
	未履行配额清缴义务	5—10万元	

续 表

对象	行　为	罚　款	行政处理措施
第三方机构	出具虚假报告	3—10 万元	—
	报告出现重大错误		
	擅自发布或使用有关保密信息		
交易所	未公布违法信息	1—5 万元	—
	收取手续费		
	未建立风险管理制度		
	未向发改委报送有关文件、资料		

资料来源：《上海市碳排放管理试行办法》。

虽然企业的未履约行为会向公众公布，而且上海市于 2014 年 4 月 30 日设立了“碳排放信用管理服务应用”，将控排企业、第三方核查机构、各交易参与方在碳排放监测、报告、核查、清缴和交易过程中的违法违规行为记入上海市公共信用信息服务平台中，但是企业的碳排放监测、报告和核查的相关信息和数据并未向公众公布。

第二节　上海碳排放权交易市场运行分析

2013 年 11 月 26 日，上海碳市场顺利启动并平稳运行。运行两年多以来，市场交易量稳步攀升，参与主体逐渐增多。纳入配额管理企业按期完成配额清缴，履约率保持 100%，碳资产管理意识逐渐提高。

一、上海碳排放权交易市场主要交易品种

（一）配额交易

从 2013 年 11 月 26 日上海碳排放权市场开市到 2016 年 8 月 26 日本书完

稿时为止，上海碳排放权交易市场 3 个品种配额（SHEA2013、SHEA2014 和 SHEA2015）的二级市场累计交易量 751 万吨，占全国 7 个碳排放权市场配额交易总量的 9.5%。配额二级市场累计成交金额为 1.3 亿元，占全国配额交易总额的 6.9%。

从历史交易轨迹中可以看出，上海碳排放权交易市场的配额交易主要集中在履约期前的上半年交易，这也是中国各碳交易试点的普遍特点。2016 年配额交易的最高峰期仍然出现在 6 月履约期，但 1—5 月的月度交易量均在 28 万吨以上，较 2014 年、2015 年同期显著提高，其中 2016 年 5 月 9 日单日成交量超过 100 万吨，表明试点企业相对更早参与交易，提前储备履约所需的配额（见图 6－2）。

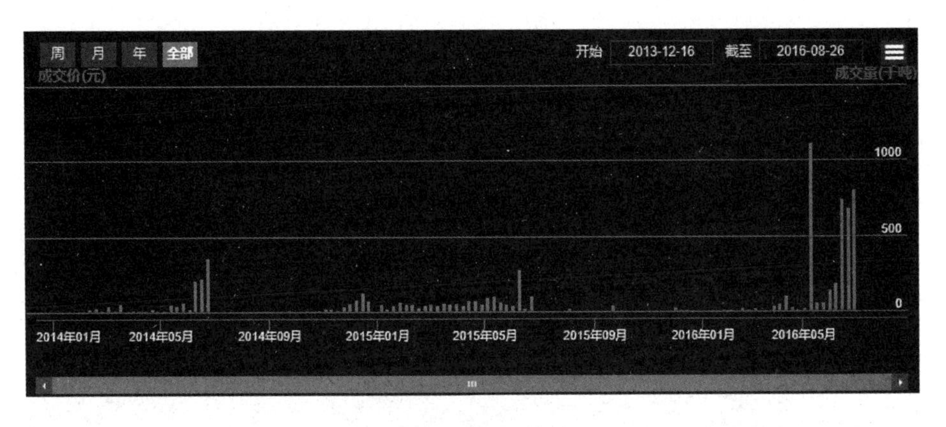

图 6－2　2013—2016 年 8 月上海碳排放权交易市场配额成交量

资料来源：中国碳交易网碳行情数据。

与国内其他 6 个碳排放权交易试点市场相比，在直辖市市场中，上海碳配额二级市场交易总量最高，但交易额低于北京。重庆的成交量和成交额是最低的。全国 7 个试点市场中，湖北省成交量和成交金额最高，其次为深圳和广东。深圳与广东两个市场的成交额加总高于湖北，但成交量之和低于湖北（见图 6－3）。

从开市以来，上海碳配额二级市场交易均价经历了先走高后持续下降的轨迹。从开始阶段的近 30 元/吨逐渐攀升，最高点是 2014 年 6 月 30 日，以每

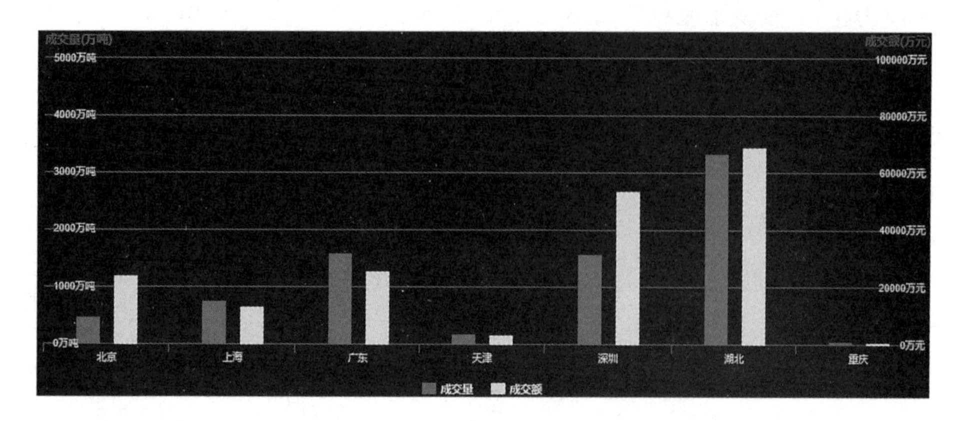

图 6-3　2013—2016 年 8 月 7 个碳排放权交易市场配额成交量及成交额

资料来源：中国碳交易网碳行情数据。

吨 48 元的价格成交 7 220 吨。2014 年 9 月—2015 年 3 月，配额市场基本维持在每吨 30 元以上的均价。此后，二级市场配额价格开始一路走低，最低价格出现在 2016 年 5 月 16 日，以 4.21 元均价成交 1 461 吨。2016 年 7 月以来，配额价格维持 9.8 元/吨，进入 8 月份，配额二级市场均无交易（见图 6-4）。

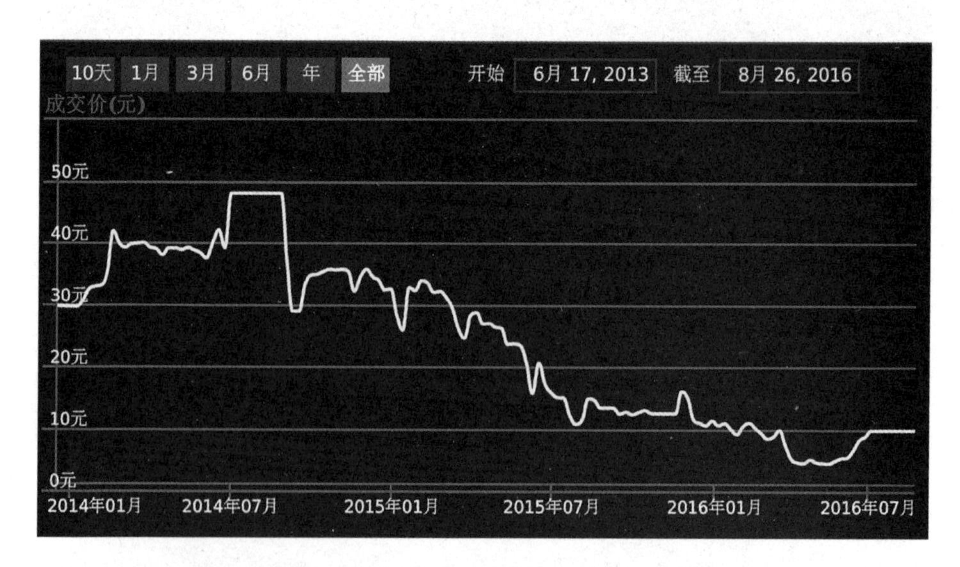

图 6-4　2013—2016 年 8 月上海碳排放权交易市场配额成交均价

资料来源：中国碳交易网碳行情数据。

在7个试点市场中，二级市场配额价格基本都经历了从走高到不断下降的过程。开盘价最高的是广东市场，为60元/吨，其次是北京市场，约50元/吨。过程最高价格是深圳市场，2013年10月14日，其配额价格曾摸高至99.8元/吨，但成交量很少，仅有1吨。其次为北京和广东，配额最高价格曾超过75元/吨。截至2016年8月，配额价格最高的市场是北京市场，基本维持在50元/吨上下，其次为深圳市场，约25元/吨左右。而上海市场配额价格基本都处在较低水平(见图6-5)。

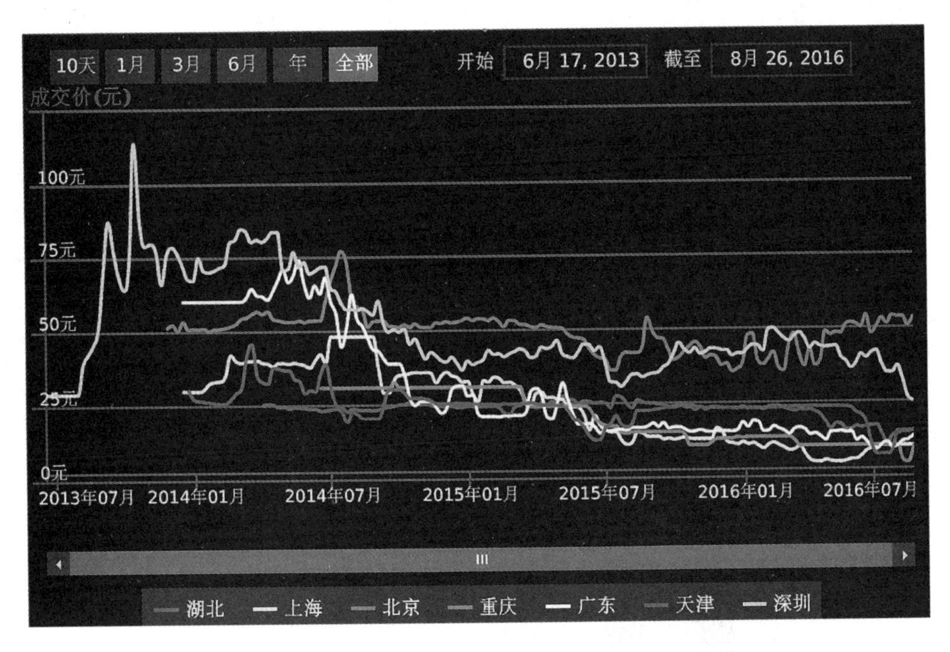

图6-5　2013—2016年8月7个碳排放权交易市场配额成交均价

资料来源：中国碳交易网碳行情数据。

(二) 中国核证自愿减排量(CCER)交易

2015年是CCER产品上线交易的第一年，在全国7个碳交易试点中，上海碳市场对CCER的抵消规则限制条件较少，相对较为开放，且规则出台较早，因此吸引了不少CCER进入上海市场，市场交易非常活跃，仅2015年一年CCER产品交易量超过2 500万吨(见表6-5)。上海碳市场CCER成交量占全国7个试点市场成交量(包括线上挂牌和协议转让)的74.1%。2015年4

月以来,CCER 月均成交量在 280 万吨以上,初步形成了具有稳定流动性的 CCER 交易市场。

表 6-5　　2013—2015 年上海碳市场各类型产品交易统计

交易品种	2013—2014 年		2015 年	
	成交量(万吨)	成交额(万元)	成交量(万吨)	成交额(万元)
SHEA2013	153.36	6 038.76	0	0
SHEA2014	46.04	1 567.56	227.9	5 211.1
SHEA2015	0.3	7.5	66.2	879.8
CCER	0	0	2 543.1	27 877.5 *

资料来源:上海环境能源交易所.上海碳市场报告(2013—2014)[R];上海环境能源交易所.上海碳市场报告(2015)[R].

与配额主要集中于上半年交易不同,CCER 的交易量从下半年开始日渐活跃。主要原因在于 CCER 签发量的增加和试点企业对 CCER 产品的接受度不断提高。2015 年 11 月上海碳市场的 CCER 成交量突破千万吨量级,达 1 292.7 万吨。但由于 CCER 仅有 1 年多的交易数据,我们并不能判断上海

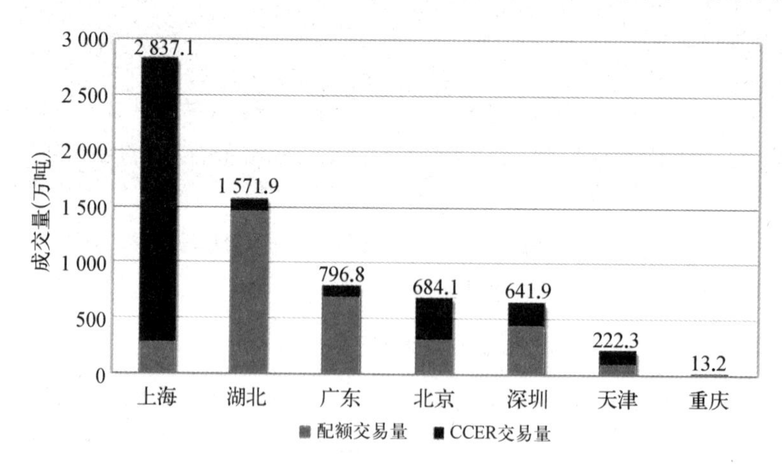

图 6-6　2015 年全国各试点市场全品类交易量对比

资料来源:上海环境能源交易所.上海碳市场报告 2015[R].2016.

* 本数据仅包括挂牌交易金额,不包括协议转让金额。

CCER 市场是否能够持续达到 2 000 万吨的规模。

由于 CCER 交易异常活跃，在全国 7 个碳交易试点市场之中，上海碳市场 2015 年的配额与 CCER 累计交易量从 2014 年的第四跃居到第一的位置，约占全国交易总量的 41.9%。2015 年 7 月 16 日、8 月 28 日以及 11 月 10 日先后 3 次刷新最高单日成交量纪录。11 月 10 日完成 177.5 万吨 CCER 交易，成为上海碳市场最高单日成交量记录(见图 6－6)。

二、上海碳排放权交易市场交易主体

上海碳市场的交易主体主要包括 3 大类，分别是试点企业、机构投资者与 CCER 项目业主。但这三类主体进入市场的时间是大不相同的：2014 年 9 月之前，市场中的交易主体全部为试点企业，共 87 家。多数试点企业仅根据自身配额情况进行交易，因此在开市初期，市场交易参与者数量较少。2014 年 2 月以后市场交易者逐级增多，到履约期到期之前的 6 月，市场参与者达到 56 家。2014 年 9 月之后，机构投资者进入市场，交易企业数逐渐增加。2014 年年底机构投资者 6 家。2015 年之后，CCER 获准参与交易，全年参与交易的 CCER 项目业主达到 14 家(见图 6－7)。

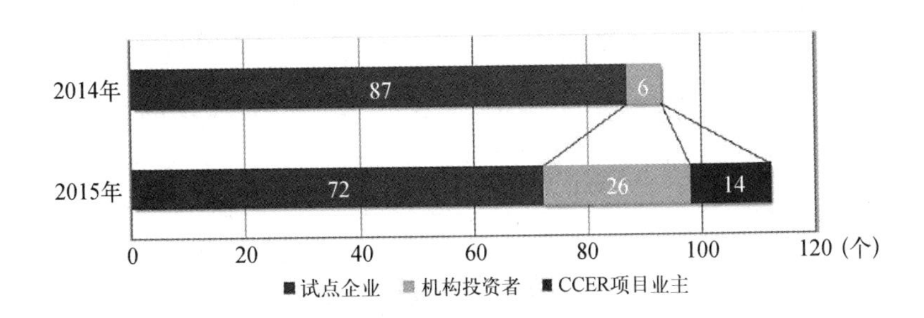

图 6－7　上海碳市场 2014 年和 2015 年参与交易企业数对比

资料来源：上海环境能源交易所. 上海碳市场报告 2015[R]. 2016.

2015 年，在试点企业中，电力与热力生产和供应业、化学原料及化学制品制造业与石油加工、炼焦及核燃料加工业是 3 个品种累计交易量最大的 3 个行业，三者的交易量之和占上海碳市场总交易量的3/4。其余交易量占比大于1%的行业还有黑色金属冶炼及压延加工业、航空客货运以及非金属矿物制品业（包括水泥、玻璃和其他制品）等（见表6-6）。

表6-6　　2014年、2015年试点企业交易量行业排名

试点行业	2015年交易量占比	2014年交易量占比
电力、热力的生产和供应业	50.2%	38%
化学原料及化学制品制造业	16.7%	33.7%
石油加工、炼焦及核燃料加工	10.5%	5.4%
黑色金属冶炼及压延加工业	7.8%	12.6%
航空客货运	7.3%	4.3%
其他试点企业	7.5%	6%

资料来源：上海环境能源交易所. 上海碳市场报告2015[R]. 2016.

电力与热力生产和供应业不仅在上海试点企业中交易量最大，也是上海碳市场中仅有的积极参与CCER交易的行业，其余试点企业均只交易配额。

三、上海碳排放权交易市场清缴履约

企业按期履约，实现碳排放的自我管理是建立碳市场的初衷。截至2016年6月30日，上海2013—2015年碳交易试点企业全部完成2015年度配额清缴，是全国7个试点市场中唯一一个连续3年实现100%履约的市场（见表6-7）。

表6-7　　各试点市场履约情况对比

试点市场	2015年（2014年度）		2014年（2013年度）	
	履约时间	履约率	履约时间	履约率
深圳	法定时限2015年6月30日	99.7%	法定时限2014年6月30日	99.4%
上海	法定时限2015年6月30日	100%	法定时限2014年6月30日	100%

续　表

试点市场	2015年(2014年度)		2014年(2013年度)	
	履约时间	履约率	履约时间	履约率
北京	法定责令整改时限2015年6月30日	100%	法定责令整改时限2014年6月30日	97.1%
广东	法定时限2015年6月23日	100%	法定时限2014年6月20日，通知推迟至7月15日	98.9%
天津	法定时限2015年5月31日，推迟至7月10日	99.1%	法定时限2014年5月31日，最终推迟至7月25日	96.5%
湖北	法定时限2015年6月30日，推迟至7月10日	81.2%	—	—
重庆	法定时限2015年6月23日，推迟至7月23日，未公布履约率	—	—	—

资料来源：上海环境能源交易所.上海碳市场报告2015[R].2016.

第三节　上海碳排放权交易市场绩效评价

上海碳排放交易体系已在总量控制、配额分配、市场交易、报告核查、监督管理等方面初步形成了基本的制度框架体系，但还存在配额分配方式不完善，配额二级市场交易不够活跃等问题。同时由于企业碳排放的统计数据、配额总量及分配情况等信息不透明，以及考虑到碳市场运行时间尚短等客观因素，目前还较难准确判断上海碳排放交易体系的减排效果和减排成本。

一、上海碳排放权交易市场体系评价

(一) 配额初始分配方式不够完善

大多数试点省市都对初始配额进行免费发放。需要指出的是，历史排放

法和基准线法尽管都有各自的优势，但也可能产生不可忽视的问题。

历史排放法的优点是操作简单、较为客观、可接受性强，但也会产生以下问题：(1) 由于个体间的差异，历史数据或基准年的选择并不一定适用于所有个体；(2) 采用历史排放水平可能会导致初始配额与实际排放水平不一致；(3) 历史排放数据没有考虑到新增产能和早期减排行动等[①]。为了弥补历史排放法的以上缺陷，并考虑到目前我国正处快速发展的时期，企业的排放边界、生产规模、技术水平等都在不断变化，上海市在配额分配方案中明确规定如果企业排放边界发生重大变化，取接近现有边界年份的排放数据。另外，考虑到先期减排行为和新增产能的问题，上海市在采用历史排放法进行计算时既包括了先期减排配额，也包括了新增项目配额。

基准线法的优点是可以体现出行业内的公平性，鼓励企业在碳排放交易体系建立之前就提高能效和减少排放，与实际产量结合时可以按产量变化进行修正；而其缺点在于操作较为复杂(尤其是在制定基准时)，且没有解决成本效率损失的问题[②]。目前，深圳市是唯一大规模采用基准法进行配额分配的试点省市，对电力、供水、燃气行业采取基准值的方法，对工业行业采取基于碳排放强度(即单位工业增加值碳排放)的方法。其他试点省市主要对电力和热力行业采用基准法，上海市还采用基准法对航空、机场和港口进行配额分配。

与免费发放方式相比，拍卖法操作简单、公平且成本效率较高，拍卖收入可用于资助温室气体减排项目。然而，拍卖会给具有履约责任的企业带来额外的负担，尤其是那些国际竞争压力较大的企业。因此，无论是国外还是国内的碳排放交易体系，在其实施初期都考虑配额分配以免费发放为主。目前，我国的配额拍卖制度仍在尝试中：广东省和湖北省建立了配额拍卖制度，深圳市和上海市在第一个履约期尝试拍卖配额来促进试点企业完成其履约责任。以广东省为例，其 2013—2014 年配额的免费发放和有偿发放比例为 97%和

① 李雪梅. 全国统一碳市将至配额分配难题待解[N]. 21 世纪经济报道，2014-9-23.

② 吴倩，Maarten Neelis，Carlos Casanova. 中国碳排放交易机制：配额分配初始评估[J]. ECOFYS，2014.

3%,2015年比例提高到90%和10%。另外,广东省2014年度配额分配方案的规定有所变动,不再强制要求企业购买足额的有偿配额[①],而且配额拍卖底价不再固定为60元/吨,而是呈阶梯式上升[②]。在此变化下,广东省2014年度的配额拍卖中出现了最终成交价高于拍卖底价的情况。可见,逐步减少免费配额比例、配额底价呈阶梯式上升等措施有利于促进试点企业参与配额拍卖。

总的来看,目前上海市的配额分配采取免费发放方式,为了弥补历史排放法的缺陷,上海在配额分配时不仅考虑到了企业排放边界发生重大变化等情况,还考虑到了先期减排行为和新增产能等问题;另外,上海除了对电力行业采用基准线法,而且还尝试在航空、机场、港口等采用基准线法进行分配。然而,虽然上海市曾在履约期到期日将近时尝试了一次配额拍卖,但还未建立相应的配额拍卖机制。

(二)配额交易不够活跃

由于上海碳市场配额总量目标设定较为宽松,行业覆盖范围过宽,并存在一定的配额垄断现象等原因,配额二级市场交易不够活跃。

1. 配额总量相对宽松

从配额总量目标来看,如果配额总量目标设定较为宽松,分配到试点企业的配额与实际排放水平一致或有富余,那么企业参与交易的积极性就较低。上海市在第一个履约期内参与交易的试点企业不到50%,在一定程度上说明其配额总量目标设定较为宽松。另外,如果配额总量规模较小而纳入试点范围的企业数量较大,那么平均配额量较小的试点省市就不太可能出现单笔交易量较大的现象,如北京市和深圳市就很少有日交易量超过1万吨的交易。

---

① 广东省2013年度配额分配方案中规定,如果企业没有购买足额的有偿配额,其免费配额不可用于交易和清缴。

② 广东省2014年度配额分配方案中规定,配额拍卖底价为25元/吨、30元/吨、35元/吨、40元/吨。

2. 存在一定的配额垄断现象

从配额分配的结果来看，上海的配额分布与湖北省和广东省相似，也存在配额垄断的现象。上海 2013 年的配额中约 70%掌握在宝钢集团、华能集团和申能集团等少数企业手中，即试点的大部分企业账户里的配额加起来还不到总量的 30%。加之上述几家大型企业排放配额本身就很紧张，如果在试点期间，它们为保证自身所持有的配额能够进行履约，而仅将很少量配额投放市场甚至不进入市场交易，那么上海碳交易市场的配额交易量将会非常少，从而导致整个上海碳交易市场“天生”配额流动性不足，配额交易不够活跃①。

3. 覆盖范围相对较大

碳市场的覆盖范围越大，其市场流动性会越强。但是由于尚未建立全国统一的碳市场，且各试点省市存在经济发展水平、产业结构的差异，一些试点省市为了形成一定规模的碳市场，其所覆盖的行业范围会较广（见表 6 - 8）。例如，上海、深圳的第三产业较为发达，因而其覆盖范围除了碳排放密集型工业企业（如电力热力、钢铁、石化等）外，还包括大型公共建筑和移动排放源（如航空、城市公共交通）。需要注意的是，如果行业覆盖范围过宽，可能会导致某个行业纳入试点范围的企业数量较少，那么企业可能会由于缺乏竞争压力而参与碳交易的积极性较低，也难以起到行业内的优胜劣汰作用。另外，行业覆盖范围过宽还会加大配额分配的难度，对排放监测、报告与核查的技术要求也较高，而且会增加监管成本。

4. 投资者的开放程度不足

在碳排放交易体系实施初期，各试点省市的控排企业都需要一定的时间来观察和适应碳市场，因此总体上控排企业的参与积极性不高。此时，其他主体的参与对市场流动性来说尤为重要。例如，湖北省在刚启动碳排放交易时就向全社会开放，所以其交易一直较为活跃，据统计大约有 20%的个人投资者、30%的机构投资者参与交易；深圳市是首个允许机构和个人投资

① 张昕，范迪，桑懿. 上海碳交易试点进展调研报告[J]. 中国经贸导刊，2014，(8)：63 - 66.

者参与碳交易，其他试点省市也逐步向社会投资者全面开放。然而，上海的碳排放交易体系在 2014 年 9 月才正式向机构投资者开放，且尚未对个人投资者开放。

5. 现货交易为主

目前，各试点省市的碳市场均采取现货交易，而现货交易的特征是其本身就不适合频繁交易。虽然，上海市尝试一次性发放了 2013—2015 年 3 年的配额量，该举措在一定程度上类似于期货交易。然而，在第一个履约期，仍以 2013 年的配额交易为主，2014 年和 2015 年的配额交易量仅占 1.4%左右。

另外，控排企业、投资机构和个人等市场主体难以从公开、透明的渠道获得配额总量及分配、MRV、拍卖定价、交易数据等基本面信息，加之规则频繁变动，国家政策预期不明朗，使碳市场成为高风险领域，显著降低了市场主体的参与度。①

表 6-8　中国 7 个试点省市的市场流动性影响因素比较

试点省市	配额总量		覆盖范围			对投资者开放程度	交易产品
	配额总量（亿吨）	占全省/市碳排放总量的比重	试点企业数量（家）	覆盖行业	排放门槛		
上海	1.6	45%	191	工业；建筑；移动排放源（航空）	工业≥2 万吨 非工业≥1 万吨	控排企业；机构投资者②；CCER 项目业主	SHEA2013 SHEA2014 SHEA2015 CCER
深圳	0.33	38%①	工业：635 建筑：197	工业；建筑	工业≥3 000 吨 建筑≥1 万吨	控排企业；机构投资者；个人投资者；境外投资者	SZA2013 SZA2014
北京	0.5	40%	490	工业	工业≥1 万吨	控排企业；机构投资者	BEA2013

① 张昕，范迪，桑懿. 上海碳交易试点进展调研报告[J]. 中国经贸导刊，2014，(8)：63-66.

续 表

试点省市	配额总量		覆盖范围			对投资者开放程度	交易产品
	配额总量(亿吨)	占全省/市碳排放总量的比重	试点企业数量(家)	覆盖行业	排放门槛		
广东	3.88	40%	242	工业；建筑	工业≥1万吨 建筑≥5 000吨	控排企业；机构投资者；个人投资者	GDEA2013
天津	1.6	60%	114	工业；建筑	工业≥2万吨 建筑≥2万吨	控排企业；机构投资者；个人投资者	TJEA2013
湖北	3.24	35%	138	工业	工业≥6万吨标准煤(综合能源消费量)	控排企业；机构投资者；个人投资者	HBEA
重庆	1.25	—	242	工业	工业≥2万吨	控排企业；机构投资者；个人投资者	CQEA-1

注：
① 试点工业企业占全市碳排放总量的38%左右。
② 其他试点省市都已经对机构、个人投资者开放，上海未对个人投资者开放。
资料来源：World Bank(2013)；上海环境能源交易所. 上海碳市场快讯[R]. 2014，1(6). 上海环境能源交易所. 上海碳市场快讯[R]. 2014，11(46)；根据7个试点省市碳排放交易的相关规章制度整理而得。

(三) 市场缺乏透明度

在设定配额总量目标和配额分配基准时，都需要碳排放水平的基础数据统计，虽然目前上海已制定了9个行业的温室气体核算方法并对试点企业的碳排放量进行盘查，但目前还未建立全市的碳排放基础数据统计体系。另外，虽然上海明确规定了不同行业的配额分配方式、计算公式、分配基准等，向公众发布碳市场交易数据并定期公布月报、年报等，而且建立了碳排放信用管理体系，但是关于配额总量、配额分配计划以及碳排放监测、报告、核查的数据等的信息公开仍缺乏透明度。同样，在其他试点省市中也有类似的问题存在(见表6-9)。

表 6-9　　中国 7 个试点省市碳排放交易权的信息公开情况

试点省市	配额总量[①]	配额分配计划	配额分配方式[②]	市场交易数据	公布监测、报告、核查数据	违法违规行为记入公共信用信息[③]
上海	×	×	√	√	×	√
深圳	×	×	×	√	×	√
北京	×	×	√	√	×	×
广东	√	×	√	√	×	×
天津	×	×	√	√	×	×
湖北	√	×	√	√	×	√
重庆	×	×	√	√	×	√

注：
① "√"表示政府在相关规章制度中有明确的配额总量；"×"表示没有。
② "√"表示政府专门颁布了关于配额分配和管理的规章制度；"×"表示没有颁布。
③ "√"表示政府在碳排放交易的相关规章制度中明确规定了将违法违规行为记入到公共信用信息平台中；"×"表示没有相关规定。其中，上海已于 2014 年 4 月底实现碳排放信息管理与公共信用信息服务平台对接。
资料来源：根据 7 个试点省市交易所网站中的相关信息整理而得。

二、国外及上海碳排放权交易市场减排效果评价

尽管从理论上可知碳排放权交易是可以达到成本有效性的，但由于信息不透明、碳市场运行时间较短等客观因素的影响，难以判断上海碳排放交易体系的实施是否能够明显减少碳排放并降低减排成本。

（一）国外碳排放权交易体系减排效果评价借鉴

排污权交易的理论基础可以追溯到科斯的产权理论。在完全竞争、信息完备的市场条件下，只要明确界定产权，且交易成本为零或者很小，那么无论初始产权如何配置，市场交易可以使资源配置达到帕累托最优。Dales(1968)[①]和

① Dales J. H.. Pollution, Property and Prices[M]. Toronto: University Press, 1968.

Crocker(1966)[①]分别将产权概念引入到水污染和大气污染的控制研究。Montgomery(1972)[②]从理论上证明了排污权交易优于其他传统的环境治理政策(如排污收费),而且如果排污权交易市场是完全竞争的,那么其减排成本是最低的。Tietenberg(1985)认为排污权交易能够使减排成本高的企业向减排成本低的企业购买排放权,促使企业在追求自身利益最大化的同时通过市场手段进行减排,当市场达到均衡时,所有企业的边际减排成本相等,因而实现了帕累托最优[③]。Wakabayashi 和 Sugiyama(2008)[④]总结了排污权交易在理论上的优势:(1) 减排是有效的。排放权作为有经济价值的资产可以在市场进行交易,这会激励企业减少排放;配额的市场价格越高,激励减排的效果越大。(2) 降低减排成本。假设企业 A 和企业 B 的减排成本不同,减排成本较低的企业 A 可以通过自身努力减少更多的排放,并将多余的减排量在市场上出售给减排成本更高的企业 B,因而排污权交易使得这两个企业都获得了收益,以较低的成本进行减排。(3) 节约管理成本。在传统的命令—控制型政策下,政府要为每个污染企业制定各自的减排标准,这需要大量的技术信息(如各种污染物的治理方法及其在边际成本等),而且存在严重的信息不对称问题。但是,建立排污权交易体系后,政府只需要确定一个合适的排放总量目标,而不需要达到该目标的详细技术信息,这可以节约管理成本。(4) 激励技术创新。从长期来看,排污权交易可以激励企业加大对低排放技术的投资并鼓励技术创新。

这里,笔者主要关注美国排污权交易和欧盟碳排放交易的绩效评价,包括减排效果、减排成本、技术投资和创新等,并证实了合适的排污权交易制度设

---

① Crocker T. D.. The Structuring of Atmospheric Pollution Control Systems. In: Wolozin H. (Ed.), The Economics of Air Pollution[M]. New York: W. W. Norton and Company, Inc., 1966.

② Montgomery W. D.. Markets in Licenses and Efficient Pollution Control Programs[J]. Journal of Economic Theory, 1972, 5(3).

③ 崔连标,范英,朱磊等.碳排放交易对实现我国"十二五"减排目标的成本节约效应研究[J].中国管理科学,2013,21(1).

④ Wakabayashi M., Sugiyama T.. Are Emission Trading Systems Effective? [R]. Central Research Institute of Electric Power Industry, 2008.

计可以达到以较低成本控制污染物排放的目的。

1. 美国排污权交易的绩效评价

美国的排污权交易制度起源于对空气污染领域的控制，随后被扩展到流域污染、固体污染的控制中①。以空气污染领域为例，美国从1970年代后期就开始实施排污权交易（见表6－10）。在《清洁空气法》的推动下，为了达到规定的空气质量标准，美国国家环保局（EPA）和各州制定了4种机制来增加灵活性并减少履约成本，即容量节余（Netting）、补偿（Offsets）、气泡（Bubble）、储存（Banking），这4种机制构成了排污权交易体系（EPA ET）。在1980年代中期，EPA对汽油生产中的铅含量进行限制，并允许炼油企业之间进行交易。在1990年代初期实施了针对移动源的平均、储存和交易计划（ABT），该计划与汽油铅的排污权交易类似。在《清洁空气法》修订以后，美国于1995年实施了SO_2排放交易体系，主要针对电力行业，也称之为"酸雨计划"。同样在1990年代中期，美国加利福尼亚实行了区域清洁空气激励市场（RECLAIM），主要针对NOx和SO_2的排放。在1990年代后期，美国东北部开展了NOx排污交易预算计划。

表6－10　美国的排放权交易体系

排放权交易体系	部　门	排放物	来　源	范　围	实施年份
EPA排放交易计划	EPA	多种	固定	美国	1979年
汽油铅	EPA	铅	汽油	美国	1982—1987年
酸雨计划	EPA	SO_2	电力生产	美国	1995年
RECLAIM	南部海岸空气质量管理区	NOx，SO_2	固定	洛杉矶盆地	1994年
平均、储存和交易计划（ABT）	EPA	多种	移动	美国	1991年
东北部NOx排放交易预算计划	EPA，12个州	NOx	固定	美国东北部	1999年

资料来源：Ellerman et al.（2003）。

① 封凯栋，吴淑，张国林．我国流域排污权交易制度的理论与实践——基于国际比较的视角[J]．经济社会体制比较，2013，(2)．

对上述排污权交易的评价，大致可以总结为以下 3 个方面[①]：

第一，排污权交易可以降低成本。实践经验显示，与命令—控制方式相比，排污权交易可以降低履约成本。然而，很难精确测量成本的节约。在美国的实践中，与其他排污权交易相比，酸雨计划（SO_2 排放交易体系）有确凿证据可以证明排污权交易确实节约了成本，且这些收益主要是从空间交易和跨期交易中获得的；Ellerman et al.（2000）[②]估计了不同类型交易的成本节约（见表 6-11）。虽然其他排污权交易没有进行事后评估，但如果有大量的交易活动，也可以在一定程度上说明存在成本节约。

表 6-11　SO_2 排污权交易体系的减排成本与成本节约

单位：百万美元（按 1995 年现值）

	进行交易的减排成本	无交易的减排成本	来自排污权交易的成本节约				
			第一阶段的空间交易	储存	第二阶段的空间交易	总的成本节约	成本节约所占比例
第一阶段（1995—1999 年）	735	1 093	358			358	33%
第二阶段（2000—2007 年）	1 400	3 682		167	2 115	2 282	62%
13 年合计	14 875	34 925	1 792	1 339	16 919	20 050	57%

资料来源：Ellerman et al.（2000）。

第二，排污权交易有助于达到环境目标。这主要是因为：首先，减排目标是分阶段的，参与企业可以储存排放配额，如铅交易计划、酸雨计划、ABT、东北部 NOx 预算交易计划，这有助于加快企业减少排放。其次，边际减排成本较高或者技术不可行的企业可以通过向边际减排成本较低的企业购买配额来完成环境目标，这就避免了命令—控制方式所遇到的问题——在命令—控制

① Ellerman D.，Joskow P. L.，Harrison Jr. D.. Emissions Trading in the U. S. — Experience, Lessons and Considerations for Greenhouse Gases[R]. PEW Center on Global Climate Change，2003.

② Ellerman A. D.，Schmalensee R.，Joskow P. L.，Montero J. P.，Bailey E.. Markets for Clean Air：The U. S. Acid Rain Program. Cambridge[M]. UK：Cambridge University Press，2000.

方式下，经济困难或技术障碍只能通过放松排放标准来解决，然而经常调整标准会降低规制的环境有效性。再次，当排污权交易具有灵活性时，它不仅具有较强能力达到环境目标，甚至可以接受要求更高的目标。

第三，储存配额在改善排污权交易体系的环境表现和降低履约成本上起到重要的作用。尤为重要的是，在面临许多不确定性（生产水平、履约成本、其他影响抵消信用或配额需求的因素）时，配额的储存可以提供灵活性。

2. 欧盟碳排放交易体系的绩效评价

欧盟碳排放交易体系（EU ETS）于 2005 年正式启动，是目前全球最大的碳排放交易体系。已有研究对 EU ETS 的评价主要集中在以下 3 个方面[①]：

第一，减排效果与成本有效性。大多数研究采用了计量模型来估计减排效果，将没有引入 EU ETS 时的二氧化碳排放量与审核的排放量进行比较来评价 EU ETS 的减排效果。研究结果表明，EU ETS 对减少二氧化碳排放具有显著效果（见表 6－12）。另外，从成本有效性来看，Brown et al. (2012)[②]指出 EU ETS 具有明显的成本有效性，即以最低成本达到减排目标，且已有研究表明在区域、国家和企业层面，EU ETS 对温室气体减排具有明显的贡献（除了 2009 年的经济衰退以外），从 2005—2009 年 EU ETS 减少了约 4.8 亿吨 CO_2，这些减排都是以相对较低的成本完成的。

表 6－12　　EU ETS 的减排效果估计

研　　究	方　　法	主要结论
Ellerman and Buchner (2008)	计量模型	第一阶段的减排范围为 1.2 亿吨—3 亿吨
Delarue et al. (2008)	计量模型	电力部门在 2005 年减排 9 000 万吨，2006 年减排 6 000 万吨

① Laing T., Sato M., Grubb M., Comberti C.. Assessing the Effectiveness of the EU Emissions Trading System[R]. Center for Climate Change Economics and Policy, 2013.

② Brown L. M. Hanafi A., Petsonk A.. The EU Emissions Trading System: Results and Lessons Learned[R]. Environmental Defense Fund, 2012.

续 表

研　究	方　法	主要结论
Anderson and Di Maria (2011)	动态面板数据模型	第一阶段的总减排量为2.47亿吨
Abrell et al. (2011)	计量模型	2007—2008年排放减少了3.6%，其减排量大于2005—2006年
Egenhofer et al. (2011)	计量模型	2008—2009年，每年有3.35%的排放强度改善是来自EU ETS

资料来源：Laing et al. (2013)。

第二，对投资和创新的影响。除了以较低的成本控制温室气体排放总量外，EU ETS的另一个目的是影响低碳技术的决策、推动低碳技术发展、激励对低碳资产的投资、减少对碳密集型产品和生产过程的投资。虽然，一些研究开始尝试定量分析EU ETS对投资的影响，但面临着较大的挑战：一方面，基准情景的计算非常复杂而且难以证实；另一方面，缺乏实际投资的相关数据。因此，对投资的影响大多会采用调研和访谈数据（见表6-13）。已有研究显示，EU ETS会影响投资决策，但其效果有限。

表6-13　　EU ETS对投资和创新活动的影响

研　究	方　法	主　要　结　论
Martin et al. (2011)	对制造业企业的调研	大部分企业会采取一些措施来减少温室气体排放； 企业对总量控制严格性的期望与减少生产过程中的温室气体排放或产品创新之间存在较强的正相关
Rogge et al. (2010)	对德国电力部门的调研	对创新的影响较小，现在CO_2成为电力部门建设的投资评估中的一部分
Hoffman (2007)	对德国电力部门经理的调研	EU ETS对于小规模的短期投资决策来说已经成为一个重要动力； 在电力企业或研发的大规模投资决策中的作用较小

续　表

研　究	方　法	主 要 结 论
Petsonk and Cozijnsen (2007)	法国、德国、荷兰和英国的案例研究	在EU ETS涵盖范围内的许多部门以及未涵盖的一些部门，其创新行为都受到了碳价格的推动，主要是因为向EU ETS出售抵消信用推动了创新
Anderson et al.（2011）	对爱尔兰参与EU ETS企业的调研	发现EU ETS能够成功地激励企业进行适当的技术改进
Herve-Mignucci（2011）	5个受到碳排放限制的欧盟企业的调研	在EU ETS实施早期，企业投资部门并没有考虑气候因素； 在EU ETS的第二阶段，企业投资部门具有较为清晰的、与低碳投资有关的回应

资料来源：Laing et al.（2013）。

第三，对价格和利润的影响。在第一阶段（2005—2007年），由于配额总量目标设定过于宽松以及不允许配额跨阶段储存，因而导致配额价格大幅度下降并接近于零；之后，由于过于宽松的配额分配方案以及受到全球经济危机、金融危机的影响，EU ETS存在大规模的配额冗余，配额价格再次经历了大幅下降，从30欧元/吨下降到目前的6.5欧元/吨左右。可见，碳排放交易体系的具体政策设计（如配额总量目标的设定、配额储存等）对配额价格有一定的影响。另外，配额总量目标过于宽松、配额的免费发放可能会产生“意外收益”。已有研究显示，在EU ETS的第一阶段和第二阶段存在明显的“意外收益”（见表6-14）。为了解决上述问题，从第二阶段开始，EU ETS逐步提高配额拍卖比例，到2027年实现100%拍卖，其中对电力部门的要求尤为严格。

表6-14　　欧盟电力和非电力部门的意外收益估计

研　究	部门/年份	碳价格的假设	意外收益估计
Sijm and Neuhoff (2006)	第一阶段：德国、英国、法国、比利时、荷兰的电力部门	€20/tCO_2	每年53亿—70亿欧元

续 表

研　究	部门/年份	碳价格的假设	意外收益估计
Martin et al.（2010）	第三阶段：欧盟所有部门	€30/tCO_2	每年70亿—90亿欧元
Maxwell（2011）	第二阶段：英国电力部门		每年10亿英镑
Point Carbon，WWF（2008）	第二阶段：德国和英国的电力部门	€21—32/tCO_2	德国为140亿—340亿欧元； 英国为50亿—150亿欧元
Lise et al.（2010）	EU 20的电力部门	€20/tCO_2	350亿欧元
Sandbag（2011b）	第二阶段：欧盟碳排放量排名前10位的企业	€217.03/tCO_2	41亿欧元
CE Delft（2010）	第一阶段：炼油、钢铁部门		140亿欧元

资料来源：Laing et al.（2013）。

从美国和欧盟的排污权交易实践经验中，我们可以发现，对排污权交易的评价主要集中在以下4个方面，即减排效果、减排成本、具体政策设计（包括配额总量目标的设定、配额分配方式、配额储存等）、对低碳投资和技术创新的激励。其结论可以归纳如下：

第一，从减排效果来看，排污权交易有助于减少排放，达到环境目标；

第二，从减排成本来看，排污权交易有助于以较低的成本完成减排目标；

第三，从政策设计来看，配额总量设定、配额分配方式、配额的储存等具体政策设计的不同会影响到减排效果和减排成本，甚至会产生“意外收益”等问题；

第四，从技术投资和创新来看，排污权交易对低碳投资的激励以及技术创新的作用有限。

（二）上海碳排放权交易体系减排效果评价

2014—2016年，上海市全部试点企业连续3次按期完成配额清缴工作，上海碳排放权交易市场是7个试点市场中唯一连续3年实现100%履约的市场，可见，碳排放交易的实施对控制温室气体排放具有一定的作用。由于上海碳排放交易体系正式实行的时间较短，政府公开渠道并无公布全市配额总量、配额分配的具体计划、试点企业实际碳排放量等相关数据，目前较难定量地测算上海碳排放交易是否对减少本市二氧化碳排放具有明显效果。据上海市环境能源交易所发布数据显示，截至2014年年底，191家试点企业在2013年度的实际碳排放量在2011年的基础上下降了2.7%①。其中，工业试点企业2013年度的碳排放量比2011年减少了531.7吨，下降了3.5%。在能源消费结构方面，工业企业(不包括电力)的煤炭消费量所占比例为62.3%，比2010年下降了3.2%；天然气消费量所占比例为11.1%，比2010年上升了4%②。然而，即使是通过上述数据，我们很难判断出实施碳排放交易对全市二氧化碳减排的贡献大小。

同时，如前文所述，上海碳排放权交易的总量控制上限是基于排放强度控制目标，制定的碳交易政策覆盖范围内适度增长的碳排放总量目标。从理论上看，即使所有试点企业都实现了100%履约，试点企业的碳排放总量也有很大可能是继续增长的。根据上海市发改委发布的《上海市2016年节能减排和应对气候变化重点工作安排》，2016年全市二氧化碳排放增量控制在645万吨以内，力争控制在600万吨；规模以工业企业碳排放增量控制在45万吨以内。

另外，由于上海碳排放交易体系运行时间尚短，配额市场交易量有限，且试点企业碳排放量、配额总量、交易量等信息无从查询，履约期与能源统计信息的年限不一致，因而我们无法通过相关统计年鉴估算出试点企业具体的减排成本。截至2015年12月31日，共有112家试点企业参与了二级市场交易，累计配额交易量493.7万吨，累计中国核证自愿减排量(CCER)交易量2 543.1万吨。配额交易量仅占配额总量的3.1%，加上CCER交易量也只不足配额总量的20%。可见，目前上海碳排放权交易市场配额二级市场的流动性仍非常有限。

---

① 上海环境能源交易所. 上海碳市场报告2015[R]. 上海：上海环境能源交易所，2016.
② 宋薇萍. 上海碳交易减排显著未来将主动服务长三角[N]. 中国证券网，2014-7-28.
孟群舒. 上海碳排放交易按期且100%履约[N]. 解放日报，2014-7-29.

第七章　碳排放权分配方式的比较及完善

在上一章中，笔者回顾了上海碳排放权交易市场的总体框架体系，梳理了从市场开市至本书完稿时的市场运行情况，在对上海碳排放权交易市场体系的评价中，发现上海碳排放权交易体系在初始及增量碳排放权分配上不够完善，未能建立更高效率的配额拍卖机制。有鉴于此，本章中将对国际上通用的碳排放权的几种分配方式进行比较研究，提出完善碳排放权分配机制的建议。

第一节　初始碳排放权分配方式比较及建议

在碳交易试点中，初始碳排放权分配方式选择是否适当，关系到能否在达到既定碳减排目标的情况下，最大限度地优化资源配置的效率、最大限度地促进技术进步、将对经济和民生的负面影响降到最低限度。

一、初始碳排放权分配方式的理论比较

国际上有 3 种常见的排放权（包括排污权和碳排放权等）初始分配方式：

(1) 拍卖法(如美国若干个州发电企业间的碳交易市场 RGGI 就采取这种方式,欧盟碳排放权交易体系的第三阶段也将 50%以上的初始配额进行拍卖);

(2) 继承法(如美国二氧化硫排污权交易体系就采用该方式分配初始配额);

(3) 基线标准法(如马萨诸塞州在氮氧化物排污权交易中就采用这种方式进行初始分配)。其中,继承法是根据企业历史上的排放量数据和政府要求的减排比例来确定企业当期的排放权(排污权)数量,基线标准法是根据企业的生产规模(或能源消费规模)和政府要求的单位产出(或单位能源消费量)排放标准来确定企业当期的排放权(排污权)数量。

(一) 拍卖法

拍卖法在价格发展功能、优化资源配置、促进技术进步、规避寻租成本、避免"鞭打快牛"和利用拍卖收入收获"双重红利"方面具有继承法和基线标准法所不具有的优势。

1. 拍卖法在价格发现功能和优化资源配置方面具有明显优势

如果以拍卖法分配初始碳排放权,企业之间的竞价或博弈能够给出一个初始排放权的均衡价格,这一过程就很好地发挥了碳排放权的价格发现功能;而继承法或基线标准法等免费分配方式下,并没有相关主体之间的博弈给出一个均衡的价格,价格发现的过程或功能根本无从谈起。

相对于继承法和基线标准法,拍卖法更有助于优化资源配置。拍卖遵循价高者得的原则,能够竞拍成功的企业是生产效率最高的,它能将碳排放权用到产生价值最大的用途上去,让单位碳排放权产生的价值最大化;反过来说,它就能使单位产出的碳排放量(碳排放权投入量)最小化,因此,竞拍成功的企业也是最为环境友好的。而继承法和基线标准法完全是政府主导下的分配,由于政府掌握的信息是有限的,在很多情况下它会将碳排放权分配给那些生产效率相对较低,不利于让单位碳排放权产生的价值最大化,即不利于资源的优化配置。

2. 拍卖法更有利于促使企业研发碳减排技术

在拍卖法下,企业要付出大量资金购买初始碳排放权,这就会更加迫使企业研发碳减排技术来降低购买碳排放权的成本，只要研发支出在企业的预算约束之内(如企业自有资金足够多或能获得足够的融资)，而在继承法或基线标准法下，企业获得初始碳排放权的成本为零，这就使它们不会迫切地去研发碳减排技术。

由于拍卖法更有利于推动碳减排技术的进步，也就更有利于降低碳减排的单位成本，将碳减排带给产业界的负担或带给经济发展的负面影响降到最低限度。

3. 拍卖过程中无寻租成本

在拍卖过程中，所有企业都遵循价高者得的原则进行公平竞争，没有机会也没有必要通过向政府施加影响来获得不当或额外的利益，企业也就没有动力花费大量成本用于寻租。

与之相比，在基线标准法下，由于基线标准的上下差异会给企业利益带来重大影响，政府和企业之间就会围绕基线标准的制定反复地讨价还价，大量时间、精力、成本浪费在各种寻租活动中。而且，在基线标准制定的过程中，上海的几家大型企业集团表达政策诉求的渠道、影响政府决策的能力都是中小企业不可比拟的，很容易使最终出台的规则有利于大企业，而损害中小企业的利益。

4. 拍卖法下无"鞭打快牛"效应

就下一交易期的初始碳排放权分配规则对本期碳减排的影响而言，继承法和基线标准法都会产生"鞭打快牛"的效应，由此削弱企业的减排激励。如果以继承法分配初始碳排放权，本交易期内的碳排放量越少，下一交易期内能够获得的免费初始碳排放权就越少。以基线标准法进行初始分配会产生同样的效应，本交易期内的碳排放量越少，到下一交易期政府为企业设置的基线标准就会越严厉。基于这种顾虑，企业在本交易期内的减排激励就会被削弱。

而如果以拍卖法分配初始碳排放权，就不会产生这种"鞭打快牛"的效应。当然，如果在继承法和基线标准法下，下一交易期内初始碳排放权的分配标准只和企业在 2012 年之前的碳排放数据有关，而与上一交易期内的碳排放数据无关，也能有效地规避上述“鞭打快牛”效应。

5. 政府善用拍卖收入可获得“双重红利”

在拍卖法下，政府可获得一笔可观的财政收入，这笔收入可用于其他有利于可持续发展的事业，这就是拍卖法的“双重红利”：第一重是通过增加企业获得碳排放权的成本更好地激励其减排和研发减排技术；第二重是利用拍卖收入激励相关主体采取有利于节能环保的行动，如补贴企业的节能技改有助于推动碳减排相关技术进步，补贴公共交通就有助于鼓励低碳出行。

（二）继承法和基线标准法

继承法和基线标准法的优点在于避免抑制经济发展和加重民众负担，不容易引起企业抵制，规避因中小企业购买不到足够配额而出现大面积停产、失业的现象。继承法和基线标准法相比，继承法易于操作、无寻租成本、可避免大企业损害中小企业，但是继承法有利于技术落后的污染型企业，不利于推动经济结构优化。由政府定价出售初始配额的做法则集中了三种方式的缺点，虽然嘉兴等地为平稳过渡采用这一方面，但长期而言不宜实行。

1. 避免抑制经济发展和加重民众负担

在拍卖法下，企业要为获得初始碳排放权支出一笔很大的成本，大大加重企业负担。而企业盈利能力或竞争力的受损势必会抑制经济发展。企业还会提高产品或服务的价格，将一部分新增成本转嫁给消费者，进而增加消费者的负担，如电力企业由于碳排放量较大、购买碳排放权的成本较高，就会要求电价上涨，影响每个市民的生活。而在继承法或基线标准法下，企业免费获得碳排放权，就可以规避这些问题。

2. 不易引起企业抵制，容易推行

拍卖法既要企业减排，又要企业为获得初始碳排放权承受较重的负担，势必引起它们较强烈的抵制，不利于碳交易体系的推行。而继承法和基线标准法虽然也要求企业减排，但由于企业可免费获得初始配额，其负担大为减轻，对碳交易体系的接受程度就能提高，易于碳交易试点的推进。

3. 避免中小企业被挤压出局

如果大企业的生产效率高于中小企业、单位碳排放产生的经济价值大于后者(在很多情况下,这一假设是成立的),在拍卖竞价过程中,大企业的报价就会高于中小企业,其结果是大企业优先获得碳排放权,中小企业获得大企业剩余的份额。那么,中小企业就需要承担更高的减排比例或更重的减排任务,有些甚至不得不全面停产。鉴于在第一阶段纳入碳交易体系的四个行业内,接近99%的碳排放量集中在少数几个大企业集团,在大企业优先竞得碳排放权的情况下,中小企业就会大面积停产,由此对社会稳定造成较严重冲击。

而在继承法和基线标准法下,政府会分配给中小企业一定的初始配额,以保证其可以维持基本生产,避免出现大面积的停产、失业等冲击社会稳定的情况。

4. 继承法和基线标准法的比较

继承法和基线标准法相比,继承法易于操作、无寻租成本、可避免大企业损害中小企业,有利于技术落后的污染型企业,但在推动经济结构优化方面不如基线标准法。

在三种常见分配方式中,继承法操作起来最简便,基线标准法中基线标准的制定非常困难,因此操作起来最难(如果政府能够很容易地制定出比较合理的基线标准,直接给各行业规定碳排放标准或减排标准即可,也就不需要碳交易了)。此外,拍卖法的操作也需要一套较复杂的程序,不如继承法简便。

在继承法下,因为每个企业所能获得的免费碳排放权数量占其历史排放数据的比例是统一的(等于政府提出的总量控制目标占所有参与交易体系企业的历史排放数据总和的比例),不会像基线标准法那样产生较大的寻租成本。

同时,每个企业的免费碳排放权配额是根据其历史排放数据统一规定的,大企业没有机会通过影响政府改变分配标准以攫取更多利益。

继承法对于技术较先进、减排潜力已经很小的环境友好企业是不利的;对于技术较落后、尚有较大减排潜力的污染型企业是有利的。也就是说，继承法不利于产业结构优化。反之，在基线标准法下，如果对减排潜力较大的污染型企业设定较大的减排比例，对减排潜力较小的环境友好企业设定较宽松的减排比例，就能有效抑制污染型企业（产业）发展，鼓励环境友好企业（产业）发展。

5. 政府定价出售初始配额集中了三种方式的缺点

初始碳排放权分配方式还有一个选项，即不是免费发放，也不是拍卖，而是由政府定价出售。这种模式类似于在征收碳税的同时实施"总量—交易"机制，但是该模式会集中前述各种模式的缺点，似乎不宜施行。

在对碳减排和经济发展的影响方面，如果政府不将定价出售初始碳排放权的收入返还给企业，该模式的影响就类似于前文表 3－1 中的"节能情景"；如果将这笔收入返还给企业，该模式的影响就类似于该表中的"低碳情景"。

不过，一般而言，因为担心给经济发展带来较大负面影响，政府设置的初始碳排放权售价往往是偏低的，在这一价格下，企业的碳排放权需求总量势必大于政府发放的初始碳排放权总量。因此，政府必须对企业购买初始碳排放权设定配额（限额），而这一配额（限额）就需要依照继承法或基线标准法来确定。这样做的结果就会集中前述各种模式的缺点。

其一，在政府不向企业返还出售初始碳排放权的收入或者政府补贴企业和初始分配之间存在时间差的情况下，这种模式会加重企业负担，进而对经济发展造成负面影响，企业也会将部分负担转嫁给消费者或下游行业。

其二，因为该模式会增加企业负担，降低企业参加碳交易的积极性。

其三，拍卖法所能够发挥的价格发现功能不复存在。政府有偿发放初始碳排放权的目的不应当仅仅是从企业处收取一笔资金和让企业感受到碳排放的社会成本，而应当着眼于发挥市场的定价功能。正是因为政府无法掌握比较全面的企业碳减排成本、碳排放需求等信息，它在制定一个合理的碳税标准方面遭遇诸多困难，这才需要开展碳排放权交易来利用市场机制定价。如果初始碳排放权出售仍然由政府来定价，市场的价格发现功能就发挥不出了，那就与开展碳排放权交易的初衷南辕北辙了。

其四，如果采用基线标准法确定企业购买初始碳排放权的配额，就会遭遇到基线标准制定非常困难的问题。

其五，采用继承法或基线标准法确定企业购买初始碳排放权的配额，都会让企业担心本期碳减排过多会造成下一交易期获得的配额缩减，从而削弱其在本期减少碳排放量的激励。

该模式唯一的优点是，企业即便获得更多的碳排放权配额，也必须出资购买，它就无从寻租，也大大减少了企业和政府耗费在寻租活动中的成本。

综合以上几点，由政府定价出售初始碳排放权的模式弊多于利，似不宜施行。当然，也有些地方在排污权交易的试点阶段，为了平稳过渡，采用这种方法进行初始分配。如浙江嘉兴的COD排污权交易试点中，规定老企业必须按政府指导价向政府购买初始配额，但最高可享受六折优惠，为了避免企业多购买配额，允许购买的额度又是以继承法确定的。这种方式用于过渡无可厚非，但长期实行则会让上述3种初始分配方式的缺点都集中显现出来。

(三) 政府返还拍卖收入可集中三种方式的优点

如果政府善于使用拍卖收入，采取适当方式返还企业(或补贴民众)，就能够集中以上3种方式的优点。

由于采用了拍卖的形式，就可以在一级市场形成价格发现的过程，促使碳排放权流向生产效率最高(单位产出碳排放量最小)的企业，优化资源配置；以更高的碳排放权获得成本迫使企业加快碳减排技术研发；避免产生“鞭打快牛”的现象；政府将拍卖收入返还企业或补贴给民众，就规避了拍卖给企业、民众带来负担和抑制经济发展的缺陷，这样就相当于实现“税收中性”(即税收总量不变，税收结构优化)；而且，在利用拍卖法本身提高企业减排和技术研发积极性之外，政府如果设置合理条件将拍卖收入补贴给企业或民众，就能激励其采取有利于节能减排的行动，即获得前文所说的“双重红利”。

当然，以拍卖法分配初始碳排放权并将拍卖收入返还给企业的做法，也有其缺点，主要在于：其一，拍卖法的运行需要一套复杂的程序，没有继承法简便。其二，拍卖收入返还或补贴规则的制定会对许多群体的利益造成较大影响，因此会引发他们的寻租活动。其三，如果大企业的生产效率高于中小企业，在拍卖过程中的出价高于后者，碳排放权就会向大企业集中，导致中小企业大面积停产；而且，在拍卖收入返还的规则制定方面，大企业可以通过对政府实施强大影响力损害中小企业和普通民众利益。

另外，虽然拍卖收入最终会返还给企业，从而促使其减少对拍卖法的抵制或接受拍卖法，但对于政府是否以及如何返还拍卖收入，企业仍然会心存疑虑，再加上政府在拍卖碳排放权和向企业发放补贴之间会有一定时间差，仍然会在短期内加重其负担并导致其采取一定抵制行动。

表 7-1 是 3 种碳排放权初始分配方式的优缺点一览，接下来笔者还将对不同分配方式下上海企业为减少碳排放承担的经济负担进行实证研究和比较分析。

表 7-1　　各种碳排放权初始分配方式的优缺点比较

	继承法	基线标准法	拍卖法且不返还拍卖收入	拍卖法但返还拍卖收入
价格发现功能	无	无	有	有
优化资源配置的作用	无	无	有	有
促进技术进步的作用	弱	弱	强	强
优化经济结构的作用	弱	强	强	强
寻租成本	无	有	无	有
“鞭打快牛”现象	有	有	无	无
增加政府收入，收获双重红利	无	无	有	有
抑制经济发展的效应	弱	弱	强	弱
给民众造成的负担	少	少	多	少
引起企业抵制	不易引起抵制	不易引起抵制	引起较强烈抵制	引起较少抵制

续 表

	继承法	基线标准法	拍卖法且不返还拍卖收入	拍卖法但返还拍卖收入
损害中小企业利益，挤压其生存空间	无	无	一定条件下会有	一定条件下会有
是否易于操作	较简便	最难	较复杂	较复杂

资料来源：笔者自制。

根据上述分析，以拍卖法分配初始配额并将拍卖收入返还企业或补贴民众，需要注意两点：其一，必须采用渐进方法，在前期更好地总结经验教训后，在发挥这种方法优点的同时规避其缺陷；其二，政府不是收取拍卖收入后再补贴企业或民众，而是预先设立一个基金，让补贴工作与拍卖同步进行。

二、不同初始碳排放权分配方式下企业碳减排负担实证分析

笔者根据纳入上海碳排放权交易机制第一阶段（“过渡期”或“试点期”）碳交易 4 个行业的能源消费数据，估算不同分配方式给企业造成的负担，并加以比较。此外，根据计算，上海的碳排放集中于少数大企业，这种情况所造成的影响也应引起碳交易体系设计者的重视。

（一）四个试点行业二氧化碳减排的起点

第一步，要对拟纳入第一阶段碳交易的 4 个行业——黑色金属冶炼及压延加工业，石油加工、炼焦及核燃料加工业，化学原料及化学制品制造业，电力、热力的生产和供应业——规模以上企业 2010 年的二氧化碳排放量进行估算。计算公式为：

二氧化碳排放量（万吨）＝煤合计（万吨）×2.687 3＋油品合计（万吨）×2.043 8＋天然气（亿立方米）×1.549 5×10 000/1 400

但是，黑色金属冶炼及压延加工业的二氧化碳排放量，还要加上 100.70

万吨外购焦炭产生的二氧化碳排放量，其中一吨焦炭燃烧会排放 3.017 吨二氧化碳。

以上各种能源的排放系数来自周冯琦主编的《上海资源环境发展报告(2010)：低碳城市》；煤合计、油品合计和天然气消费数据来自《上海能源统计年鉴 2011》。

黑色金属冶炼及压延加工业的外购焦炭消费量是本书估算的，估算方法为：

外购焦炭消费量＝宝钢集团(占本市焦炭消费的绝大多数)焦炭消费总量－该集团洗净煤投入量×上海市平均的洗精煤转化为焦炭的系数(即该集团自产焦炭消费量)

其中，该集团的焦炭消费总量、洗净煤投入量数据均来自《上海能源统计年鉴 2011》，上海市平均的洗精煤转化为焦炭的系数则根据《上海能源统计年鉴 2011》的数据计算而得。

需要说明的是，这里计算的是直接燃烧化石能源产生的二氧化碳排放量，不涉及消费电力、热力等带来的间接排放，也不包括工业生产工艺中产生的二氧化碳排放量。计算结果如表 7－2 所示。

表 7－2　第一阶段 4 个行业 2010 年二氧化碳排放量及其占全市总量比重＊

行　业	二氧化碳排放量(万吨)	占全市总量比重(%)
黑色金属冶炼及压延加工业	4 540.30	19.94
石油加工、炼焦及核燃料加工业	6 713.86	29.49
化学原料及化学制品制造业	1 364.31	5.99
电力、热力的生产和供应业	7 955.67	34.94
合计	20 574.14	90.37

资料来源：根据《上海能源统计年鉴 2011》的数据和上文提到的计算方法、排放系数计算而得。

＊ 因为本书拟建议第一步只将以上 4 个行业规模以上企业纳入碳交易体系，因此上表数据仅仅是这些行业规模以上企业的碳排放量，下文与这 4 个行业相关的数据计算也仅仅是针对规模以上企业。

第二步，需要估算以上 4 个行业在 2015 年时的二氧化碳排放总量控制目标，在计算过程中假定政府是根据继承法确定各个行业的总量控制目标，即“不进行碳排放控制时的预期二氧化碳排放量”乘上一个全市工业行业统一的减排比例。其中，“不进行碳排放控制时的预期二氧化碳排放量”是根据现状数据和预期的行业增加值增长速度算出的。

根据《上海市工业发展“十二五”规划》，2010—2015 年间，上海工业增加值年均增长率预期为 6%—7%，取其中位数 6.5%，则 2015 年上海各工业行业的增加值平均将比 2010 年增长 37%。如果不对碳排放进行控制，或者说碳排放强度保持不变，则 2015 年上海各工业行业的二氧化碳排放量平均也将比 2010 年增长 37%①。

根据《本市“十二五”能源消费总量控制及提高能效等节能降耗目标分解方案》，2015 年，本市工业的万元增加值能耗要比 2010 年下降 22%，姑且将这个数据视作市政府对各工业行业设定的在 2010—2015 年间平均的碳排放强度下降目标②。

根据以上数据，2015 年时上海各工业行业的二氧化碳排放量＝2010 年的二氧化碳排放量×(1＋37%)×(1－22%)。而“不进行碳排放控制时的预期二氧化碳排放量”和总量控制目标之间的差额，就是 2015 年时各工业行业需要承担的二氧化碳减排任务量，它等于 2010 年的二氧化碳排放量×(1＋37%)×22%。

按照这一计算方法，以上 4 个行业在 2015 年时的二氧化碳排放总量控制目标和二氧化碳减排任务量如表 7－3 所示。

表 7－3　4 个行业 2015 年二氧化碳总量控制目标及减排任务量(按继承法计算)

行　业	总量控制目标(万吨)	减排任务量(万吨)
黑色金属冶炼及压延加工业	4 851.76	1 368.45
石油加工、炼焦及核燃料加工业	7 174.43	2023.56

① 上海市工业发展“十二五”规划。
② 上海市政府发布的《本市“十二五”能源消费总量控制及提高能效等节能降耗目标分解方案》。

续　表

行　　业	总量控制目标(万吨)	减排任务量(万吨)
化学原料及化学制品制造业	1 457.90	411.20
电力、热力的生产和供应业	8 501.43	2 397.84
合计	21 985.53	6 201.05

资料来源：笔者测算。

(二) 不同分配方式下各行业碳排放权价值和减排负担测算

1. 继承法

假定按继承法分配初始碳排放权，估算 2015 年时政府分配给以上 4 个行业的二氧化碳排放权的经济价值和减排任务量所带来的经济负担。其中，在继承法下，政府分配给各行业的二氧化碳排放权数量就等于为其设定的二氧化碳总量控制目标。

将二氧化碳排放权数量乘上二氧化碳排放权的价格，就能算出这些碳排放权的价值；同样，将二氧化碳减排任务量乘上这个价格，就能算出这些减排任务所带来的经济负担；其中，二氧化碳排放权的价格应大致相当于二氧化碳的单位减排成本。根据秦少俊等人的估算，2007 年，上海火电行业的二氧化碳单位减排成本为 234.2 元/吨①。考虑通货膨胀的因素(2008—2010 年原材料、燃料、动力购进价格指数变动)②，则在 2010 年价格水平下，上海火电行业的二氧化碳单位减排成本为 261.2 元/吨，姑且将其粗略地视作全市平均的二氧化碳单位减排成本。这一数值接近于“青岛市低碳发展规划研究”课题组算出的该市二氧化碳平均减排成本 240 元/吨③，也接近于欧洲碳排放配额(EUA)处于高位时的价格 28 欧元/吨④。

① 秦少俊，张文奎，尹海涛. 上海市火电企业二氧化碳减排成本估算——基于产出距离函数方法[J]. 工程管理学报，2011，(6).

② 中国统计年鉴 2011.

③ 官华晨. 青岛未来十年减排成本 105 亿元　平均成本每吨 240 元[N]. 青岛早报，2012-3-11.

④ ICE. ICE Report on the Emissions Market[R]. New York: ICE, 2012.

按照这一计算方法，在继承法下，以上 4 个行业在 2015 年时获得的二氧化碳排放权的经济价值，以及承担减排任务带来的经济负担如表 7－4 所示。

表 7－4　　继承法下 4 个行业 2015 年碳减排权价值和减排负担

行　　业	碳排放权价值(亿元)	减排负担(亿元)
黑色金属冶炼及压延加工业	126.73	35.74
石油加工、炼焦及核燃料加工业	187.40	52.86
化学原料及化学制品制造业	38.08	10.74
电力、热力的生产和供应业	222.06	62.63
合计	574.26	161.97

资料来源：笔者测算。

接下来，需要大致估算一下上述减排负担对各行业造成的影响或冲击，笔者采用的指标是减排负担占利润总额的比例。假定各行业 2015 年时的利润总额相对于 2010 年时的增长率等于前述工业增加值的增长比例（即增长 37%），而 2010 年时的利润总额数据取自《上海统计年鉴 2011》。按照这一计算方法，在继承法下，以上 4 个行业在 2015 年时的预期利润总额，以及承担减排任务的经济负担占利润总额的比例如表 7－5 所示。

表 7－5　　继承法下 4 个行业 2015 年减排负担占利润总额比例

行　　业	利润总额(亿元)	减排负担占利润总额比例(%)
黑色金属冶炼及压延加工业	212.25	16.84
石油加工、炼焦及核燃料加工业	96.12	54.99
化学原料及化学制品制造业	246.74	4.35
电力、热力的生产和供应业	43.91	142.64
合计	599.02	27.04

资料来源：笔者测算。

由表 7－5 数据可知，碳减排给企业盈利能力带来负面影响，对化学原料及化学制品制造业而言很小，对黑色金属冶炼及压延加工业而言较小；对石油加工、炼焦及核燃料加工业的影响很大，略多于一半的利润要用于支付碳减排成本；对电力、热力的生产和供应业的影响最大，碳减排成本超过其不减碳时的预期利润，承担碳减排义务将使其由盈转亏。

2. 拍卖法下4个行业2015年时的减排负担

在拍卖法下，企业为碳减排承受的经济负担由两部分加总而成：其一是继承法下企业为碳减排承受的经济负担；其二是由继承法转为拍卖法给企业带来的经济损失，也就等于前文所述在继承法下企业所获得的（免费）碳排放权的经济价值。

按照这一计算方法，在拍卖法下（不返还拍卖收入），以上4个行业在2015年时为碳减排承受的经济负担及其占利润总额的比例如表7－6所示。

表7－6　拍卖法下4个行业2015年减排负担（不返还拍卖收入）

行　业	减排负担（亿元）	减排负担占利润总额比例（%）
黑色金属冶炼及压延加工业	162.47	76.55
石油加工、炼焦及核燃料加工业	240.25	249.95
化学原料及化学制品制造业	48.82	19.79
电力、热力的生产和供应业	284.69	648.37
合计	736.23	122.91

资料来源：笔者测算。

由表7－6数据可知，除了化学原料及化学制品制造业外，如果拍卖初始碳排放权且不返还拍卖收入，对各行业造成的冲击都很大。其中，对电力、热力的生产和供应业而言，为碳减排承受的经济负担是不减碳时预期利润总额的6.5倍；对石油加工、炼焦及核燃料加工业而言，为碳减排承受的经济负担是不减碳时预期利润总额的2.5倍。如果没有政府的补贴或扶持，这些行业都要在本市全面停产。

但是，在这种分配模式下，政府能得到一笔很大的财政收入，其数值等于前述继承法下免费分配给4个行业的碳排放权的经济价值总和574.26亿元。

3. 返还拍卖收入法

正因为如果不返还拍卖收入,以拍卖法分配初始碳排放权会给行业或企业造成严重的冲击,甚至给全市经济发展带来很大损害。因此,假使采取拍卖法进行初始分配,拍卖收入必须以某种方式返还给企业,比如补贴企业购买(碳排放权以外的)其他生产要素。从总体上而言,拍卖但是将拍卖收入返还给企业所造成的影响和按继承法进行初始分配对企业的影响是一样的。但是,以什么样的方式返还拍卖收入会产生较大的结构效应——即有些行业是获益的,生产反而有所扩张;有些行业是受损的,生产会有所萎缩甚至停产。例如,假设政府为了鼓励企业多招收员工以扩大就业,将前文提到的 574.26 亿元拍卖收入按人头分配给参与碳交易体系的企业,那么,相对而言劳动密集型的行业就会受益,相对而言资本密集型的行业就会受损。在以上假设条件下,上述 4 个行业在 2015 年时获得的补贴以及相对于继承法的净损失就如表 7-7 所示。其中,各行业从业人员数据采用《上海统计年鉴 2011》的统计数据;净损失是指由继承法转为拍卖法给企业带来的经济损失(即在继承法下企业所获得的免费碳排放权的经济价值减去政府补贴后的净值)。

表 7-7　按人头返还拍卖收入时 4 个行业 2015 年所获补贴及相对于继承法的净损失

行　业	政府补贴(亿元)	相对于继承法的净损失(亿元)
黑色金属冶炼及压延加工业	112.08	14.65
石油加工、炼焦及核燃料加工业	64.92	122.48
化学原料及化学制品制造业	339.29	−301.21
电力、热力的生产和供应业	57.98	164.08
合计	574.26	0

资料来源:笔者测算。

由表 7-7 数据可知,对于化学原料及化学制品制造业而言,由于其相对其他 3 个行业来说是劳动密集型的,它获得的政府补贴远远多于拍卖法给它带来的损失，文中假设的拍卖收入返还规则给它带来了巨大盈利。而相对而言，电力、热力的生产和供应业，石油加工、炼焦及核燃料加工业则是资本密集型的，在文中假设的拍卖收入返还规则下，它们获得的政府补贴远远不能抵偿拍卖法给它们带来的损失，由此产生较大的净损失。此外，对于黑色金属冶炼及压延加工业而言，补贴和损失基本持平。

在上文假设的返还拍卖收入规则下，有些行业即使得到了政府补贴，减排负担仍然居高不下，对其正常生产会造成严重冲击，具体情况请参见表 7－8 中上述 4 个行业在 2015 年时的净减排负担及其占利润总额的比例。其中，净减排负担是指减排负担减去政府补贴后的净值。

表 7－8　按人头返还拍卖收入时 4 个行业 2015 年净减排负担及其占利润总额比例

行　业	净减排负担（亿元）	净减排负担占利润总额比例（%）
黑色金属冶炼及压延加工业	50.39	23.74
石油加工、炼焦及核燃料加工业	175.33	182.41
化学原料及化学制品制造业	－290.47	－117.72
电力、热力的生产和供应业	226.71	516.30
合计	161.97	27.04

资料来源：笔者测算。

表 7－8 数据显示，对于电力、热力的生产和供应业，即使获得政府补贴，其净减排负担仍然高达利润总额的 5.2 倍；对于石油加工、炼焦及核燃料加工业而言，其净减排负担也高达其利润总额的 1.8 倍。在这种补贴规则下，这两个行业的生产仍然会难以为继。

正如前文所述，继承法和基线标准法都是以免费方式发放初始碳排放权，从总体上来说，这两种方法给企业造成的影响是无差异的。它们的差异主要体现在结构效应上，基线标准法相对于继承法，对于有些行业是受益的，对于有些行业是受损的，关键看基线标准如何制定。一般而言，基线标准法会偏向于那些技术较先进、减排潜力已经很小的环境友好企业，或者减排负担会给企业盈利造成重大冲击的行业，如前文提到的电力、热力的生产和供应业，石油加工、炼焦及核燃料加工业。

三、完善初始配额分配方式的建议

根据上述比较分析，以拍卖法进行初始分配能够在达到同样碳减排效果的情况下更好地发挥价格发现功能、促进资源优化配置、推动技术进步和善用拍卖收入获得“双重红利”，但是也存在一些负面影响。为了既能发挥其积极作用，又能将其负面影响控制在最低限度，笔者建议：(1) 拍卖收入以适当方式返还或补贴给企业；(2) 逐步扩大以拍卖法进行初始分配的比例；(3) 对于拍卖部分以外的初始碳排放权额度，建议采用继承法进行分配。

（一）完善碳排放权初始分配方式的基本思路

根据上述比较分析总结出的拍卖法优缺点，为降低对中小企业的负面影响，减少企业的疑虑和抵制，并给企业更多适应时间，笔者建议：(1) 采取分步走策略，拍卖比例逐步扩大；(2) 建议政府有关部门不要等拍卖收入全部到位后再向企业发放补贴，而是与拍卖同步进行，补贴总额等于预期的(而不是最终实得的)拍卖收入；(3) 建议政府有关部门在制定拍卖收入返还企业(用于补贴企业)的规则时，借助公开听证等手段，做到更加透明，以保护处于弱势的中小企业利益。

对于拍卖部分以外的初始碳排放权额度，建议采用继承法分配。相对于基线标准法，继承法的缺点主要在于不利于结构优化(对污染型企业有利，对环境友好企业不利)，但是，它具有两大优点：其一，便于操作；其二，不会在基线标准制定过程中引发大量寻租活动，耗费大量寻租成本。

第一，从“十三五”期间的“执行期”开始，在既有企业初始碳排放权分配中逐步扩大拍卖的比例。笔者建议：2016—2020 年 5%—10%采用拍卖法分配，其余采用继承法分配；在“十四五”期间第二个“执行期”的初始碳排放权分配中，建议30%—50%采用拍卖法分配，其余采用继承法分配，其后拍卖比例再逐步扩大。

这种分阶段扩大拍卖比重的方法与欧盟碳排放权交易体系的做法相似。欧盟碳排放权交易体系的第一阶段，初始分配中的拍卖比例控制在5%以内，第二阶段控制在10%以内，但自2013年开始的第三阶段，至少50%的初始碳排放权将以拍卖方式分配①。

需要强调的是，“十三五”及其之后按照继承法分配的那部分分配额只能根据企业在2012年之前的碳排放数据来确定。如果根据企业在上一交易期的碳排放数据来确定，就会出现“鞭打快牛”的效应，企业就会担心在本交易期内的碳排放量越少，下一交易期能够免费分配到的配额就越少，因此削弱其减排激励。

第二，对于参与交易体系的企业，建议市政府有关部门专门设立一个基金，基金的额度大致相当于（预期的）初始碳排放权拍卖收入，用这一基金补贴企业的用工成本或技术研发成本，以鼓励其扩大就业或开发新技术。而且，补贴工作应当与拍卖同步进行。

（二）对于初始分配具体程序的建议

对于以继承法和拍卖法分配初始碳排放权的具体程序，本书在吸收欧盟（EU ETS）和美国（RGGI）等既有交易体系经验的基础上，笔者提出以下两点建议：

1. 以拍卖法进行初始分配的具体程序

以拍卖法进行初始分配，需要注意以下几个关键环节：

第一步，确定拍卖的时间节点。每个履约期组织4次拍卖，每个履约期最后一次拍卖应当不晚于履约期的结束日。使企业可以根据自己本年度的碳排放情况及时到市场上购买所需碳排放权，包括到拍卖场所竞购，而

① 之茁. 欧盟排放交易体系未来政策[N]. 中国财经报，2011-9-27.

每个履约期的第一次拍卖应当不早于履约期的开始日，同时避开重大节假日。

第二步，确定每次拍卖的碳排放权数量。用以下公式确定每次拍卖的碳排放权数量：

每次拍卖的碳排放权数量＝交易体系内既有企业第三个履约期结束时(试点第一阶段)的二氧化碳排放总量×(1－政府设定的交易体系内既有企业排放总量相对于试点第一阶段结束时削减比例)×初始碳排放权的拍卖比例÷4

其中，试点企业第三个履约期结束时的二氧化碳排放总量×(1－政府设定的交易体系内既有企业排放总量相对于第三个履约期的削减比例)，就等于政府为这些企业设定的当年度总量控制目标。

第三步，竞买者资格审查。企业在参与拍卖之前需要提交若干申请材料，其中应包括对竞买者资格进行审查的内容。纳入交易体系的碳排放企业经过严格的资格审查后将被准许参与竞买，具有以下几种情形之一的企业将被禁止参与竞买：(1) 在拍卖日期之前的5年内，企业曾有高级管理人员因为其职务行为而被判决触犯刑法。(2) 在拍卖日期之前的5年内，企业曾经在货物交易或金融交易(如证券、期货交易)中因为违法或违规而遭受处罚。(3) 在拍卖日期之前的5年内，企业曾经有某项执照或许可证因为违法或违规而被吊销或被中止。(4) 在拍卖日期之前的5年内，企业曾经因违法或违规被禁止参加某些公共拍卖或公共招投标活动。

需要特别强调的是，除了为新进入企业预留的那部分初始碳排放权以外，面向交易体系内既有企业的碳排放权拍卖，新进入企业不得参与竞买。

从第二步开始，可以允许其他主体以金融机构为中介参与上海的碳排放权拍卖，这些金融机构必须符合如下条件：

其一，是上海期货交易所的会员。之所以建议上海碳排放权拍卖的金融机构竞买资格与上海期货交易所会员资格相挂钩，是出于两方面考虑：一是为了节省管理成本，上海的相关部门就不需要再为此类金融机构另外设立一套竞买资质认定体系；二是为了跟远期的上海碳排放权衍生品交易试点衔接，本书建议未来的衍生品交易场所设定在上海期货交易所为宜。

其二，没有上述四种被禁止参与竞买的情形中的任何一种。

第四步，设定限购额度。在单次拍卖中，单个企业竞买的最高限额为该次拍卖所投放的碳排放权数量的1/4。

第五步，竞价和确定成交价。拍卖的竞价方式为(一级)密封竞价，竞买者向拍卖方或拍卖机构递交的申请材料中包括密封的报价和竞买的碳排放权数量。各竞买者获得碳排放权的优先序为价高者先得，直到该次拍卖投放的碳排放权售完为止。最终确定的成交价是一个统一的出清价，它等于按照前述优先序入围的最后一个竞买者的报价①。

第六步，将企业竞拍而得的碳排放权注入其电子账户。最后，由碳配额管理部门完成碳排放权的交割程序，具体体现为将企业竞拍而得的碳排放权注入其电子账户，并对其碳排放许可证作出相应变更。

2. 关停企业的碳排放权宜在二级市场有偿转让

不管关停企业的初始碳排放权是通过何种方式获得，其剩余未用的碳排放权都适宜在二级市场有偿转让。

如果关停企业的碳排放权是通过有偿方式(如拍卖)发放的，其剩余碳排放权自然不能由政府无偿收回；如果由政府收回，收回后也不能无偿分配给其他企业，而必须采取有偿分配方式。这种碳排放权从关停企业到其他企业的有偿转移过程，与其由政府转手，还不如由企业直接到二级市场上出售。这不但可以简化行政程序、减少因政府过度干预造成的扭曲，还有利于活跃二级市场。在这一有偿转移过程中，政府的作用应当仅限于在二级市场不够活跃时撮合供需双方。

如果关停企业的碳排放权是通过免费方式发放的，虽然政府有理由无偿

① 笔者建议的拍卖程序参考了美国RGGI的做法，参见其网站http://www.rggi.org/

收回其剩余碳排放权，但是允许其将剩余碳排放权拿到二级市场出售，则更有利于促进劣势企业退出。如果停产后剩余碳排放权要无偿收回，就会给企业造成错误的激励，一些本应停产的企业会选择宁可苦撑也不停产，而这对整个社会淘汰落后生产力是不利的。而且，如果政府规定无偿收回它们的剩余碳排放权，这条规定的可执行性也是较差的，企业完全可以撑到将所有或大部分剩余碳排放权在二级市场上出手后再宣布停产。反之，如果允许关停企业在二级市场上出售剩余碳排放权，就等于补贴企业一笔资金，用于补偿其设备沉没成本和人员遣散成本，鼓励劣势企业早退出、落后生产力早淘汰。

第二节 增量碳排放权分配方式比较及完善

初始碳排放权分配方式关注的是现有企业以何种方式获得碳排放配额，而增量碳排放权的分配方式是在初始排放权已经确定的情况下，新建企业或者新上项目如何获得碳排放权，其核心问题是公平和效率，即交易方式是否能够维护新建企业与原有企业之间的公平，是否能够提高企业的碳减排效率和效益。增量碳排放权的交易方式不仅会对企业自身的发展产生影响，更关系着城市的招商引资与产业转型升级。

一、增量碳排放权交易方式的理论分析

世界上已有的碳排放权交易体系中针对新增排放权主要有基线标准法和拍卖法，而借鉴排污权交易体系，统一向政府购买也是一种值得考虑的方法。各种方法各有各的优势与不足。

（一）增量碳排放权交易分配的主要方式

新建项目或新设企业可以从政府获取碳排放配额，也可以从市场上购买

碳排放配额。从市场上获取碳排放配额的缺点是原有企业一旦形成联盟，将阻碍新企业的进入，但这种方法会受到原有企业的欢迎，而从政府获取增量碳排放权交易方式有基线标准法、拍卖法、混合交易方式与统一购买。其中，基线标准法是新建或新上项目在满足一系列严格的标准（一般由政府制定）后，可以从政府免费获得一定数量的碳排放配额。拍卖法则是企业从政府手中通过拍卖的方式获取碳排放配额。混合方式则是前面提到的这两种方式的结合。基线标准法和拍卖法各有利弊。其中拍卖法无疑将提高企业的碳减排效率，却提高了新企业的初始成本，特别是那些拥有高新技术的高端企业，甚至会降低企业外部竞争力；基线标准法的难点在于基线标准的确定，虽然有利于高新技术企业的进入，但也容易滋生寻租的空间。混合方式将两种方式结合，平衡了优缺点，但是如何确定各方式配额的比例仍是不得不面对的问题。不论采用哪一种交易方式，政府都需要为新建企业或新上项目保留一定的碳排放配额。

表 7－9　　基线标准法与拍卖方式的优缺点

方　法	优　点	缺　点
基线标准法	对新企业给予公平的发展环境，降低企业生产成本；提高节能减排技术、可再生能源的应用	标准制定困难，由于每个行业特点不同，因此标准多样化；存在较大的寻租空间；受政府规划影响较大；可能造成企业减排积极性不高
拍卖法	提高碳减排的效率；重视市场作用；提高企业减排的积极性，激励企业创新，提高能源效率；现有企业容易接受	增加新企业的成本，降低其竞争性；覆盖产业吸引投资能力降低
混合方式	结合了两种的优点	混合比例确定是难题
向政府统一购买	方便操作，可以解决拍卖方式中的串标等	除了拍卖方式的缺点外，市场作用不明显

资料来源：笔者自制。

继承法容易出现的问题是对已采用减排措施的企业不公平，奖励那些未采取减排措施的企业,惩罚那些本该受到奖励,提前采取减排措施的企业。基线法是改进型的无偿分配方式,其隐含了一个基本的公平理念,即两个除了排放水平不同,其他各方面都很相似的设施将会被平等对待,一个排放量相对较高的设施不会比另一个排放水平较低的设施获得更多的排放许可。但是,由于行业、产品、生产工艺的不同都可能导致采用的排放率标准不同。因此基准式分配方法实施(尤其是应用于涵盖多个行业的排放交易体系时)的高度复杂性大大降低了其可行性,并大幅提高了交易成本。另外,基准的选择在一定程度上,可以等同于强制的技术标准,这样容易导致技术选择余地减少,减排成本偏高以及技术路径的单一和方向错误①。

增量碳排放权另一种分配方式是向政府购买。在这种方式下,新增企业既不需要满足基线标准,也不需要通过拍卖的方式向政府购买。其核心是新企业必须有偿向政府购买配额,且购买价格已确定。在我国嘉兴实施的排污权交易体系中,就是运用了这一方式向分配增量排污权。其优点是方便操作,可以解决拍卖方式中的串标等;缺点是除了拍卖方式的缺点外,市场作用不明显。

(二) 不同增量碳排放权交易分配方式的影响

与初始碳排放权分配不同,增量碳排放权分配方式对竞争力产生很大影响:一是分配方式是否影响地方的招商引资,从而影响城市的竞争力;二是分配方式是否使得新企业在与现有企业竞争中处于不利地位,进而影响新企业的发展。特别是在国际市场的背景下,企业的竞争力是否得到削弱。从实证的角度来讲,判断增量碳排放权的交易方式对企业发展乃至地方招商引资产生影响程度,主要是研究新企业所需的排放配额价值与其他成本与收入之间的比重关系。如果排放配额价值占企业成本及收入的比重较小,则其对竞争力的影响也较小;反之亦然。

---

① 王毅刚.碳排放交易制度的中国道路[M].北京:经济管理出版社,2011.

1. 增量碳排放权分配方式对城市招商引资的影响

理论界存在一种假说，增量碳排放权分配方式一定会对投资决策和竞争力产生影响。但是，欧盟委员会认为是配额的价格而不是分配方式，促使资金投向碳效率高的技术，并改变着企业的行为(Zapfel，2005)。基于这个观点，分配方式着力点是补偿企业的沉没成本，而不是促进技术变革或增强产业竞争力的工具。这个观点假设分配方式不会影响企业的可变成本，因此分配方式对竞争力没有什么影响。但是，这个逻辑推理仅在分配方式不会影响投资人的选择的情况下才会成立。但现实中，这是不存在的①。因此，分配方式对企业的投资决策具有巨大的影响。

分配方式对城市招商引资的影响主要反映在企业的投资决策上，而影响企业投资决策的最关键因素是利润，因而本文构建标准的利润模型来分析配额的分配方式对企业投资决策的影响②。

假设竞争市场条件是企业作为排放权与产品市场的价格接受者，而企业的利润最大化指高收入低成本(包括可变成本、排放成本与资本回收因素)。短期影响与长期影响的区别在于股本是否固定，这说明了资本回收因素被纳入到长期影响中。

第一，短期利润最大化模型。假定企业生产产品的市场价格只要大于边际成本，企业会一直生产产品。短期利润最大化模型中假设产品价格唯一，且配额的价格与产量无关。

$$\pi = pq - C[q, r] - v(rq - a) \tag{1}$$

其中，π 指短期利润；p 指产品价格；q 指产量；$C[\ldots]$指短期成本函数；r 指单位产品的碳排放量；v 指配额价格；a 指企业免费获得的配额。在这个公式中，$C[q, r]$表示企业短期成本只与产品产量和单位产品的碳排放率有关，说明与

① Markus Ahman and Kristina Holmgren. New Entrant Allocation in the Nordic Energy Sectors: Incentives and options in the EU ETS[R]. 2007. www. ivl. se.

② Cmeron Hepburn, Michael Grubb, Karsten Neuhoff, ect. Auctioning of EU ETS phase Ⅱ allowance: how and why? [J]. Climate Policy 2006. pp. 137 - 160.

减排决定相关的主要是单位产品的排放率，而不是与产量相关的排放总量，这也反映了企业更多关注的是单位产品的碳排放率，即把成本控制放到使用哪种低碳技术或者工艺才能降低企业的单位产品碳排放率。

从公式(1)可以看出，如果采取拍卖的方式，企业不能免费获得配额，即 $a=0$。而采取基线标准法分配给新进入企业配额，可以抵消一部分减排成本。在短期内，影响企业利润的因素相对固定，如 p、r、v、q 的值基本不变，而 a 的变化对企业的利润影响巨大。因此，采用基线标准法比拍卖方式更能增加企业的利润。

短期成本函数的应用条件：

$$\frac{\partial C}{\partial q}>0,\ \frac{\partial^2 C}{\partial q^2}>0,\ \frac{\partial C}{\partial r}>0,\ \frac{\partial^2 C}{\partial r^2}>0$$

分别对 q 与 r 求偏导数：

$$p=\frac{\partial C}{\partial q}+vr \text{ 与 } v=-\frac{\frac{\partial C}{\partial r}}{q} \tag{2}$$

从公式(2)可以看出，无论选择哪种分配方式，都不会影响产品价格与配额的价格。这也说明，在完全竞争条件下，配额分配方式对产品市场的影响可以忽略。同样，也可以看出单位产品的碳排放成本是影响企业产量的因素。这也是企业确定投资规模的因素之一。如果新企业的单位产品的碳排放成本低，那么投资规模越大，其利润也越高。

第二，长期利润最大化模型。长期利润最大化模型与假设条件与短期利润最大化相同。不同的是长期利润模型将初始成本支出与资本回报率也考虑进来。

$$\Pi=\hat{p}q-C[q,\ r]-\hat{v}(rq-a)-\delta z[r]K^*[q] \tag{3}$$

其中，Π 指投资决策时期望的长期利润；产品价格与配额价格同样为期望价格；δ 指考虑折旧和利息成本的资本回报率；$z[\ldots]$ 表示单位产量的初始投资成本；$K^*[\ldots]$指最优产量。

最优产量函数与单位产量的初始投资成本函数的应用条件为：

$$\frac{\partial K}{\partial q} > 0 \quad \text{and} \quad \frac{\partial z}{\partial r} < 0$$

分别对 q 与 r 求偏导数：

$$\hat{p} = \frac{\partial C}{\partial q} + vr + \delta z \frac{\partial K}{\partial q} \quad \text{and} \quad \hat{v} = \frac{1}{q}\left(-\frac{\partial C}{\partial r} - \delta K \frac{\partial z}{\partial r}\right) \tag{4}$$

从公式(3)可以看出，影响企业长期利润的因素数量增加。配额的分配方式对企业长期利润的影响效果减弱，当然基线标准法能够为企业增加一部分利润，而拍卖方式会减少企业的利润。但是，长期而言，分配方式对企业投资决策的影响不大。从公式(4)可以看出，产品的期望价格为短期内产品价格与初始投资成本之和。配额价格类似。

因此，拍卖方式对企业的影响随着时间的推移逐渐减少，碳泄漏的风险也在降低。而企业可以通过其他渠道减少拍卖方式对其造成的影响。

第三，影响企业投资决策的其他因素。环境因素是影响企业投资决策的因素之一，但不是全部。钢铁作为能耗与碳排放大户，在受到碳排放交易体系的影响非常大。欧盟企业与工业总司分析了影响欧盟钢铁部门竞争力的因素，认为除了环境规制(包括 EU - ETS 与 IPPC 等)以外，劳动市场、知识产权、工业标准、客户、管理水平、关税等都是影响企业竞争力的重要因素。但是，这些因素中，环境规制对企业竞争力的影响程度相对较高①。

因此，在面对排放高的行业时，基线标准法比拍卖法更有利于企业竞争力的提高。总之，从短期利润与长期利润最大化模型来看，采用拍卖方式势必会增加企业的成本支出减少企业利润，容易造成碳泄漏。因此，采用基线标准法可以补偿企业额外的环境成本，增加企业利润。

---

① Ulrich Oberndorfer and Klaus Rennings. Costs and Competitiveness Effects of the European Union Emissions Trading Scheme.

2. 是否对新企业造成竞争歧视

新企业采用哪种分配方式获得配额以及分配方式多大程度上影响着企业的行为和决策一直是争论的焦点(Ahman and Holmgren,2006)。其核心问题是新企业是否应该免费获得配额;免费配额在多大程度上影响着新企业的决策。一些人认为,新企业有偿使用配额,将歧视新企业,阻碍其发展;而反对者认为现有企业免费获得配额主要出于补偿它们的沉没成本,新企业不必支出这些沉没成本,因此新企业不应该免费获得配额。

主要有两个论点来佐证新企业免费获得配额的合理性,一是资本市场对企业为遵守会计制度(如债务、流动性、现金流乃至由输入要素引起的价格波动,如排放配额)而需新资金具有价格歧视。如果企业资金紧张,资金成本随着所需资本的量变化,免费配额将减少企业对资金的需求,这种需求越低越能减少新企业的成本,进而增强新企业的经济竞争力①。二是由于新企业获得配额的时间间隔与现有碳交易体系不同阶段的时间不一定匹配,而碳交易不同阶段的初始分配方式不同,新进企业在跨期的配额分配方法和时限等尚不确定,因此新企业可能长期面临碳配额成本的压力。

前述公式(1)说明了,在短期内,新企业在拍卖方式下,利润小于现有企业,其竞争力势必会弱于现有企业。而公式(3)说明了,如果企业选择低碳技术或工艺,其竞争力将不会超过现有企业。而现有企业由于碳锁定因素的影响,其竞争力会越来越低。

因此,如果采用拍卖的方式,新企业需要负担更多的排放成本,在产品价格不变的情况下,老企业获得的利润要高于新企业。如果新企业想获取同样的利润必须增大相应规模的产量,或者采用低排放技术。

3. 增量碳排放权分配方式是否有利于产业转型

增量碳排放权的分配方式关注的另一个核心是其对城市产业结构升级所

① Markus Ahman and Kristina Holmgren. New Entrant Allocation in the Nordic Energy Sectors: Incentives and options in the EU ETS[R]. 2007. www. ivl. se.

造成的影响。以传统高能耗产业为例，如果采用基线标准法分配增量排放权，新企业必须满足基线标准，而采用拍卖方式，其对企业是否满足一定标准没有规定，但是企业为了盈利，必须选择工艺先进、耗能少的低碳技术。因此，两种方式都有利于城市产业结构转型。

不同的是，基线标准的促进产业升级的效果依赖于基线标准的限定，存在较大的不确定性。而拍卖方式更加注重以市场机制来促进城市产业结构转型，有利于形成更具活力的激励机制。

二、国外增量碳排放权交易方式的比较

目前，世界上对增量碳排放权交易方式主要是单一实施基线标准法或拍卖法，还没有应用混合的方式的案例。本节主要是剖析各交易方式在案例中的实施效果与不足，以对上海增量碳排放权交易方式的确定提供借鉴。

(一) 欧盟碳排放交易体系(EU ETS)

出于公平(原有企业及新企业之间公平环境)与保持成员国对投资的吸引力的考虑，EU ETS中设计了一个新进入者预留机制(New Entrant Reserves)，对新进入者免费提供配额，具有政治优先特性，一般来讲，每个成员国会对新进入者(第一阶段与第二阶段)预留3%免费配额，第三阶段将设置5%。由于各成员国情况不同，对预留配额标准确定存在弹性，如不同国家的预留配额存在不同，即使同一国家不同阶段的预留多少配额也存在差异。如第一阶段，波兰为新进入者仅预留了0.4%的配额，而马耳他则预留了26%的配额；第二阶段，波兰预留配额的份额提高到了3.2%。

新进入者预留机制的设定，为欧盟成员国配额计划(National Allocation Plans，NAPs)增加了复杂性，并影响着EU ETS所涵盖产业的投资决策。在NAPs中，需要制定预留多少的计划，当预留量供大于求或者供不应求时如何处理以及哪种情景下免除配额等。先来先得，并不提供追加配额(first-come first server with no replenishment)是新进入者预留机制的常见方法。因此，对于大部分国家来说，预留配额被分配完的情况可能出现，在这种情况下，那些迟到的新进者不得不去市场上购买排放配额，然而意大利和德国政府都表示政府会在市场上购买排放配额并免费提供给新进入者。

各成员国采用基线标准法(Benchmarking)来为新企业分发配额。但是，各成员国之间的基线标准又不尽相同。这个基线一般是用最佳实践或最佳可用技术的排放标准乘以预期产量或新增产能来确定的。但是，精确定义这一标准存在一些困难，因为使用燃料或选择的技术不同，其基准也就不一样，电力部门尤为突出。因此，各成员国允许给新进者分配的配额数量差别也很大。举例说明，英国、丹麦、意大利对所有燃料采用一个基准，但绝大多数国家(特别是德国和意大利)都是对不同燃料采用不同基准，瑞典还要求限制新投资进入工业和集中供热设施，并限制化石燃料的新生产能力。西班牙对部分工业采取的以行业平均单位产能排放率作为标准的分配方法，意大利和波兰允许部分行业自行选择是基于近期排放量还是预计排放量或基准来给各企业分配配额，以及对丹麦发电行业应用的 560 克 CO_2/kWh 的基准排放率。

在对待预留配额出现剩余情况的处理上，欧盟各成员国的做法也不尽相同：有 16 个成员国选择将剩余的 EUA 在市场上拍卖，还有 6 个国家(其中包括德国、法国与西班牙)有接近预留配额总数的 22%的剩余，这些 EUA 被统一废除。

德国提倡一种转让规则，允许停业设施将其拥有的排放配额转移给新进入者。但是，这些转让规则在定义多少配额可以被转让方面非常繁琐，例如要搞清楚停业实施和新进设施的所有权，老设施关闭和新设施开工的时间间隔等。但是，其中包括一条通行规则，即转让涉及的停业设施和新开工设施要位于同一成员国，这是因为德国有很多工厂迁到东欧的案例，这种转让规则可以为维持本地生产设施提供一些激励。

EU ETS 中，大多数成员国无疑补贴着现有企业通过退出机制，即企业如关闭其所获得的配额将会被收回，因此，现有企业不仅需要关心其产品成本与市场价格，也将如果企业关闭所失去的配额的价值考虑在决策中，以使其利益最大化。因此，这也使得新企业处在不利的地位。如果企业失去的配额的价值等于免费分配给新企业的配额的价值，其产生影响将消失。

2013年1月，EU ETS第三阶段方案开始实施。新进入者仍能从新进入者预留机制中免费获得排放配额。但是，电力生产部门的新进入者不能免费获得排放配额，必须通过拍卖的形式获取。新进入者预留机制中仍然占总配额的5%。同时，EU ETS法令对新进入者也做了修订，新进入者是指：(1) 在2011年6月30日之后，首次获得温室气体排放许可的设施；(2) EU ETS范围内，由EU ETS委员会批准的涉及新活动和新温室气体的装置；(3) 2011年6月30日之后，那些经历“显著扩张”①(Significant Extensions)的装置。

EU ETS的拍卖规则：在2009/29/EC法令对2003/87/EC法令的修改内容中，重要的一项是拍卖将作为配额分配的基本手段，拍卖具有操作简单且最具经济性的特性。一个有效率的ETS以最低的成本实现减排目标依赖于清晰的碳价格信号，而拍卖方式将支撑和增强碳价格信号。有必要建立一通用的拍卖基础设施(如通用拍卖平台)来指导拍卖，以最好地完成2003/87/EC设定的总体目标。而且，通用拍卖平台来指导拍卖的方式将会增强碳价格信号，为决策者以最低成本完成减排目标做出必要支持。同时，通用拍卖平台可以利用原有的多样性的拍卖平台，来减轻行政负担；通用拍卖平台能够提供透明与非歧视的特点；通用拍卖平台特别对中小企业和小的排放者提供公平的进入环境；通用拍卖平台可以更加便利地使更广泛的参与者进入，最大限度降低那些不怀好意(如洗钱、恐怖主义融资等)参与者带来的风险。

——拍卖产品：配额以标准化电子合约的形式在拍卖平台上进行现货拍卖。被拍卖的产品不能在同一平台交易。这些被拍卖产品需要在拍卖后5个交易日内交付。

——拍卖格式：拍卖格式是单轮，密封投标，统一价格拍卖。在投标窗口

---

① 显著扩张指的是新增设施超过现存设施生产能力至少10%。

期内，投标者可以投任意数量的标，每一个标写明希望在某一指定价格下所购买的配额数量。投标窗口至少敞开 2 小时以上。投标窗口关闭后，拍卖平台决定和发布结算价格（即配额需求和供给的均衡价格）。那些投标价格高于或等于结算价格的投标者获得配额，无论中标者所出的价格是否高于结算价格，都按照结算价格进行结算。

——拍卖平台：拍卖平台主要有两个，一是位于莱比锡的欧洲能源交易所（European Energy Exchange，EEX），是最主要的拍卖平台；另一个是位于伦敦的 ICE 期货欧洲（ICE Futures Europe，ICE），主要负责英国的配额拍卖。虽然拍卖规则为成员国提供了通用的拍卖平台，但成员国可以选择退出这些拍卖平台，选择自己的拍卖平台。

——拍卖参与者：包括 ETS 所涵盖的企业法人、行业协会、公共团体、金融机构与个人。投标者可以通过互联网、专用连接等。

——拍卖频率：拍卖平台自行决定拍卖的时间和频率，如 EEX 每周一、二与四进行配额拍卖。

（二）美国区域温室气体行动概况

美国区域温室气体行动（Regional Greenhouse Gas Initiative，RGGI）是美国第一个强制性、市场驱动的二氧化碳总量控制与交易体系，也是全世界第一个拍卖几乎全部配额，而不是通过免费发放的形式运作的碳排放交易体系。RGGI 由 RGGI 覆盖的州的各自单独的二氧化碳预算交易体系组成。这些单独的体系均以 RGGI 的规则模型为共同基础，由各州自行制定管制条例进行管理，并由“碳配额互惠”（CO_2 Allowance Reciprocity）规则相互联结。通过该规则，被管制的电厂可以用 RGGI 范围内任意一州签发的配额履行自己的减排义务。

该项目是针对发电部门的区域性 CO_2 总量控制与排放交易计划，于 2009 年 1 月 1 日实施。该计划的目标是到 2018 年，发电部门的碳排放量减少目前水平的 10%。这个计划主要针对的部门有发电部门、火力发电机组容量超过

25 MW 的、225 个发电厂的 500—600 座机组。RGGI 的实施阶段有两个阶段：第一阶段(2009—2014 年)将 CO_2 排放量稳定到现在的水平上；第二阶段(2015—2018 年)比现在 CO_2 排放水平降低 10%，即每年降低 2.5%。

CO_2 排放配额的分配，它是该项计划的核心内容之一。首先是各州之间的分配。各州之间的配额分配是基于历史 CO_2 排放量，并根据用电量、人口、预测的新的排放源等因素进行调整；其次是发电厂之间的分配，发电厂之间的分配一般由各州单独进行，但是各州必须将 25%的配额用于公益事业，有的州甚至将 100%的配额进行拍卖。

值得一提的是所有的 CO_2 排放配额均是通过每 3 个月一次的区域拍卖来发放。同样新增排放源企业通过拍卖的方式获得。

RGGI 的拍卖方式为：

——首次拍卖已于 2008 年 9 月 29 日举行，以后每个季度举行一次，每次拍卖单位为 1 000 个配额，即 1 000 短吨二氧化碳。初期拍卖以单轮、统一价格和暗标拍卖的方式进行。后期在维持统一的拍卖方式的前提下，可以转为使用多轮、价格上升的拍卖方式。

——配额将根据各自分配年的不同制定生效日期。在每一个履约期内使用的配额，将由各州在该履约期内进行拍卖。对于在将来生效的配额，最后可以将该分配年内可分配的配额的 50%提前拍卖。将来生效的配额最多可提前 4 年进行拍卖。

——初始拍卖设定底价，为 1.86 美元/配额。以后每次拍卖的底价将高于 1.86 美元配额，具体数值从 2009 年开始根据消费者价格指数进行调整，或取 RGGI 配额现在市场价的 80%。

——任何没有拍卖成功的配额将会结转入下次拍卖，以下次拍卖时的市场价格计算底价。至第一个履约期结束，RGGI 将根据对这一阶段运行情况的评估来决定是注销第一履约期内未拍卖成功的配额，还是结转至第二履约期内继续拍卖。

——RGGI 将在每次拍卖前至少 45 天公开拍卖的相关信息。经过拍卖后的配额在二级市场上的价格一直比较高。

(三) 东京都总量控制与交易体系

东京都总量控制与交易体系于 2010 年 4 月启动。它是全球第三个总量控制与交易体系,居于欧盟 EU ETS 和美国 RGGI 之后。但它是全球第一个为商业行为设定减排目标的总量控制与交易体系,也是亚洲第一个强制性总量控制与交易体系,更是全球第一个以城市为覆盖范围的碳排放交易体系。

该体系覆盖工业和商业机构,年耗能大于 1 500 千公升标准油的机构,约 1 400 家。东京都政府设定了第一个履约期(2010—2014 年)的目标,即在基准年的基础上减排 6%—8%。第二个履约期(2015—2019 年)的目标是在基准年的基础上减排 17%。5 年的履约期长于欧盟排放交易体系的 1 年和 RGGI 的 3 年履约期,主要是为了便于建筑物或设施进行节能设备的改造和投资。

东京政府在确定排放总量的基础上,现有被纳入这个计划内的企业可以通过继承(Grandfathering)的方式免费获得,同时为未来新进入该计划的机构保留一定的配额。配额分配的数量等于基准年排放值乘以履约因子再乘以 5 年。其中,基准年的排放值以前 3 年实际排放的平均值确定;履约因子则由东京都政府的管制规则制定。

新进入者是指 2010 年之后开始运营的设施,并满足每年 1 500 千公升的石油当量的消费量。这些新进入的企业,依旧通过继承的方式从保留的配额中免费获取。但是新进入企业想要获得这些配额必须遵守东京政府出台的各项节能政策(包括 2008 年出台的 Tokyo Metropolitan Environmental Security Ordinance 等),而这项节能政策早于 Cap and Trade 计划实施 2—3 年以上。新进入者基准年排放值在东京都政府规定的节能措施执行后 2—3 年的实际排放值的平均值基础上确定。

同样,存在一个退出机制,当机构连续 3 年的能耗总量小于 1 500 千公升石油当量时,可以退出该计划。

(四) 案例小结

在 EU ETS 出现之前，排放权交易体系中对于增量排放权的分配方式是通过向市场购买的方式获取，如美国 SO_2、NOx 排放权交易体系。EU ETS 采用的基线标准法分配增量碳排放权主要是出于公平的目的，以维护各成员国之间的竞争力。而不同成员国之间的基线标准不同，更加剧了碳泄漏的发生，即高耗能企业由基线标准高的成员国向标准低的成员国迁移。而 RGGI 采用拍卖方式的原因之一在于其针对的是不可迁移的电厂，同时美国在 SO_2 排污权交易体系中的增量排放权的分配经验也有利于其采用拍卖方式。东京都的总量控制与交易体系为我们提供了涵盖商业结构的交易体系的应用经验。新增机构免费获得碳排放权的理由在于采取这种方式能够公平对待新增企业，且更加容易推广该体系，其目的在于节能减排，而不是发展与碳相关的金融等产品。

三、增量碳排放权分配方式的完善建议

根据上面的理论分析与案例解释，设定 4 种增量碳排放权分配方式的选择。

(一) 采用拍卖的方式

采用拍卖方式来分配增量碳排放权能够提高城市新入产业的门槛，减轻制定基线标准的麻烦。但是在上海产业结构转型中，使上海的招商引资面临着不利局面。一方面，随着区域经济的发展，上海在传统的城市核心优势势必会减少，如采取拍卖方式将可能发生碳泄漏等现象；另一方面，拍卖方式会使得那些具有广阔发展前景但资金相对困难的新兴产业面临更大的成本压力，进而会使得上海在这些企业面前失去吸引力。

在拍卖的方式下，需要设立一个拍卖机构来发放配额。具体流程是，新(扩)建企业向配额管理机构申请排放许可，配额管理机构根据企业实际情况

发放排放许可证，赋予企业购买配额的资格。然后，新（扩）建企业通过由配额管理机构委托的拍卖机构以拍卖的方式获得碳排放配额（见图 7－1）。

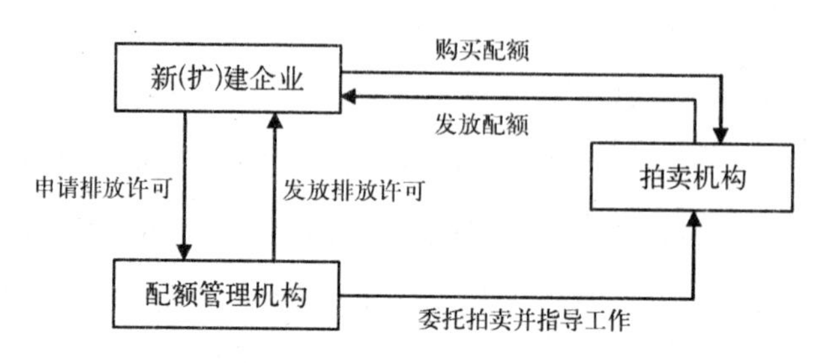

图 7－1 拍卖方式下的工作流程

资料来源：笔者自制。

（二）先基线标准再拍卖方式

从 EU ETS 的实施经验看，基线标准的分配方式从公平的角度鼓励新企业的进入。而随着 EU ETS 的推进，初始排放权分配方式逐渐由免费继承向以拍卖为主过渡。因此，未来增量碳排放权分配将会是以拍卖为主。因此，上海的增量碳排放权的分配方式应选择先以基线标准，等实施到一定阶段，再以拍卖方式为主。

上海城市产业发展具有一定的阶段性，而阶段性不同的分配方式可以发挥两者的优势。尽量做到效率与公平兼顾。

在这种情景下，基线标准方式与拍卖方式将会并存。区别在于，前期是通过基线标准方式发放的配额比例高，后期是通过拍卖方式发放的比例高。具体工作流程见图 7－2。

（三）采用新增企业统一向政府购买碳排放配额

在中国实施的排污权交易体系中，新增排污必须有偿地向政府购买排污权。在这种情形下，政府会建立一个独立的核算机构如排污权储备交易中心来实施对排污权的分配。对于增量的排污权主要是通过预留机制、回购机制（回购那些破产、关闭等企业的排污权）来确定。该交易体系也是建立在总量

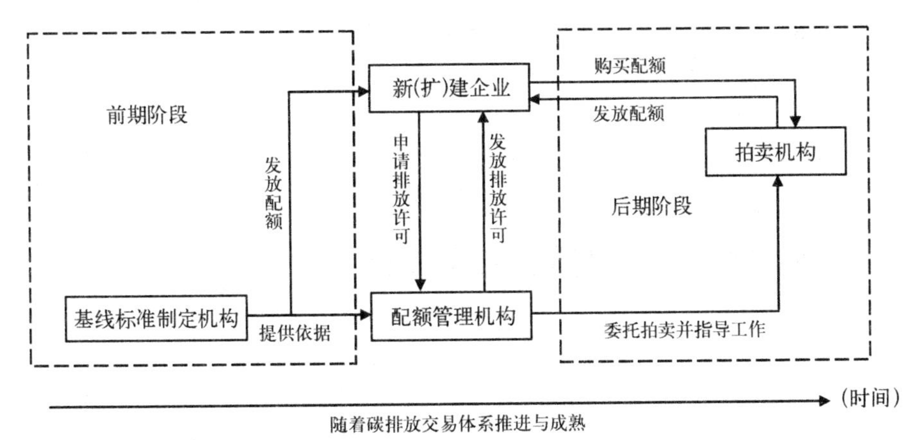

图 7-2　先基线标准后拍卖方式情景下的工作流程

资料来源：笔者自制。

控制下的排污权交易。

与 EU ETS 的不同之处之一在于排污权的出让方与需求方不直接发生买卖关系，而是通过排污权储备交易中心来完成。

采用这一方式也会产生许多问题，如会导致排污权储备中心垄断经营，排污权供不应求，易产生寻租行为等。

这种情景下，配额发放方式与基线标准方式类似，不同之处在于不需要设立一个基线标准制定机构，而是在配额管理机构内部完成配额发放。一般说来，配额管理机构会制定一个标准价格供企业购买配额。具体流程见图 7-3。

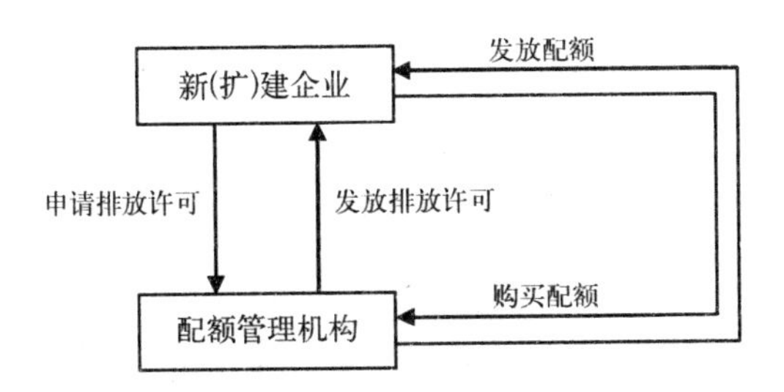

图 7-3　向政府统一购买配额的工作流程

资料来源：笔者自制。

第八章　上海碳排放权拍卖方式设计

拍卖作为一种有效率的资源配置方式有着不可忽视的优越性。对于碳排放权分配而言，最优的拍卖制度将以最低的风险、最低的交易成本将碳排放权许可分配到经济体系中最具价值的部门，形成最有效率的碳市场。在第七章提出碳排放权分配中应建立健全拍卖机制设计，以完善碳市场的分配交易方式的基础上，本章将对碳排放权拍卖的制度条件进行详细的分析，并设计一套完整的碳排放权拍卖机制。

第一节　碳排放权拍卖的功能及特征

一、拍卖是一种市场状态

美国经济学家麦卡菲认为："拍卖是一种市场状态，此市场状态在市场参与者标价基础上具有决定资源配置和资源价格的明确规则。"经济学界对拍卖含义的普遍看法是："拍卖是一个集体(拍卖集体)决定价格及其分配的过程。"将拍卖放到整个大市场中，把它归纳为一种以价格为手段来达到有效分配的一种市场状态。

拍卖是根据一系列的规则，通过竞买人的竞价行为来决定商品价格从而进行资源配置的一种市场机制。近10年,拍卖理论已经成为一个专门体系进入中高级微观经济学的核心领域,这是国际经济学界关于拍卖问题研究的最新成果。

二、拍卖区别于其他交易方式的特征

作为一种特殊的由市场配置资源的方式,拍卖与零售、批发等普通的资源配置方式相比,具有明显的特征:

首先,拍卖是一种中介服务性质的交易方式。参加拍卖的有三方面的人。在拍卖活动中,卖方不是直接把标的转让给买方,而通过拍卖人的中介服务达到这一目的。

其次,必须要有两个以上的意向买方(竞买人)才符合拍卖的条件。拍卖人必须要组织所有竞买人经过公开的竞争,按照价高者得的原则来确定最后的买家。

再次,拍卖活动除了要遵循一般交易方式应当遵循的法律法规外,还必须遵循专门规范拍卖活动的拍卖法。拍卖人必须为拍卖活动制定具体的拍卖操作规则。

三、拍卖的经济功能

(一) 发现价格的功能

这是区别于其他交易方式价格形成过程的重要标志。首先,竞买人在拍卖前对商品进行了充分的调查了解,清楚商品的价值及潜在价值。拍卖中,众多竞买人展开公开竞争,最后由出价最高者获得该商品的所有权。从这个意义上说,拍卖方式是发现商品价格的一种重要途径,也是价值规律的体现。此外,在拍卖市场上,所有竞买人集中在一起自由竞价,反映了商品的市场供求关系,通过叫价竞买,最后的成交价是供求双方都接受的价格,它是最现实的均衡价格。

（二）资源配置的功能

在拍卖市场上的交易价格不是人为规定和制造出来的，而是通过“价高者得”的方式产生的，使拍卖标的“各得其所”。首先，竞买人经过激烈的竞争，商品价格水平不断更新，最终由出价最高者决定的。其次，买受人通常是具备最佳条件或最需要拍卖标的的买家，拍卖标的得到了最好的开发和利用，使有限的资源得到更合理更充分的运用，特别是稀缺资源拍卖，不仅较为准确地体现标的的内在价值，而且还具有高度的透明性、流动性和传播性。

（三）促进资源流通的功能

拍卖市场是商品流通的一种重要渠道，是商品进入消费领域的有效途径。首先，拍卖人按照拍卖程序操作，从拍卖前准备到拍卖成交，有章可循，减少了许多人为干扰因素。其次，拍卖活动在公开的竞争环境中进行，能够迅速成交，这是通过其他营销方式难以做到的。正是拍卖具有促进商品流通速度，提高商品流通效率的显著优势，才成为当代国际盛行的流通方式，为实现无形资产、企业产权、科技成果等财产权利转让开辟了一条崭新的、行之有效的通道。

（四）提高交易效率的功能

市场经济能否有效运作，主要看市场的参与者能否以较低的成本获得信息，也就是说，关键是信息是否完全、真实和公开。首先，在拍卖过程中，由于拍卖人发布拍卖公告、招商信息，完全公开地传递到竞买人那里，形成同一时间、同一地点的众多竞买人参与的物的竞争，不仅成本低廉，而且信息传播速度快。其次，在拍卖市场上，拍卖会的公开，避免了物主逐个寻找潜在竞买人所花费的时间与精力。另外，拍卖标的直接面对客户，减少了中间流通环节和不必要的开支，从而降低了流通费用。

四、上海碳排放权分配引入拍卖机制的可行性

福利经济学专家认为,在特定条件下,竞争机制,即买者卖者之间不受限制的商品交换,可以有效率地配置资源,而有效率地分配稀缺资源的机制,使得给出最高评价的人(买者)拥有这些资源。结合上海碳排放权分配,导入拍卖机制同样是可行的、有益的。这是基于:

(一) 碳排放权的价格不确定性

拍卖的产生和发展的根本原因,在于传统确立价格的方式对一些财产权利(如:碳排放权)来说已无能为力,不能给碳排放权一个明确的价格、成本。碳排放权的价格不确定性,是由于难以标准定价。为了既保护好交易双方的利益,又能使交易顺利进行,导入被社会接受的用以确定价格的方式——拍卖,也就是说,拍卖是商品交换的一种特殊形式,是价格具有模糊性和不确定性的财产权利进行转让的最佳方式。

(二) 委托人追求利益的最大化

拍卖是为满足卖方对利益最大化的追求而产生的特殊交易方式。首先,由于卖方所掌握的信息有限,对买家可能出价不完全了解,当发现还有愿意出更高价的买方,这时买方就会认为"卖亏了",就会自觉地实践"价高者得"原则,拍卖正是适应卖方的这一需要而产生。另外,由于拍卖过程中的信息交换和竞争的存在,使买方更容易"讲真话",买方的报价、加价会最接近其对拍品价值的真实评价,拍卖这一交易方式正是加强了讨价还价能力相对较弱的卖方的优势。

(三) 竞买人的参与度

1996 年的诺贝尔经济学奖得主威廉·维克多认为,要使竞争机制正常地发挥作用,必须存在足够多的买者和卖者,以保证任何单一的买者或卖者对价

格的影响无足轻重。如果一个卖者有一件不可分的商品出售的话，在商品对竞买人价格独立的条件下，拍卖就是一种有效率的机制。

(四) 拍卖人提供良好的服务

拍卖人是一种典型的市场中介组织，是商品流程（财产权利转让）的中间商，其职能之一是为市场交易双方提供双向服务，让委托人满意、竞买人满意。拍卖这种交易方式的优越性是通过拍卖人的服务水平体现出来，拍卖人的优质服务是拍卖业最好的宣传，是保证拍卖市场正常运行和发展的关键。

五、主要拍卖方式

按照市场结构差异，本文将拍卖划分为单向拍卖（One-Side Auction）和双向拍卖（Two-Side Auction 或 Double Auction）。

传统的英式拍卖、荷式拍卖等都属于单向拍卖的范畴，他们共同的特点是“一对多”（One-to-Many，1∶N）的市场结构，详见图 8－1。单向拍卖意味着买卖双方中至少有一方的交易人数为“1”。该方掌握着市场中的稀缺资源，而该稀缺资源的市场价格由人数为“N”（$N>1$）的一方共同决定。例如，在英式拍卖中，通常只有一个卖家，他掌握着所卖商品，而买家往往不止一个，他们之中谁出价最高，就会以所处的报价获得卖家的商品。而在拍卖开始时，卖家通常不知道自己商品的最终成交价格，是通过众多卖家的轮番报价而确定的。

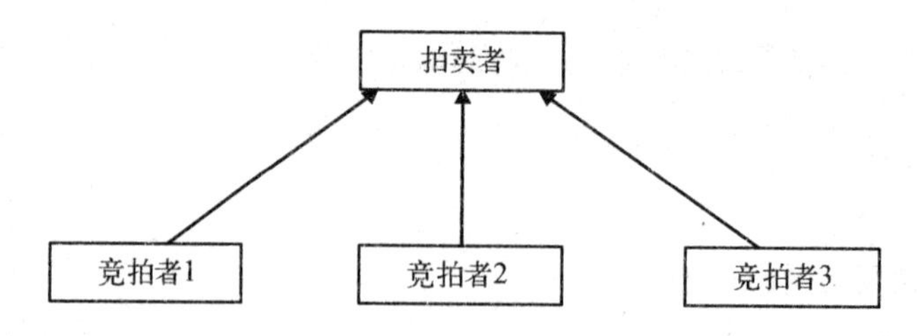

图 8－1　单向拍卖市场中买卖双方的关系

资料来源：笔者自制。

与单向拍卖不同，双向拍卖的市场结构是“多对多”（Many-to-Many，M：N）即买方和卖方都不止一个，买卖双方同时失去了其在单向拍卖中的相对优势，他们之间的关系变为一种供给和需求的平等关系，详见图 8－2。

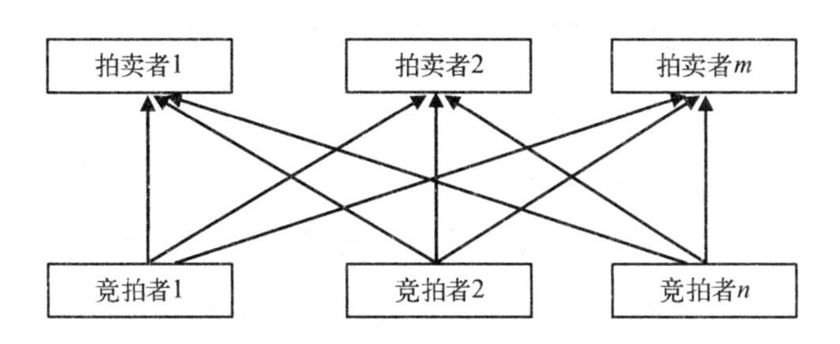

图 8－2　双向拍卖市场中买卖双方的关系

资料来源：笔者自制。

目前，各国股票证券等资本市场中普遍采用的连续竞价和集合竞价都是典型的双向拍卖交易机制。该机制在同质物品的交易中一直处于垄断地位，在电子商务中也被大量运用。双向拍卖的优势在于：

第一，在一个由买方群体和卖方群体所构成的多对多的市场结构中，买卖双方在市场运行期间的任意时刻都可以自由地提出自己的报价和接受别人的报价，并且交易双方一旦匹配（即互相接受彼此的报价）就立即成交。连续双向拍卖作为一个多边（Multilateral）的讨价还价过程，能够快速地收敛到竞争均衡，从而产生很高的价格发现效率。

第二，由于双向拍卖市场结构的特点，使他能够有效防止“串谋”和“恶意报价”，特别适合在拥有众多的买方和卖方环境中进行交易。

第三，由于小额交易与大宗交易存在很大的差别，主要表现在：(1) 潜在的需求问题，大宗交易发起方往往难以迅速找到大宗交易的流动性提供方，通常为较快找到潜在的流通性提供者，大宗交易的发起方将对潜在的流动性提供方做出一定的价格让步。(2) 委托暴露问题，大宗交易者通常不愿意暴露自己的委托单，他们害怕这样做会使市场价格向不利的方向变动。因为一些同方向的交易者在得知大宗交易发起方的意图后，可能采取插队行动，直接下达优于大宗委托的指令，以便在大宗委托成交之前完成，避免大宗交易的不利价格影响造成损失。而那些与大宗交易者反方向操作的交易者将利用大宗交易的市场价格影响，延迟交易以获得较好的成交价格。(3) 信息不对称问题。知情交易者倾向于进行大量买卖，这使得流动性提供方因为害怕大宗交易发起方拥有很多私有信息，而不愿意与大宗交易发起方进行交易，从而降低了市场流动性。

正是以上这些差别的存在，决定了大宗交易应采取不同于小额交易的特殊交易机制。理论界普遍认为连续双向拍卖机制更加适用于小额交易。Biais, Hillion and Spatt(1995)对巴黎证交所(市场结构与中国股市类似)的实证分析表明由于大量中小投资者的存在以及他们通常会分割指令以限制其对市场价格的冲击，发生的交易绝大多数是在当前买卖报价上即可完成的规模较小的交易，且这类交易的比例大大超过发生大额多边交易的情形。其中，在买、卖方发生的小额交易分别约为大额多边交易的 5.21 倍和 6.32 倍，即很少出现新来指令被部分执行的情况。Viswanathan 和 Wang(2002)也通过模型证明了竞价交易在小额交易上的优势。

与双向拍卖更适合小额交易的特征不同，单向拍卖更适合大宗交易。其原因在于：

第一，单向拍卖市场中，拍卖双方中一定有一方作为主体，具有资源的垄断优势，享有选择交易方式和制定交易规则的权利，因此可以通过设置起始价、保留价等来保证其利益；而竞拍方参与竞价，只需要观察其他竞拍方的定价，从而选择自己的定价策略。

第二，单向拍卖由于其程序较为复杂，交易成本相对较高，若常规小额交易较难消化，而大宗交易的数量较大，单位交易成本可迅速摊薄到可接受范围内。

第三，单向拍卖的双方中必定有一方为大额交易的供给或购买方，通过公开的程序设计，可以将大额交易方有效地置于透明的流程之下，有利于管理层监管和社会舆论的监督。

表 8-1　　双向拍卖与单向拍卖的优缺点比较

	双向拍卖	单向拍卖
优点	信息透明度高	市场价格稳定性强
	交易成本低	信息透明度高
	交易自动化程度高，减少人为干预	处理大宗交易能力强
	流动性低	交易成本相对高
缺点	市场价格波动可能较大	
	处理大宗交易的能力不强	

资料来源：笔者自制。

第二节　上海碳排放权拍卖的关键环节设定

本节通过借鉴国际上已经开展碳排放权交易的市场开展碳排放权拍卖的经验，对上海碳排放权交易的拍卖比例、拍卖管理机构及管理流程进行设定，这两个环节在拍卖机制设计中是非常关键的。

一、拍卖比例确定

拍卖许可比直接分配给企业有很多优势，虽然直接分配可以用于实现其他政策目标。理论上讲，拍卖许可与运用行政手段直接分配许可没有效率差异，因为在每一种制度下许可都被用于最具价值之处。只要许可是充分可交易的，许可的特定使用并不改变现在和未来的许可分配，企业能够通过市场将许可分配到具有最高使用价值的领域，即使初始分配不是充分有效率的。

在实践中，采用行政分配方式并不是纯粹考虑效率，而是有其他因素，许可的初始分配将不会分配给具有最高使用价值的使用者。企业将能够在二级市场上交易许可，但是考虑到交易成本和信息问题，交易不会是无成本的。而且国际经验表明，如果许可是免费分配的，起初可能会导致许可初始接受者一定程度上无效率的囤积居奇。

从国际社会来看，新西兰排放贸易制度、欧盟排放贸易制度（EUETS）第三阶段、美国温室气体排放行动计划、澳大利亚金融市场协会（AFMA）都主张采用拍卖来分配碳排放许可，而且从长期来看，倾向于100%拍卖。EUETS拍卖的比例逐步增加，到2020年将实现所有碳排放权的拍卖，前提是给排放密集型、外向型以及受到强烈影响的产业过渡期的支持。《加农特（Garnut）气候变化评估》最终报告也支持政府关于许可拍卖的条款。报告指出，澳大利亚具有体系完备的法律、规章、行政结构，具备完全拍卖许可的优势。

一些利益相关者认为拍卖可能不会导致平等的分配，如澳大利亚包装产业反对为排放许可付费。他们认为，碳排放许可100%拍卖是不可行的，对澳大利亚经济将产生过度负担。

但是，也有少数利益相关者反对通过行政手段分配排放许可，包括建设、林业、矿业、能源联盟，他们认为，免费分配排放许可倾向于鼓励企业的博弈行为，使得某些企业发横财而削弱碳交易制度的预期效果。

从长期来看，拍卖可以作为缓解解决过渡期公平问题的一种方式，尤其是在全球达成碳减排协议之后。而且，拍卖许可确保承担排放高排放义务的企业也是环境成本的支付者（与污染者付费原则一致）。

主要发达国家的碳市场大都把100%配额拍卖作为长期目标，但要实现这样的目标与国际环境有关。在国际社会广泛的可比的碳约束实施之前的阶段，为了减少碳泄漏，一定量的初始行政分配，并且给予这些产业过渡期的援助是必要的。为了解决那些受碳约束影响较大的产业问题，建议给予行政方式分配许可。

为此，笔者建议：从长期来看，随着排放交易制度成熟，上海碳排放权应该按照100%拍卖方式分配，对于排放密集产业、外向型产业以及受影响较大的产业给予过渡期的支持。试点期间，新增排放权采用100%拍卖方式。

二、碳排放权拍卖的管理

碳交易计划的监管者是管理拍卖政策设计和运行事物的最佳部门，在立法框架内可以设置广泛的约束。

但是，为市场关于拍卖规则提供确定性要求在交易制度的起始阶段制度安排是不同的。之所以如此是因为交易计划的监管者在第一次拍卖进行前可能并不对拍卖战略进行详细的研究和咨询。在拍卖制度建立前，在清晰的特别目标情况下，保持运行弹性是理想的，因为拍卖设计可能随着时间推移而做调整。在交易试点期间，发改委直接指导交易计划及拍卖规则的设计。试点结束后进行评估。

第三方拍卖中介具备拍卖其他形式财产的经验，例如，澳大利亚金融管理办公室(AOFM)代表政府管理国债拍卖程序。其治理制度安排如下：AOFM是一个专门的政府机构，负责澳大利亚政府国债管理。包括国债、中期国库券(为了解决短期融资需求的短期债工具)的发行，以及执行债券相关的衍生交易，也负责澳大利亚现金平衡的管理。虽然AOFM是财政部的一部分，但它的财政是独立于财政部的财政，因为其是《财政管理与义务法案(1997)》下的法定机构。

AOFM直接向财政部长负责，通过财政部长向政府、议会和公众负责。每年，AOFM获得财政部长批准下一财年的国债发行总量，并详细公布在澳大利亚政府预算案中。AOFM官员授权代表财政部发行国债。AOFM负责所有有关债券发行的运行事物，包括设定拍卖程序、拍卖时间的选择。AOFM发布债券发行的时间表，包括债券拍卖的详细信息。拍卖结果以电子新闻的方式公布在AOFM的网站上。

拍卖的治理制度根本目的是为了促进排放许可的有效分配和价格发现。这种制度安排能够为企业提供最佳的确定性。为此应授权碳交易的监管者上海市发改委拍卖制度设计的职责，拍卖设计和运行规则向公众公开。

第三节 拍卖规则设计

为了促进有效率的分配和价格发现，一个优化设计的拍卖制度应包括：一大批竞争性的投标人，一个鼓励参与的简单系统，一套不受主观的或不可预测的变化影响的稳定的拍卖规则，佣金、收费和其他参与成本最低（虽然确保拍卖可信性的一些规则是可取的），政府在设计拍卖的一系列规则时要确保活跃的、流动的二级市场不受到损害。

一、拍卖频率设定

交易制度设计应该包括适当频度的许可拍卖，同时维持每一次拍卖的市场规模和效率。更加频繁的、小规模的拍卖很容易被市场吸收，如果拍卖失败，风险也比较低，如果二级市场变得成熟可能为企业提供更多的弹性。

但是，拍卖频次高、规模小也有不足：平均来说，这样的拍卖参与度较低。如果任何一次拍卖销售掉的许可数量太少，可能仅有少数投标人参与。拍卖可能就更容易被操控，价格也就飘忽不定。拍卖频次高可能会减少企业收集信息和准备的时间，降低投标和拍卖价格信号的准确度。虽然在线拍卖可以以相对较低的成本进行，额外的拍卖所带来的成本增加可能是较小的，但对监管者和企业可能产生较高的交易成本。也可能减少二级市场的活动水平，尤其是拍卖是双边的（也就是说允许法人实体既可以买也可以卖许可）情况。

（一）影响拍卖频率的因素

每季度拍卖一次可能是频率是合适的，一个财年 12 次拍卖可能可以满足利益相关者对拍卖频次的需求，但是不必过度担心拍卖过程的效率风险。影响拍卖频率的因素主要有如下 4 点。

一是拍卖频率高意味着较小的拍卖规模；

二是拍卖量超过交易计划承诺期的数量意味着承诺期内剩余可拍卖许可数量减少，将减少每一次拍卖的数量；

三是行政分配的许可比例越大，拍卖的规模越小；

四是从理论上讲，拍卖可以在一年内任何时间拍卖，如每周、每季度或每年度。

（二）国际社会对碳排放权拍卖频率的经验

——澳大利亚国家排放交易计划提出每季度举行一次拍卖。

——美国区域温室气体排放倡议（RGGI），每季度拍卖一次。

——Garnaut 研究报告建议在固定计划基础上的定期拍卖，如每周、每季度、每年或者其他适合于市场参与者的频率。

——欧盟第三阶段排放交易计划以及新西兰排放交易制度没有给出拍卖频率。

前沿经济学与澳大利亚能源供给协会、澳大利亚国家电厂论坛、澳大利亚能源零售商协会，澳大利亚管道产业提出应提高拍卖频率。

（三）不同碳排放权拍卖频率的影响

1. 拍卖频率对拍卖规模的影响

拍卖频率的增加意味着拍卖规模的减小，拍卖频率对拍卖规模的影响表现在：

——每一次拍卖所显示的价格信息的可信性；

——价格信息的合时性；

——市场的吸收能力（市场适应大量交易的能力）；

——企业和政府的行政成本；

——法人实体对现金流和运营资本的管理；

从参与者现金流收益以及参与者减少的可能性角度，笔者认为，可以每月拍卖一次。

2. 价格信息的可靠性

在实施交易制度的早期，提高拍卖频率可能导致价格信息用于投资决策的可靠性降低。

在排放许可二级市场不成熟的情况下，拍卖具有对法人实体以及市场参与者传递价格信息的重要作用。但价格信号应尽可能地可靠和有效。

价格应该能够反映市场对许可的供求预期，拍卖领域是竞争性的、广阔市场的代表。规模较小、频率频繁的拍卖可能导致缺少竞争性，损害拍卖价格信息的准确性。为了避免这一风险，政府应要求确保规模不能低于保持竞争性所需的最小规模。

3. 价格信号的合时性

较高的拍卖频率能够改善价格的合时性，有利于企业做出投资决策。例如，当二级市场尚不成熟时，厂商会依据许可拍卖的价格做出减排的决策。

但是，一旦二级市场成熟了，投资者能够很容易地获得像在其他市场上一样的实时可观测市场价格。

4. 市场的吸收能力

拍卖的频率和规模对市场的吸收能力（即市场容纳大量交易的能力）产生影响。较小规模的许可可能比较容易被市场所消化，较高的拍卖频率可能使得市场吸收更多数量的许可。

5. 二级市场的发展

一些利益相关者担心较高的拍卖频率可能延缓二级市场的发展，每季度拍卖一次足够支撑健康的正常的市场的价格发现功能，避免过高频率拍卖所带来的行政费用。

6. 现金流和运营资本管理

很多利益相关者把现金流和运营资本管理作为维持高频率拍卖的理由。关注运营资本是考虑到购买许可与履行排放义务之间的时间差。很多利益相关者关心他们会被要求提前数月或数年借款购买许可。也会有很多企业担心金融市场的不确定性意味着他们不可能融通到所需资金或者他们将被迫支付他们不能承受的利息率。澳大利亚对拍卖频率做了广泛的市场调研。

部分利益相关者建议每月拍卖一次，这样他们可以更好地管理他们的负债，降低运营资本或者降低债务融资成本。例如，澳大利亚一家能源公司(TRU)认为，每月拍卖一次，每周清算一次，和电力市场清算时间一致可以使运营资本和现金流对能源参与者的影响最小化。

也有一些利益相关者，如 Caltex，支持每周拍卖一次，因为这样将会减少对运营资本的需求，因为虽然每周拍卖一次可能导致额外的行政费用，但这些费用可能会远低于拍卖频率太低可能导致的运营资本需求的增加。高频率的拍卖可以为法人实体提供在排放权交易制度下管理其负债的额外选择，尤其是考虑到企业可能受到任何运营资本或债务融资成本约束的情况。例如，他们可能希望在许可方面的支出与他们在履约期内增加的债务一致。这和企业在管理他们增加的税收义务战略方法是一致的。

拍卖的频率不能够影响负债管理或者运营资本或债务融资的成本。许可的价格，像其他金融资产的价格一样，平均来说，期望产生的收益与市场利息率相等，足以补偿投资者持有许可的风险。像股票和债券一样，许可并不支付股息和利息，持有许可的收益是以资本利得的形式体现的。也就是说，许可的价值(或价格)可能被期望在市场利率之上。

许可的收益率和价格也会反映经济状况和资本的成本。较低的经济增长或者对信贷的约束将减少需求，导致谈价格降低，许可对企业来说就更能承受。因此，拍卖获得许可的频率和实时性对许可的现金成本和资本成本的影响就非常有限。

拍卖的频率和时间会对企业的现金流和公司的资产负债表产生影响。一些法人实体，有一定的义务，如燃料公司，并必须为他们的燃料的所有排放购买排放许可。一些燃料公司出于对金融风险的担忧建议拍卖应该每周进行一次。因此很多研究都提出为排放交易制度服务的新的金融服务应快速发展，以此来保证各种拍卖频率下市场的有效运行。

相对流动的许可二级市场在欧盟排放交易制度下发展相当快。澳大利亚已经出现了一些小的许可衍生工具的交易。这些工具2012年的价格大约在19美元。因此，合适的拍卖频率下，市场会发展得相当快，可以给企业必要的机会，即保证在全年可以正常的或者每天的购买选择。

（四）上海碳排放权拍卖频率建议

借鉴欧盟、澳大利亚及美国的经验，笔者建议：上海在试点期间，每一财年举办四次拍卖，每一季度举办一次。政府可以听取利益相关者关于替代方式，如一年一次或一周一次的相对风险评价。

二、拍卖清算制度

很多利益相关者，尤其是电力生产部门，对巨大的许可购买义务下个体企业的现金流成本管理能力表示担忧。他们主张许可拍卖参与者可以延期支付购买许可的费用，直至企业获得许可的那一年（如在2013年支付2013年的许可费用，即便许可是在2010年拍卖购买的）。

例如，有些电厂提出潜在的替代选择是在履约期末之前，拍卖许可的现金清算不会发生，假设一些组织发现很难设定现金或者赊账最高限额而允许向前套期保值。

同样，有能源企业提出延迟拍卖许可清算可以减少参与者的现金管理问题和信贷支持需求。延期支付可能鼓励对未来许可的拍卖的参与，减少低需求的风险或者未来履约期价格不可靠的风险。在交易制度试点期间，一些发电厂的义务可以一定程度的免除，如他们获得以免费许可形式的过渡期支持。但是，一些电厂仍必须要管理巨大的购买许可义务。

在履约期之前、期间、之后给予参与者购买许可的机会可能是有帮助的。在排放清算期之前进行拍卖，一旦年排放数据最终确定，允许企业调整其许可需求。交易制度允许借用下一年度的许可权，这样有助于市场运行的平稳。

与其他市场相比，碳市场拍卖的时机并不重要，因为只要企业在排放清算日之前仍需要，许可的价值并不会随时间而消失。电力和易腐坏品市场的契约中时机是重要的，拍卖必须有规律地举行。但是拍卖的时机可能起到减少企业关注市场的风险的作用。

每个财年结束之后举行一次拍卖，在最终清算期之前一个月，年排放数据最终确定之后，允许企业调整其许可需求。在清算日提供可信的政府许可来源也可以减少市场操控或者对市场的忧虑的潜在可能。

在每一个财年末之后、排放清算期之前至少有一次拍卖。建议在排放清算日之前一个月。

(二) 第一次拍卖

理论上讲，第一次拍卖可以在制度实施之前或宣布实施制度之后的任何时间进行。

部分许可可以在交易制度实施前进行拍卖可以为企业提供早期的碳价格信号，给予他们充分的信息做出投资决策。早期拍卖也可以促进活跃的二级市场的发展。

但是，一些实际问题限制了早期拍卖可以提前的时间：第一次拍卖之前，交易制度的立法必须已开始；第一次拍卖之前，登记注册系统必须完成，使得许可在登记账户中有记录。

为了使拍卖的价格信号可信，第一次拍卖应在参与者对许可的供求有充分信息了解之后进行。在实践中，这意味着他们必须了解总量上限(许可供给)。最终上限确定最早会在每年年初发布，虽然这只会对中期排放轨迹产生影响。

根据国家温室气体和能源报告规定，企业必须在每年 6 月 30 日前监测和报告其年度排放。一旦这一信息公开，对企业和金融分析师评估市场价值是有用的。第一次温室气体和能源报告必须在每年6月披露。这意味着第一次拍卖最早也只能在每年的下半年。这会给市场在试点期开始前3—6个月的交易时间。

（三）未来财年许可的提前拍卖

交易制度将规定有一个年度上限以及履约清算期。与这一方法一致，每一个履约年许可是有差异的，也就是说每一许可属于一个特定的财年总量上限。

——提前拍卖，即未来履约年许可可以提前拍卖。大部分利益相关者支持未来年度许可提前拍卖。如澳大利亚证券交易所，其注明未来履约年日期的许可拍卖有利于再购买制度，衍生品的卖空有利于提高远期价格发现的效率以及风险规避。

——期货市场对企业来说是除了现货市场和衍生品市场之外用于管理未来排放义务的一种替代方法。例如，企业可以一直等到要清算未来履约义务时再购买许可；可以购买现有履约期的许可用于未来的排放义务；可以现在就购买未来的许可权用于未来的排放义务；可以购买一种衍生品并交割为满足未来履约义务必要的许可。在这种情况下，远期合约的拍卖将为企业提供额外的流动性。

一些利益相关者建议，提前拍卖有助于标注未来日期许可的价格信号的发现，进而有助于衍生品的创造。但是，在一个可以借贷、但借贷有限的市场，现货许可和期货许可市场是直接联系在一起的。因此，现货的价格更可能反映履行碳约束的成本的市场评估价。

也有一些利益相关者认为，发行远期合约可以反映制度的可信性和长期性的一个信号。这与气候变化的政策模型是相似的，把长期的许可部分作为投资者对制度的可信性和长期性的赌注。也有观点认为更远期许可的拍卖可能对交易制度结束是一种障碍，因为政府可能面临大量的补偿义务。

未来许可的提前拍卖不是碳期货市场的前提条件。例如，欧盟排放贸易制度下的衍生品市场就没有许可提前拍卖。但是提前拍卖可以给企业一种弹性，有助于提高制度的可行性，但同时也增加了拍卖的复杂性，并减少了每一次拍卖特定履约期许可的数量。这取决于提前多少时间拍卖未来履约期的许可，以及随着时间的推移政府排放上限可以减少的弹性。这些缺陷显现的程度取决于拍卖未来多少许可的数量。

未来履约期许可提前拍卖的优点在于给予企业管理未来排放义务一种可替代的办法，那就是买空并囤积当年许可。

(四) 未来履约期许可拍卖的时机

1. 国际社会以及澳大利亚其他制度的经验

澳大利亚国家排放交易制度专家团队建议当年许可每季度拍卖一次，未来3年的许可每年拍卖一次，并且与现有年度许可拍卖中的一次同期拍卖。

澳大利亚国家排放交易制度专家团队建议拍卖现有年度和未来履约期的许可，但特别要考虑投标者与时机相关的不同激励因素，拍卖的时机和频率要做进一步的设计完善。澳大利亚研究机构的研究建议拍卖1—2年(当年和下一年)，而美国RGGI可拍卖4年的(当年和未来3年)。

欧盟排放贸易制度和新西兰排放贸易制度并不包括未来履约期许可提前拍卖。

未来履约期许可提前拍卖给予企业履行未来义务不用囤积早期许可的一种替代手段，虽然这种拍卖可能导致远期履约许可迅速卖光，尤其是在利益相关者可以存储许可的情况下。

较大数量的未来履约期许可将增加每一履约期拍卖的数量，因此降低平均拍卖规模和效率。而且，同期拍卖对提高价格发现的效率是有益的，拍卖的复杂性随着一次拍卖履约期数的增加而增加。

基于长期风险管理的目的，许多利益相关者倾向于提前拍卖要超过4年履约期的许可。其中，澳大利亚能源公司(BP)提出拍卖5年(当年＋未来4

年)的许可,这样正好与排放上限时间一致。

其他利益相关者提出更多年份许可的提前拍卖,如澳大利亚钢铁制造局提出至少10年。这样可以使未来许可价格的可见性更清晰,因此更有利于为长期资产的投资决策和风险规避。

考虑到企业的利益,澳大利亚政府同意提前拍卖未来履约期许可,正因为未来履约期许可的拍卖减少了企业囤积早期许可的激励,并增加流动性。

澳政府认为4年履约期许可的拍卖(当年+未来3年)可以充分促进远期价格发现的效率,帮助企业管理未来价格风险,以及在活跃的远期二级市场的发展。随着二级市场的成熟,并且更广地向国际交易开放,对未来履约期许可拍卖的需求会下降。

2. 未来许可拍卖的时机

RGGI,拍卖每季度一次,未来配额最早可以比履约期提前4年获得。在这一协议下,建议当年履约期配额和未来履约期配额每季度拍卖日拍卖。第一季度拍卖应包括早于履约期一年的许可的拍卖,第二季度的拍卖应该包括比履约期早两年的许可的拍卖,以此类推。

伊万(Evans)提出对未来履约期许可的拍卖尽在每一个清算年的第二季度进行。

拍卖频率过高将会减少每次拍卖特定履约期许可的数量,因此而降低拍卖的效率。每年对未来履约期举办一次拍卖足够获得提前拍卖的收益,同时又可保持交易制度的效率和简单可行性。

少数利益相关者对此持批评态度,争议的焦点在于未来履约期的提前拍卖应该多于每年一次,以此促进二级市场的发展,平稳价格发现。例如,威斯特帕克(Westpac)认为,对未来履约期的提前拍卖一年应进行多次而不是每年一次。未来履约期许可的滚动可获得性有助于二级市场的发展以及平稳碳价格发现。

未来履约期许可拍卖的频率相比于现货拍卖的频率来说并不显得更为重要。虽然配额可借贷存储,未来某一日期的许可并不能够在履约年到来之前进行排放义务清算。这一订货至交货的时间提供了一种弹性，使得市场的短期流动性并不重要。很多企业可能规划履约年一期的未来履约许可的数量，每年未来履约许可的拍卖应与此一致。

因为额外的提前拍卖并不能够提供清晰的收益，为了保证拍卖的效率和简单性，未来履约期许可的提前拍卖将每年进行一次。

上海由于不考虑碳期货交易，故暂不考虑拍卖远期许可。

四、拍卖参与限制

在澳大利亚，保证金(Security Deposit)制度是对拍卖参与的唯一限制，这引来利益相关者的众多批评。广泛参与意味着允许非法人实体，包括金融中介参与拍卖。

澳大利亚一些利益相关者反对这一条款，担心由于非法人实体的参与拍卖可能导致投机以及哄抬价格。例如，伍德塞能源公司(Woodside Energy)认为，为了确保市场的流动性，消除价格风险，政府应当：在拍卖时限制参与，至少是在开始时，许可所有权的注册仅限于排放企业或者在这一交易制度下有履约义务的企业。

还有观点认为：允许金融市场参与拍卖过程可能导致碳交易的投机，使得许可的真实购买者处于不利地位。但是考虑到已设立的碳市场中存在潜在的金融服务需求，政府应确保适当水平的控制以防止价格扭曲。

但是，限制拍卖参与也有以下不足：

如果拍卖领域是竞争性的，拍卖更可能传递可靠的价格信号。限制投标人的数量可能降低拍卖的竞争性，增加市场投机的可能。

比较小的法人实体可能愿意选择利用专业的金融中介帮助他们管理年度排放义务，而不是直接参与拍卖。不允许金融中介机构参与拍卖降低了他们提供这一服务的能力。这也可能导致二级市场上法人实体与提供这种服务的金融机构之间的不公平。

在实际情况下,限制参与实施有限制的拍卖制度是很困难的,因为被排除在外的实体可以很容易地与法人实体之间签订购买许可的合约。

由于法人实体能够管理他们的碳成本价格风险,他们可能愿意参与套期保值合约。如果不允许其他参与者进入,包括金融市场参与者,购买拍卖许可,由此可能放慢套期产品的发展,进而出现价格风险的不可控。

但是,为了确保拍卖是竞争的,没有市场操纵,要采取措施保证投标人是可靠的。这些措施包括某种形式的金融担保或保证金制度,确保投标人能够偿付购买的拍卖许可,仅鼓励真实排放实体参与。根据投标者获得许可的数量和价格,确定保证金可以返还或者抵减投标人获得拍卖许可的偿付额。这是很多拍卖的标准特征。政府应当限制每一次拍卖许可的最大购买量为可获得许可数量的25%。所有的投标者必须在监管机构有一个注册(登记)账户。

五、拍卖模式

许多潜在的拍卖模式适合于碳许可拍卖,主要有:(1) 封标拍卖或升价拍卖;(2) 顺序拍卖或同时拍卖。

拍卖设计的选择取决于每一次拍卖有多少个许可履约期的许可拍卖,以及这些履约期许可是否近似可替代。

(一) 单个履约期拍卖采用升价拍卖

在升价拍卖时,拍卖商宣布现有价格。投标人标出他们在这一价格准备购买的许可数量。如果需求超过供给,在下一轮中拍卖商提高价格,投标人再次申报购买数量。这一过程持续到所提供许可的数量大于或者等于需求的数量。投标人按前一轮的价格支付购买许可的费用。

升价拍卖也允许代理拍卖,投标人提前递交在不同价格水平下的许可需求计划。这些投标人不需要在拍卖师进一步参与拍卖。这时的投标人可以像在封标拍卖制度下更方便地递交标书。

在拍卖结束时，升价拍卖也提供关于总需求计划的信息，促进二级市场有效的价格发现。

（二）密封价格拍卖

在密封价格拍卖中，拍卖商宣布拍卖的许可数量。投标人递交密封递价，只有拍卖商可以看见。拍卖商将许可分配给最高价的投标者。拍卖商可以选择以最低价成交的拍卖者的价格（统一价格）为成交价或者按拍卖价成交。

一些利益相关者批评密封价格拍卖。大部分法人实体宁愿选择密封价格拍卖，因为他们对这种拍卖形式比较熟悉。密封价格拍卖简单，统一价格成交。与升价拍卖相比，密封价格拍卖更容易理解和实施，实施成本较低，不容易被战略操纵。澳大利亚 BP 建议用密封价格拍卖，使得企业能够提前确定不同价格的许可数量。拍卖形式可以和目前电力市场的拍卖形式相同。

金融市场的利益相关者，支持升价拍卖提议。Westpac 认为，升价拍卖是这种类型市场的最有效的和最透明的方法。前沿经济学者同样支持升价拍卖，认为升价拍卖设计具有公开、透明、价格发现的特征。

也有人担忧升价拍卖容易出现串谋。但是，在市场交易制度背景下串谋不可能轻易实现，因为这一制度下法人实体的数量，每一实体所承担的义务只是总量中的一小部分。这样分散的小规模投标人很难为了串谋而组织起来。金融市场参与者参与拍卖，通过二次核对拍卖价格，更进一步限制了串谋的可能性。

澳大利亚政府青睐于升价拍卖主要有以下原因：升价拍卖运行是透明的，允许小规模投标人与大规模投标人信息共享。密封价格投标情况下，在拍卖过程中小规模投标人无法获得市场信息，有可能由于大规模投标人的战略拍卖而失去机会。但是，为了满足利益相关者对简单性的要求，政府也允许代理拍卖。代理拍卖具有密封价格拍卖的某些优势，即便在升价拍卖情况下也是如此。代理拍卖增加了升价拍卖的额外弹性，允许那些希望把拍卖作为密封价格拍卖的投标人，或者那些缺席的拍卖者这样做。

升价拍卖是一种优选形式，为了方便起见，投标人也可以选择以密封价格拍卖形式递交代理投标。

（三）顺序或者同时提前拍卖

如果多个履约期许可在一次拍卖中同时拍卖，可以是同时售出或者顺序卖出。这一问题不同于每年每一履约期有多少次拍卖。

在顺序拍卖情况下，每一个履约期许可在不同的拍卖场次中拍卖，一个接一个。顺序拍卖是一种管理最简单的拍卖形式，当拍卖物品的价格不相关时也是最理想的拍卖形式。但是，当被拍卖的物品是可替代品时，可能导致无效率价格，多个履约期许可拍卖的情况就是如此。无效率的相对定价可能会产生，因为投标人在投标时看不见其他履约期许可的价格，一定会猜测尚未拍卖的其他履约期许可的价格。这可能导致先期拍卖的许可的需求过高或者过低，这取决于投标人的评判。进一步，这可能增加或者减少未来拍卖的需求，导致不同履约期许可无效率的价格差异。

在同时拍卖的情况下，所有履约期许可同时运用多重升价拍卖形式。每一轮拍卖商宣布每一履约期许可的价格，根据完成拍卖过程所需时间，宣布各轮次拍卖每一履约期许可的数量，也就是说直至在最终价格时许可的供给超过需求。

同时拍卖相对复杂，因为投标人同时需监测所有的拍卖，但可能导致物品更有效率的相对价格，因为投标人在做出决策时能否观察到价格的变化。同时拍卖比顺序拍卖更可能传递不同履约期许可更可靠的相对价格。投标人能够预先区别不同履约期许可的价格差异并变换履约期选择，以确保他们在给定的价格水平获得正确的履约期的许可。这一价格发现的优越性意味着，虽然同时拍卖复杂，担当拍卖多种形式的商品（如不同履约期的许可）时，同时拍卖仍是可取的。在现代以互联网为基础的拍卖平台技术情况下，同时拍卖的复杂性可以以相对较低的成本予以解决。

顺序拍卖比较简单和快速，但是可能导致具有较强替代性的不同履约期许可的定价结果反常。同时拍卖比较慢，但是传递反常价格结果的可能性较小。

多个履约期许可拍卖采用同时升价拍卖形式。

（四）单向或者双向拍卖

政府必须做出决策是否允许拍卖参与者卖出许可又买入许可。既允许卖出又允许买入的拍卖称为双向拍卖。

双向拍卖为那些免费获得配额许可的企业在碳市场上卖掉许可提供了低风险、低成本的透明机制。通过双向拍卖降低风险和交易成本也可能鼓励那些有富余免费分配许可的企业在市场上卖掉这些许可。这可能增加拍卖的规模，阻碍囤积，进而增加二级市场的流动性。

由于更多的卖者和买者竞争，双向拍卖具有提高拍卖效率和最终价格准确度的潜在可能性。但是，允许所有的市场参与者而不仅是免费配额获得者进行双向拍卖，可能会通过对其他交易体系（证券交易所、场外交易市场）的投资扰乱许可二级市场的发展。双向拍卖可能引入不必要的复杂性，阻碍二级市场的发展。

因此，把这一权利仅限于免费获得许可企业是合理的，并且在短暂的过渡期后关闭这一功能。在交易制度实施早期，只允许那些接受免费分配许可的企业通过双向拍卖卖出他们的许可。

六、过渡期拍卖服务

随着时间的推移，二级市场将提供一系列服务，使得交易更为便利，风险管理更为妥当。但是，由于短期内这些服务是有限的，这可能影响二级市场的有效运行。因此，政府有责任提供一些过渡期的拍卖服务以减少实施风险。

以下拍卖特征鼓励法人实体在制度实施的早期参与，熟悉制度，提高在新环境下企业的信心。

（一）统一定价

对所有成功的投标人来说，不管其各自出价多少，他们为每一许可所支付的最终价格都是相同的。这是升价拍卖的自然结果，对所有投标者并无差异。

（二）披露每一轮总需求

每一轮拍卖结束后，拍卖商会提供在现有价格下参与者对许可需求的数量。为了避免串谋，单个标书不会披露。

（三）代理投标

代理投标允许投标人通过递交一系列投标规则委托拍卖商。投标人可以递交他们的许可需求计划，接受最终拍卖价格的许可数量。以密封价格拍卖的形式的代理投标不干扰升价拍卖的运行、透明度以及效率，只是简单地自动实现拍卖人优先。这并不影响拍卖商一轮又一轮披露总需求信息。

（四）尽可能早地披露拍卖结果

以及时的方式向市场披露拍卖的结果。因为拍卖系统是完全自动化的，每一次拍卖 7 天内拍卖结果将会披露。

（五）拍卖保留价格（最低价格）

拍卖将设定一个低于市场预期的底价。这和英国的交易制度一致。拍卖底价设定可以限制滥用市场力量或者企业间的串谋，进而提高效率，加速拍卖的进程。这是一种目的在于提高拍卖速度和效率的行政机制，其目的不在于市场的价格底线。没有卖出的许可将在未来的拍卖中销售。

（六）网络拍卖平台

拍卖将通过网络平台进行。网络平台将鼓励更多的进入者以及使竞争更加激烈，因为使用网络平台是低成本的，而且容易进入。

（七）最大购买量限制

投标人批量购买不得超过每次拍卖许可总数量的25%。因为要有16次拍卖，这意味着不超过给定履约期总许可的1.6%。实施最大交易量限制的优点在于，可以降低大企业垄断许可市场的前在可能性，这一点是利益相关者特别关注的问题。但另一方面这可能抑制了市场的弹性。假设最大的单个企业占总排放量的3.5%，大约1.6%应该是足够了。这意味着最大的企业可以只需要3次就可以购买它的排放需求量。

（八）活动准则

在拍卖进行时以及价格上涨时，投标人不允许增加投标的数量。

（九）参与者培训

在第一次拍卖举行之前，有必要对利益相关者进行教育和培训。

需要设计模拟拍卖，向所有投标人开放，使得投标人熟悉拍卖过程。模拟拍卖是自愿的，将降低第一次拍卖的实施风险。并且将为使用者开发拍卖体系的培训计划。

总之，拍卖计划应该依据以下最终拍卖政策条款来制定：

——一个财年举行4次拍卖；

——现有年度清算的许可拍卖至少在财年末清算日之前举行一次。一般在清算日之前一个月举行；

——第一次拍卖在起始年尽可能早的时间进行，在交易制度实施前；

——4年履约期许可将提前拍卖（现有年度加上3年未来履约期许可）。多履约期许可将同时拍卖；

——每一个未来履约期许可提前拍卖每年进行一次，在开始的第一第二年。

第九章 碳交易制度与现行管理制度间的衔接

碳排放权交易试点虽然是地方层面的试点，但同样要受国家出台的各项法律法规的约束和规制。目前我国尚未出台碳交易的专项法规，也未有较成规模的碳交易实践，碳交易这一新生事物与对国家现行法律法规之间的适应性还未可知。因此研究碳交易的开展与国家层面法律法规之间的冲突和衔接是非常必要和紧迫的。笔者系统梳理我国国家层面和地方层面（以上海为例）与气候变化和碳排放权交易相关的法律法规，对现行法律法规中可能影响碳排放权交易的若干问题，譬如会计处理、税务问题、交易平台问题和其他政策进行研究，在此基础上提出与现有法律法规有效衔接，完善上海碳交易试点的对策建议。

第一节 碳交易制度的相关法律基础

由于碳排放权并非普通的有形商品，碳排放权交易的形成需要一系列的法律规章的出台作为基础，本节将梳理我国国家及上海市推动碳排放权交易的相关法律、法规及规章等。

一、与碳排放权交易相关的现有法律基础

（一）与国家碳排放权交易相关的法律法规

碳排放权交易的法律体系是应对气候变化的重要组成部分。目前我国法律体系主要由7个部门法和3个法律层级组成，各个层级法律规范适用范围必须确定。法律规范效力等级依次是：法律、行政法规、地方性法规、自治条例和单行条例，然后才是规章（包括部门规章和地方政府规章）。当相关法律法规相冲突时，适用原则应该是：上位法优于下位法，特别法优于普通法，新法优于旧法，国际法优于国内法，由此国内法不能和国际法譬如《京都议定书》和《联合国气候变化框架公约》相违背，而国内法中又以法律、行政法规最高，各地方政府部门规定和规章都必须在此基础上展开。一些发达国家和地区已制定了基本法譬如《气候变化法》、日本的《地球温暖化对策推进法》、我国台湾地区的《温室气体减排法草案》，因此推进碳交易法律体系建设成为重中之重。

1. 目前我国应对气候变化的法律体系

目前我国应对气候变化的法律体系大致包括：

法律：《可再生能源法》《循环经济促进法》《节约能源法》《清洁生产促进法》《水土保持法》《海岛保护法》《煤炭法》《电力法》等；

行政法规：《民用建筑节能条例》《公共机构节能条例》《抗旱条例》；

规章：《固定资产投资节能评估和审查暂行办法》《高耗能特种设备节能监督管理办法》《中央企业节能减排监督管理暂行办法》；

政策文件：《中国应对气候变化国家方案》《可再生能源中长期发展规划》《核电中长期发展规划》《可再生能源发展“十一五”规划》《关于加强节能工作的决定》《关于加快发展循环经济的若干意见》。

2. 2005—2012年我国碳交易相关法规建设情况

2005年10月，国家发改委、科技部和财政部等部门通过了《清洁发展机制项目运行管理办法》。

2011 年 1 月 1 日实施的《四川省农村能源条例》首次将碳排放权交易纳入地方法规。

2011 年 8 月 31 日，国务院《关于印发“十二五”节能减排综合性工作方案的通知》第十章第四十四条规定推进碳排放权交易市场建设。

2011 年 10 月 29 日，《国家发展改革委办公厅关于开展碳排放权交易试点工作的通知》(发改办气候[2011]2601 号)中规定“各试点地区抓紧组织编制碳排放权交易试点实施方案，要着手研究制定碳排放权交易试点管理办法，明确试点的基本规则，测算并确定本地区温室气体排放总量控制目标，研究制定温室气体排放指标分配方案，建立本地区碳排放权交易监管体系和登记注册系统，培育和建设交易平台，做好碳排放权交易试点支撑体系建设”。

2011 年 12 月 1 日，国务院印发《关于印发“十二五”控制温室气体排放工作方案的通知》(国发[2011]41 号)，《“十二五”控制温室气体排放工作方案》第四章第十四条中明确规定：建立温室气体排放统计核算体系，要求扩大能源统计调查范围、细化能源统计分类标准；第四章第十五条规定：加强温室气体排放核算工作，要求制定地方温室气体排放清单编制指南、加强温室气体计量工作、建立温室气体排放统计核算的专职工作队伍和基础统计队伍；第五章：探索建立碳排放交易市场；第五章第十七条规定：开展碳排放权交易试点，要求建立碳排放总量控制制度，开展碳排放权交易试点，制定相应法规和管理办法，逐步形成区域碳排放权交易体系；第五章第十八条规定：加强碳排放交易支撑体系建设，要求制定我国碳排放交易市场建设总体方案。研究制定减排量核算方法，制定相关工作规范和认证规则。加强碳排放交易机构和第三方核查认证机构资质审核，严格审批条件和程序，加强监督管理和能力建设。在试点地区建立碳排放权交易登记注册系统、交易平台和监管核证制度。充实管理机构，培养专业人才。逐步建立统一的登记注册和监督管理系统等。

2012 年 6 月 30 日，国家发改委《关于印发〈温室气体自愿减排交易管理暂行办法〉的通知》，办法中对自愿减排项目管理、项目减排量管理、审定与核证管理做出了相关规定。

2012年11月，深圳市首次出台《深圳经济特区碳排放管理若干规定》(以下简称《规定》)，《规定》提出实行碳排放管控制度，对深圳重点碳排放企业及其他重点碳排放单位的碳排放量实施管控，碳排放管控单位应当履行碳排放控制责任，由此确定碳交易市场主体；在主体、配额清晰的前提下，深圳将建立碳排放权交易制度，排放超标、又不积极进行节能改造的单位，将向有效控制了碳排放、配额有富余的单位购买排放权，以市场行为代替行政处罚；为保证公平，《规定》引入第三方核查制度，由第三方核查机构提交碳排放单位的年度排放报告；《规定》明确了处罚机制，超出排放配额进行碳排放的单位，将由政府主管部门根据违规排放量，以市场均价的3倍进行处罚。

(二) 上海有关碳排放权交易的政策文件

1. 与碳交易相关的地方性法规

目前上海地方层面有应对气候变化的法律法规，按法定程序完善与之相配套的地方性法规包括《上海市节约能源条例》《上海市环境保护条例》《上海市建筑节能条例》等。

2. 与碳交易相关的部门规章

相关部门规章有《上海市能源审计管理办法》《上海市节能环保产业发展行动计划》《上海市合同能源管理项目专项扶持实施办法》《关于本市贯彻国务院办公厅通知精神加快推行合同能源管理促进节能服务产业发展实施意见》《上海市合同能源管理项目财政奖励办法》《上海市节能量审核机构管理办法》《上海市节能服务机构备案管理办法》《上海市固定资产投资项目节能评估和审查管理实施办法》《上海市节能评估文件编制机构管理办法》《上海市重点用能单位节能管理办法》《上海市交通节能减排专项扶持资金管理办法》《放射性废物安全管理条例》《上海公共机构节能监察办法》《电力需求侧管理办法》《中央企业节能减排监督暂行办法》《节能量审核机构管理办法》《高耗能特种设备节能监督管理办法》《道路运输车辆燃料消耗量检测和监督管理办法》《上海市人民政府关于批转节能减排统计监测及考核实施方案和办法的通知》《重点节

能单位节能管理办法》等。

二、现有法律基础的不足

完整的应对气候变化法律体系主要有碳排放权交易制度，包括统计监测体系、森林碳汇相关制度、碳税制度、提高气候变化的适应能力、促进气候变化科技研发等诸多方面。碳排放权交易在制度的组成要件上主要包括了碳排放属性、主体资格，配额分配，碳排放的监测、报告与核查，交易程序，交易监管等。此外，虽然《联合国气候变化框架公约》和《京都议定书》奠定了全球碳交易法律基础，但碳排放权作为商品本身还受到商品法、金融法等法律制约。

（一）碳排放权的法律属性缺失

对碳排放权进行界定是碳排放权交易的基础，界定主要包括两个层次：一是明确温室气体排放总量，界定大气权利功能使用者（如排放者）和其他功能使用者（如呼吸需求者）的权利。二是碳排放权的初始分配，界定大气容纳使用者的权利，这是碳交易市场形成的前提，即是说碳排放权的产生和功能目标需要借助公法的作用，具备公法之上的行政许可与私法之上财产权相结合特征。我国《行政许可法》第九条规定，行政许可不能转让，虽然第十二条规定下列可设定行政许可：（一）直接涉及国家安全、公共安全、经济宏观调控、生态环境保护以及直接关系人身健康、生命财产安全等特定活动，需要按照法定条件予以批准的事项；（二）有限自然资源开发利用、公共资源配置以及直接关系公共利益的特定行业的市场准入等，需要赋予特定权利的事项。目前建立碳排放权交易体系尚无明确法律依据，建议制定专门法律，确认碳交易制度的合法性。

《京都议定书》最大法律效应在于界定国家碳排放权，碳排放权因此具备了商品和环境权益的双重属性，一些学者从物权角度出发认为碳排放权属于物权概念下的用益物权范畴，即以物的使用、收益为目的，具有独立性的他物权，标的物就是不动产；但也有观点认为碳排放权虽不具备占有和排他性等特征但尚不构成用益物权，应视为准物权，然而既然是物权是需要经过申请、批准才能取得干预和控制的权利，这就需要对其交易做出明确法律规定。更紧要的是随着 EU－ETS 的发展，碳排放权的金融投资属性愈加突出，出现碳排放权的期货期权，譬如罗马尼亚明确将 EUA 归类为金融工具，而欧盟还要将碳排放权现货纳入到金融监管体系，美国法律甚至已赋予碳排放权金融衍生品的地位。虽然根据国际会计准则委员会第 32 号准则对金融工具定义："一项金融工具是使一个企业形成金融资产，同时使另一个企业形成金融负债或权益工具的任何合约。"碳排放权由政府发行，并没有构成债券一样债务关系，也不构成涉及金融资产交易的任何合约，不代表任何资本或债券，目前还算不上金融资产也非金融工具，仍服务于企业减排的目的。对碳排放权属性的不同类型归属可能对监管体系、会计处理和税务管理产生一系列影响。笔者建议定义碳排放权属时主要采取商品类划分，在金融衍生品阶段可沿用金融监管体系。

(二) 碳排放权交易的会计处理准则暂缺

迄今为止，碳排放权交易特殊性决定了其会计准则的制定异常复杂，国内外都未能形成统一的对碳排放权交易的会计准则。其实碳排放权的会计处理必须有一个关键前提，即碳市场必须足够有效，可形成足够远期价格曲线，从而能够确定排放配额远期合约的公允价值。

1. 国内外碳交易会计处理现状

美国财务会计准则委员会(FASB)在 2004 年曾准备起草排污权会计基准草案(EITF03－14 号文)来处理碳排放权的相关会计问题，但未定稿就被搁置。而国际会计准则委员会(International Accounting Standard Board, IASB)虽也在 2004 年 12 月正式发布《国际财务报告解释公告第 3 号——排放权》(International Financial Reporting Interpretations Committee 3：Emission Rights, IFRIC 3)，但因其将配额确认为收益而遭到企业的反对，于 2005 年 6

月撤销应用。故而，在国际上并没有一个统一规范的碳排放会计处理准则①。2015 年 12 月 14 日，财政部会计司会同会计准则委员会发布了《碳排放权试点有关会计处理暂行规定(征求意见稿)》，征求各方意见以共同推进碳排放权会计制度的发展，但该规定尚未正式发布。可见，无论国内外，对于碳排放权交易的会计处理都未有统一的明确的技术准则，导致碳排放权会计处理在学术界的研究和实务界的实践呈现出极为多样的局面。

在学术界，关于碳排放权会计处理的争议颇多，主要体现在配额的确认、计量及信息披露等方面。在实务界，根据普华永道(PWC)的调查，目前主要国际市场上有关碳排放权会计处理方法达 15 种之多。中国会计准则委员会在 2015 年的企业调研中发现，"无准则"状态使得试点企业在碳排放权会计处理上形成了"各自为政"的尴尬局面，会计处理五花八门。企业关于碳排放权科目的设置主要包括将其确认为无形资产、金融工具或者单独设立"碳排放权"科目。在资产对应科目的设置上，企业一致将其确认为负债。但对于负债类型，企业观点不一。在计量上，企业主要存在三种观点：按公允价值计量、按公允价值和名义金额分别计量、按历史成本计量②。

2. 现有碳交易收支会计处理存在的问题

依照财政部、国家税务局 2009 年 3 月 23 日颁布的财税[2009]30 号通知，企业除了交纳企业所得税，在碳排放权取得和交易环节应向国家交纳开户费、登记管理费和交易费。既然碳排放权取得和交易环节都需要缴纳所得税和诸多税费，那么所得税多少就会对企业参与碳排放权交易产生重大影响。

根据《企业所得税法》第八条，企业实际发生的与取得收入有关的、合理的支出，包括成本、费用、税金、损失和其他支出，准予在计算应纳税所得额时扣除，而《中华人民共和国企业所得税法实施条例》又对成本、费用、税金和其他支出做出解释。成本是指企业在生产经营活动中发生的销售成本、销货成本、

①② 周艳坤，谭小平. 我国碳排放权会计准则的最新发展——基于《碳排放权试点有关会计处理暂行规定(征求意见稿)》[J]. 中国注册会计师，2016，(6)：98－102.

业务支出以及其他耗费。费用是指企业在生产经营活动中发生的销售费用、管理费用和财务费用,已经计入成本的有关费用除外。税金,是指企业发生的除企业所得税和允许抵扣的增值税以外的各项税金及其附加。损失,是指企业在生产经营活动中发生的固定资产和存货的盘亏、毁损、报废损失,转让财产损失,呆账损失,坏账损失,自然灾害等不可抗力因素造成的损失以及其他损失。其他支出,是指除成本、费用、税金、损失外,企业在生产经营活动中发生的与生产经营活动有关的合理支出。《企业所得税法》第九条明确指出:“下列支出不得扣除:(一)向投资者支付的股息、红利等权益性投资收益款项;(二)企业所得税税款;(三)税收滞纳金;(四)罚金、罚款和被没收财物的损失;(五)本法第九条规定以外的捐赠支出;(六)赞助支出;(七)未经核定的准备金支出;(八)与取得收入无关的其他支出。”

由于碳排放与取得收入无关,也不属于固定资产折旧,因此在税务实际操作过程中只能属于“与取得收入无关的其他支出”,虽然税法第二十七条规定从事符合条件的环境保护、节能节水项目的所得可以免征、减征所得税,但是这是通过环境保护工作所得,而不是环境保护的支出,这样参与取得碳排放权的支出不可能计入企业所得税征缴应予扣除的选项中去。企业不能将获取碳排放权作为生产成本,即意味着企业生产的初始成本将要上升。这里建议一开始企业可免费获得碳排放权配额,只有实际排放小于配额的部分才能释放到交易市场。如果以拍卖形式获得排放权配额,那么要对企业所得税法做出适当修改,将拍卖支出作为生产成本的一部分,如此,最终产品价格将会反映碳排放权支出。

3. 现有碳排放权资产负债会计处理存在的问题

碳交易会计处理还要涉及碳排放权资产、负债的确认与计量,排放配额远期买卖合约的会计处理等问题。根据EU-ETS财务报表,目前碳排放会计处理方法共有15种之多,主要表现为:(1)排放配额资产的确认;(2)排放配额的后续计量,包括排放配额资产的摊销、价值重估与销售;(3)交付配额义务引发负债的确认与计量;(4)排放配额远期买卖合约会计处理。2009年3月,国际会计准则委员会(International Accounting Standard Board,IASB)讨论企业免费获取的、可交易抵消工具(Tradable Offsets)初始会计处理。IASB认为,可交易抵消工具符合IASB概念框架关于资产的定义,以公允价值进行初始计量才具有透明性和决策性。对可交易抵消会计处理有3种备选方案:无给付对价转移模式(Non-reciprocal transfer model)、补偿模式(Compensation model)和履行义务模式(Performance obligation model)。无给付对价转移模式主要考虑获得可交易抵消工具时是否会招致现实的义务,认为排放项目停产后有义务交回该工具应确认为负债否则为利得;履行义务模式认为,排放权交易机制是通过引入排放成本使企业逐渐降低排放量,可交易抵消工具应初始确认为负债而不是利得,期末对实际排放量小于得到配额的部分应确认为利得;补偿模式认为,可交易抵消工具不是免费发放所得,是对排放权交易机制引入可能导致企业未来遵循成本增加实现予以的补偿,而这不符合补偿交易的目的。可交易抵消工具的初始会计处理对无给付对价转移模式和履行义务模式都各有利弊。

排放权交易意图通过增加额外成本减少排放,排放配额分配是为企业降低与之相关的增量成本,无给付对价转移模式下利得的初始确认显然不符合经济实质并达成减少碳排放的目的。当连续几年排放配额被一次分配时,无给付对价转移模式也可能违背会计配比原则。这里我们假定两个完全相同的排放主体在不同地区进行排放项目生产,排放项目停产后对多余配额是否需要交回的制度规定不同,无给付对价转移模式将使这两个企业的利得和负债规模出现差异,会计信息横向就不可比。履行义务模式虽然规避无给付对价转移模式的缺陷,如果没有获得排放配额,当将来产生排放时,企业购买配额将导致未来预期成本的增加,因此可交易抵消工具应确认为未来而非现实的负债。

(三) 碳交易的税务处理缺乏依据

碳排放权交易虽属普通商品类属,譬如在总量管制—交易模式中的企业出售减排之后的剩余排放权是否可以确认为经营行为,将其所得确认为利得并进而征缴营业税和所得税？《中华人民共和国企业所得税法》第六条明确规定企业以货币形式和非货币形式从各种来源取得的收入为收入总额。具体包括：（一）销售货物收入；（二）提供劳务收入；（三）转让财产收入；（四）股息、红利等权益性投资收益；（五）利息收入；（六）租金收入；（七）特许权使用费收入；（八）接受捐赠收入；（九）其他收入。碳排放权如果被界定为特殊的用益物权，那么出售这种用益物权的行为就等同于“货物”（不动产）的范畴，出售行为本身也构成经营行为，就需要征收营业税和所得税。还有一点非常明确，即排放权属于无形商品，这种商品的销售和购买必须具备完整的统计监测体系和相应的文件系统作为支持和保证，需要政府的签证保证，这样买卖就出现印花税。

既然碳排放权买卖进程中出现印花税、营业税和所得税，接下来便是税率问题。国家及各级政府还未有针对碳排放权交易涉及的各项税收的税率及征收办法的相关规定。与碳交易有所关联的是财政部、国家税务总局联合发布的《关于中国清洁发展机制基金及清洁发展机制项目实施企业有关企业所得税政策问题的通知》（财税[2009]30 号），其中规定，企业实施清洁发展机制项目（CDM）的所得，自项目取得第一笔减排量转让收入所属纳税年度起，第一年至第三年免征企业所得税，第四年至第六年减半征收企业所得税①。但截至 2016 年 8 月，并没有相关文件规定碳交易涉及的收入可参照 CDM 项目享受优惠税率，因而碳交易的税务处理还缺乏依据。

如果碳排放权被相关法律确认为用益物权，那么在销售排放权过程中就需确定为一个起征点。企业将剩余排放权出售获取利润属于利得，性质上就需征收所得税，而企业应纳所得税额＝当期应纳税所得额×适用税率；应纳税所得额＝收入总额－准予扣除项目金额。那么准予扣除项目又有哪些呢？根据《企业所得税法》第八条、第九条、第十条、第十一条、第十二条、第十三条、第十四条、第十五条、第十六条、第十七条、第十八条，扣除项目主要包括企业实

---

① 李瑾，顾缵琪. 如何对碳排放权交易行为进行税务处理？[J]. 环境经济，2015，(7)：19.

际发生的与取得收入有关的、合理的支出，包括成本、费用、税金、损失和其他支出；固定资产折旧；按照规定计算的无形资产摊销；长期待摊费用，按照规定摊销的；存货成本；企业纳税年度发生的亏损，准予以后年度结转，用以后年度所得弥补等。这些准予扣除项目对排放权出售来说显然有着不同内容，譬如排放权出售所得即为收入总额，扣除项目显然应包括购买排放权的支出，是否也应该包括为减排投入的技术改造？尽管技术改造很可能是由于综合效益较大而进行的企业行为，但其总体支出可能很大，这里建议对碳排放权出售获取的利润免征所得税。其次，印花税问题，按照目前印花税条例，供应、预购、采购、购销结合及协作、调剂、补偿、易货等合同按购销金额 0.3‰贴花，因此碳排放交易行为应被确定为 0.3‰。排放权本身属于环保范畴，交易目的是通过最低成本取得最大的公益特性，因此为了促进市场效率、市场完善和发育，建议将营业税和印花税的税率降低到最低限度。

第二节　上海碳排放权交易制度体系

上海市碳交易政策法规体系主要由上海市地方政府和主管部门上海市发改委出台的政府文件以及交易平台上海市环境能源交易所出台的交易规则等构成。涉及上海市碳交易的法律基础、指导性文件，以及关于配额分配、二氧化碳排放核算和报告、配额注册登记和管理、市场交易等领域的规章和技术标准。

一、上海碳排放权交易规章制度构成

（一）政府规章

2013 年 11 月 6 日，上海市政府第 29 次常务会议通过《上海市碳排放管理试行办法》，并以上海市人民政府第 10 号令的形式发布，于 2013 年 11 月 20

日起施行。这是上海市碳排放权交易市场最高级别的政府文件，全文共七章四十五条，主要内容包括总则、配额管理、碳排放核查与配额清缴、配额交易、监督与保障、法律责任及附则。

（二）规范性文件

2012年7月3日，上海市人民政府发布《关于本市开展碳排放交易试点工作的实施意见》（沪府发[2012]64号），对上海碳排放权交易的各项工作进行了统筹安排。主要内容包括指导思想和基本原则、主要安排、主要任务、工作进度以及保障措施。

（三）管理文件

上海市发改委是上海碳排放权交易的主管部门，本部分的管理文件是发改委出台的一系列政策文件。主要内容包括配额分配及管理、碳排放核算与报告、碳排放核查以及相关的市场机制规定。

1. 配额管理

发改委确定纳入配额管理的行业范围及排放单位，确定各纳入配额管理单位的碳排放配额，采取免费或有偿的方式，向纳入配额管理单位分配配额。在配额管理方面，发改委发布的主要政策文件有：《上海市发展改革委关于公布本市碳排放交易试点企业名单（第一批）的通知》（沪发改环资[2012]172号）、《上海市2013—2015年碳排放配额分配和管理方案》（沪发改环资[2013]168号）、《上海市碳排放配额登记管理暂行规定》（沪发改环资[2013]170号）、《关于本市碳排放交易试点阶段碳排放配额结转有关事项的通知》（沪发改环资[2016]44号）。

2. 碳排放核算与报告

纳入配额管理的单位应对本单位能源计量实施监测，并编制本单位上一年度碳排放报告。发改委编制相关工作指南与细分行业的核算和报告方法以指导和规范纳入配额管理单位的碳排放监测和报告工作。相关报告方法主要有：《上海市温室气体排放核算与报告指南（试行）》（沪发改环资[2012]180号）、《上海市电力、热力生产业温室气体排放核算与报告方法（试行）》（沪发改环资[2012]181号）、《上海市钢铁行业温室气体排放核算与报告方法（试行）》（沪发改环资[2012]182号）、《上海市化工行业温室气体排放核算与报告方法（试行）》（沪发改环资[2012]183号）、《上海市有色金属行业温室气体排放核算与报告方法（试行）》（沪发改环资[2012]184号）、《上海市纺织、造纸行业温室气体排放核算与报告方法（试行）》（沪发改环资[2012]185号）、《上海市非金属矿物制品业温室气体排放核算与报告方法（试行）》（沪发改环资[2012]186号）、《上海市航空运输业温室气体排放核算与报告方法（试行）》（沪发改环资[2012]187号）、《上海市旅游饭店、商场、房地产业及金融业办公建筑温室气体排放核算与报告方法（试行）》（沪发改环资[2012]188号）、《上海市运输站点行业温室气体排放核算与报告方法（试行）》（沪发改环资[2012]189号）、《关于建立和加强本市应对气候变化统计工作的实施意见的通知》（沪发改环资[2015]16号）、《上海市水运行业温室气体排放核算与报告方法（试行）》（沪发改环资[2016]10号）、《关于开展本市拟纳入全国碳交易体系的企业历史碳排放报告工作的通知》（沪发改环资[2016]17号）。

3. 碳排放核查

第三方机构对纳入配额管理单位提交的碳排放报告进行核查，并向发改委提交核查报告。发改委负责建立第三方机构备案管理制度和核查工作规则，指导并监督管理第三方机构及其核查工作。相关制度与规则主要有：《上海市碳排放核查第三方机构管理暂行办法》（沪发改环资[2014]5号）、《上海市碳排放核查工作规则（试行）》（沪发改环资[2014]35号）。

4. 相关机制

上海碳排放权交易试点允许纳入配额管理单位以CCER用于配额清缴，发改委负责择机制定相关工作机制。主要有：《关于本市碳排放交易试点期间有关抵消机制使用规定的通知》（沪发改环资[2015]3号）、《关于本市碳排放交易试点期间进一步规范使用抵消机制有关规定的通知》（沪发改环资[2015]

53号)、《关于本市碳交易试点企业使用国家核证自愿减排量进行2014年度履约清缴有关工作的通知》(沪发改环资[2015]91号)。

(四) 市场规则

上海碳排放权交易平台设在上海环境能源交易所,由交易所制定碳排放交易规则。并根据碳排放权交易规则,制定会员管理、信息发布、结算交割以及风险控制等相关业务细则。主要有:《上海环境能源交易所碳排放交易规则》(沪环境交[2013]13号)、《上海环境能源交易所碳排放交易会员管理办法(试行)》(沪环境交[2013]14号)、《上海环境能源交易所碳排放交易结算细则(试行)》(沪环境交[2013]15号)、《上海环境能源交易所碳排放交易信息管理办法(试行)》(沪环境交[2013]16号)、《上海环境能源交易所碳排放交易风险控制管理办法(试行)》(沪环境交[2013]17号)、《上海环境能源交易所碳排放交易违规违约处理办法(试行)》(沪环境交[2013]18号)、《上海环境能源交易所碳排放交易机构投资者适当性制度实施办法(试行)》。

二、上海碳排放权交易规章制度存在的问题

(一) 法律效力较弱

碳排放权交易市场的建设和运行需要健全的法律依据作为保障。在我国7个试点碳市场中,普遍面临碳交易政策的强制性和约束力较弱的问题。仅有深圳市碳交易通过了地方人大立法,具有最高法律效力,北京和重庆出台的是人大决定,上海、广东和湖北三地是以政府规章的形式出台碳交易试点的管理办法,天津市仅出台部门规范性文件的形式。上海市以政府令规章对碳排放交易进行规制,法律位阶较低,效力有限。并且对违规和未遵约主体的处罚力度不强,难以对市场主体形成足够的约束力,也不利于相关执法工作的开展。此外,与深圳碳交易试点出台的《深圳市碳排放权交易试点工作实施方案》相比,上海市的《管理办法》并没有将上海市的减排目标纳入在内,导致试点的具

体实施工作缺乏相关法律支撑①。

(二) 监管体系有待完善

从理论上看，碳排放权交易的监管对象不仅包括纳入配额管理的单位，还应该包括第三方核查机构和交易机构等。由于相关法规、实施细则的缺位、部门权力交叉以及人力、物力方面的限制，使各试点碳交易主管部门监管能力有限，特别是造成对第三方核查机构和交易机构的监管不到位。核查机构的运行，无论是政府购买服务还是市场化运作都因为利益关联影响了核查工作的独立性和准确性。对于因交易机构的交易系统不完备、内部管理制度不健全等因素造成的市场实时交易情况、交易复核、信息披露等方面的缺陷，政府也存在监管缺失现象②。同时，由于纳入配额管理单位的能源消费数据、配额发放交易清缴数据等均没有公开发布的渠道，公众也无法对其进行监督。

(三) 与现行节能管理制度和政策存在冲突

碳交易制度与现有节能管理制度的出发点不同，所采取的政策手段也大相径庭。现普遍执行的节能管理制度与试点执行的碳交易管理制度之间，在目标考核、激励约束机制等问题上存在一定的矛盾冲突。我国二氧化硫排放交易的实践也可为前车之鉴：二氧化硫交易试点政策出台之后，与当时实行的排污收费政策、环境影响评价制度以及后来实行的强制脱硫电价，发生了不同程度的冲突或矛盾，又没有对新旧政策整合与协调，政策之间相互打架，执行困难，使企业执行起来无所适从，严重影响了政策执行的效率和效果。碳交易制度与现行节能管理制度之间的矛盾和衔接建议将在下一节中详细阐述。

---

① 张昕，范迪，桑懿. 上海碳交易试点进展调研报告[J]. 中国经贸导刊，2014，(8)：63-66.
② 郑爽，刘海燕，王际杰. 全国七省市碳交易试点进展总结[J]. 中国能源，2015，(9)：11-14.

第三节　上海碳交易制度与现有节能管理制度的衔接

上海已建立了较为完整的节能管理体系及政策框架，但应该看到，现有的节能管理体系及制度安排的出发点是约束并激励全社会节能，对企业的激励、约束制度与碳排放权交易机制的正常开展还存在着一定的矛盾冲突。同时从行政成本最小化的角度出发，碳排放权交易机制的管理可以与现有节能管理体系充分衔接。有鉴于此，笔者首先梳理了上海市现有的节能管理的制度基础，并剖析了这些政策条款与建立碳排放权交易机制之间的冲突和可对接之处，在此基础上，提出碳排放权交易机制与现有节能政策衔接的建议。

一、上海节能管理的制度基础

以 2009 年《上海市节约能源条例》的修订为标志，上海基本建立了较为成熟的节能管理体系。

（一）节能管理模式

总体来看，上海市节能管理实行行业主管部门和区县政府“条块结合”的管理模式。上海市政府成立了由主要领导担任组长、3 位分管领导担任副组长、25 个职能部门主要领导担任成员的节能减排工作领导小组，并成立了领导小组办公室（设在市发改委）。市和区、县发展改革行政管理部门负责对节能工作的综合协调和监督管理，组织拟订节能规划和政策措施，并负责协调实施；市和区、县经济信息化、建设交通、商务、机关事务、旅游、农业等行政管理部门按照各自职责，分别负责相关领域的节能监督管理工作；市和区、县科技、财政、统计、质量技监、规划国土资源、环保、住房保障房屋管理等行政管理部门按照各自职责，做好相关节能管理工作。

（二）节能目标管理

上海市政府根据全市年度节能计划，向市经济信息化、建设交通、商务、机关事务、旅游等行政管理部门和区、县人民政府下达节能目标。市级政府向重点用能单位下达节能目标；区、县级政府向纳入本区、县节能监控的用能单位下达节能目标。本市实行节能考核评价制度，将节能目标完成情况和节能措施落实情况，作为对市经济信息化、建设交通、商务、机关事务、旅游等行政管理部门和区、县级政府及其负责人年度考核评价的内容。市和区、县各级政府应当对各自监控的用能单位的节能目标完成和节能措施落实情况进行年度评价，并将评价结果向社会公布。

（三）重点用能单位管理

对重点用能单位的管理是上海节能管理的重点工作。《上海市节能能源条例》规定：重点用能单位应当制定年度节能计划，采取节能措施，提高能源利用效率，控制能源消耗总量，完成市人民政府下达的节能目标。重点用能单位和纳入区、县节能监控的用能单位超额完成下达的节能目标的，市或者区、县各级政府给予表彰、奖励。重点用能单位应当每年向市相关行政管理部门报送上年度的能源利用状况报告。重点用能单位未完成上年度节能目标的，应当在能源利用状况报告中说明原因。相关行政管理部门应当按照法律、行政法规和国家有关规定，对重点用能单位报送的上年度能源利用状况报告进行审查。重点用能单位建立内部能源审计制度，对能源生产、转换和消费进行全面检查和监督。重点用能单位设立能源管理岗位，在具有节能专业知识、实际经验以及中级以上技术职称的人员中聘任能源管理负责人，并报市相关行政管理部门备案。可见上海重点用能单位已经基本具备了进行碳排放权交易的物质、人员基础。

（四）能源统计核算管理

上海建立了比较完善的能耗统计管理体系。在统计监测机制方面，加强对重点用能单位的跟踪监测。为及时向市领导及相关部门提供能源消费情况和单位 GDP 能耗情况，市统计局先后建立季度 GDP 能耗的分析监测机制，收集、利用相关综合部门的能源品种供应和消费资料，并对季度 GDP 能耗的分析监测；建立重点能耗综合部门的季度能源消费预测分析制度，及时了解各单位的生产经营情况、节能降耗措施以及可能产生的影响；对重点用能单位开展动态跟踪，在年综合能耗 5 万吨标准煤以上的工业和交通运输业企业建立月报统计制度，监测分析其生产经营和能耗变动情况。此外，如重点用能单位每年 1 月、7 月，分别向市、区（县）或行业节能行政主管部门报送《能源利用状况分析报告》《节能指标完成情况表》和《节能技改项目表》报送制度。同时，加强能源计量管理制度，严格遵守国家《用能单位能源计量器具配备和管理通则》。此外，针对不同能耗总量标准的企业，统计报送的周期存在不同。大中型企业要求开展能源统计数据联网直报工作，2 000 吨标煤以上的能耗企业实施季报。

（五）节能目标奖惩制度

在《上海市重点用能单位加强节能管理工作的意见（试行）》中，规定“企业法人为节能管理第一责任人，并将本单位节能目标和责任，层层分解，实行逐级考核和节能目标管理”。此外，重点用能单位与各区县签署目标责任书，各控股集团公司与本系统重点用能单位签订目标责任书。在《上海市区县人民政府单位 GDP 能耗考核体系实施方案》中，采用上海市区县政府节能目标责任评价指标体系量化考核各区县政府节能目标的完成情况和落实各节能措施的情况，并对未完成考核目标的区县采取惩罚措施。在《上海市工业节能降耗考核实施方案》中，对工业控股（集团）公司、上海市各区县经委（上海化学工业区参照）、列入国家“千家企业”名单的 11 家企业、年耗能 1 万吨标准煤以上的企业进行定量和定性相结合的考核，以考察企业节能目标完成情况与节能措施落实情况。其中，针对未完成考核目标的企业采取的主要措施有：领导干部不得参加年度评奖、授予荣誉称号等，不得享受本市给予的相关产业扶持政策，对其新建项目和新增工业用地暂停核准和审批，同时考核等级为“未完成”的企业，应在评价考核结果公告后一个月内，向市经委作出书面报告，提出限期整改工作措施。整改不到位的，由市节能监察中心依据有关规定追究该单位有关责任人员和单位的责任或进行经济处罚。

二、碳排放权交易机制与现行节能政策间的矛盾

（一）节能目标考核与碳交易的矛盾

上文所述本市进行节能目标管理，将用能指标层层分解，逐级考核。碳排放状况是与能源消费状况紧密相关的，节能或能源结构优化可以显著减少碳排放。碳排放权交易是一种市场机制，减排成本较低的企业可以通过节能超额完成减排任务，在市场上出卖碳排放配额，同时也为减排成本较高的企业提供了一条新的履约手段，即可以通过购买碳排放配额完成减排任务。也就是说购买碳排放配额的企业符合了碳排放交易机制的要求，但其自身的能源消耗并未得到有效减少，自身节能目标并未完成。特别是上海的碳排放状况呈现显著的重点行业、重点企业集中的特征，部分特大型企业的能源消耗甚至占全市能源消耗的10%左右。这些企业若是选择从市场购买碳排放配额而非自身节能，则会导致其相应主管部门或主管区县的节能目标未能完成。这就与节能目标管理、逐级考核的管理方针产生了矛盾。

在现行节能目标管理制度下，企业只有唯一的选择，就是千方百计节能。而在碳排放权交易机制下，企业可以选择节能，也可以选择购买配额，选择依据则是在于企业减排成本的高低。需要指出的是，参加排放交易机制的企业实质已经用配额管理对其进行了用能约束，如果纳入排放交易机制的企业不能豁免节能目标考核义务，则可以预见，纳入交易机制的企业仍将选择千方百计节能，而不选择购买配额，那么本市碳排放权交易市场的有效需求将严重不足。

（二）市场激励与政策激励的冲突

在现行的节能管理相关法律法规中，对节能的政策激励已经基本成体系。包括节能技术改造专项资金资助、节能技改成果的财政奖励、合同能源管理项目的专项资金资助及成果奖励、清洁生产的成果奖励及有关节能补贴政策。仅节能技改成果的奖励额度就达到节约1吨标准煤奖励300元，若企业选择合同能源管理项目来节能，则可获得每吨标准煤奖励500元（或项目投资额30%）的奖励，另外目前本市每年用于节能技术改造专项的资金最高达20亿元等。可见企业如果通过节能技改或合同能源管理实现大幅节能，可以有较高额度的奖励。另一方面，如果是纳入配额管理的企业，则其不但可享受各级政府的政策奖励，还可以从市场交易中获得额外收入。也就是说选择节能的企业将获得双重的激励，而选择购买交易配额的企业则实质是产生双重的损失。如此明确而巨大的利益导向会促使纳入配额管理的企业"用脚投票"，选择千方百计节能。这样一来同样会使市场存在有效需求不足的风险。

同时需要说明，纳入配额管理单位的减排成本是不同的，由于可以获得奖励，并能获得专项资金支持，在巨大的利益诱导下，即使许多减排成本较高的企业仍然选择用比购买碳配额更多的资金去节能，这就无法体现出碳排放权交易机制可通过市场手段降低减排的整体成本的优势。从我国已经实行的二氧化硫排放交易中，也可以发现此类问题，造成市场交易极不活跃，甚至部分时间出现零需求。本市碳排放权交易机制设计中应该予以借鉴。

（三）节能监管与碳减排监管的潜在矛盾

现有节能管理的监督管理机构是由上海市经信委负责重点用能单位节能管理的监督管理工作，各有关部门根据各自职责共同做好重点用能单位的节能管理监督工作。市经信委主管的上海市节能监察中心对全市重点用能单位进行节能监察。而就现有碳排放权交易机制的设计来看，上海市发改委负责碳排放权交易机制的制度设计及市场的监督管理工作，由发改委主管的上海市节能减排中心来进行碳减排监察。可见，未来碳排放权交易实施后，对纳入配额管理的企业，将存在两套并行的管理体系。实际上，节能管理与碳排放管理存在很多内在的有机联系，双重的管理体制和考核政策将带来企业执行上的“无所适从”。

(四) 碳排放与能源统计核算之间未对接

目前上海已经建立了较为完备的能源统计制度、节能量核算审核制度等，这些制度安排也可运用至碳排放权交易机制中。目前碳排放的计算是根据能源消费及能源消费结构进行估算的，因此能源统计是碳排放统计的基础。从降低成本的角度来看，现有的能源统计规章、设备、人员可以沿用，而不需要再重新配备。碳排放权交易机制试点工作开始后，企业原有的能源管理岗位、能源计量器具可照常使用，能源统计核算更细化一些，将按照碳排放核算的要求展开，如列明能源结构、能源品种做出含硫、含碳的明细表等。

三、上海碳排放权交易机制与现行节能政策的衔接

(一) 碳排放削减指标与节能指标考核的对接

上海目前实行节能目标管理，将用能指标层层分解，逐级考核。而碳排放权交易是一种市场机制，减排成本较低的企业可以通过节能超额完成减排任务，在市场上卖出碳排放配额；同时也为减排成本较高的企业提供了一条新的履约手段，即可以通过购买碳排放配额完成减排任务。也就是说购买碳排放配额的企业符合了碳排放权交易机制的要求，但其自身的能源消耗并未得到有效减少。特别是对于部分大型重点用能企业，若其选择购买配额而非自身节能，则会导致其相应主管部门或主管区县的节能目标未能完成而受到相应惩罚。碳排放权交易与节能目标管理、逐级考核的管理方针产生了矛盾。建议在对以市场手段(购买碳配额)实现企业碳减排履约义务的企业所实现的碳排放削减量可以按规定的方法折算成相应的节能量，并允许抵扣企业所应承担的相应节能义务。

（二）市场激励对财政激励的替代

如前文所述，碳交易机制与节能财政激励政策并行在某种程度上会扭曲碳市场的价格发现功能。为此，笔者建议，对于纳入配额管理的企业，财政激励可逐步退出，如沪经节[2008]484号对节能技改项目节能量奖励的规定、沪府办发[2010]21号对合同能源管理项目节能量进行奖励的规定、沪经节[2008]502号对清洁生产试点单位专项资助的固定、沪府办发[2010]22号对高效节能空调配套补贴的规定。使交易企业从市场上获得激励，同时逐步减轻政府的财政负担，降低全社会的节能减碳成本，培育健康、有序的碳交易市场。

（三）碳排放与能源统计核算衔接

现有能源统计核算制度基本成熟，碳排放统计核算与能源统计核算政策衔接时基本可以对现有政策进行拓展，并进一步说明碳排放统计核算的相关特殊要求。如沪经信节[2010]111号、沪发改环资[2010]052号、沪统字[2008]22号、沪发改能源[2006]110号（见表9－1）。

表9－1　碳排放与能源统计核算衔接明细

	现有政策条文	文件来源	衔接建议
1	年综合能源消费量5千吨标准煤以上的工业重点用能单位，均应当设立能源管理岗位，在具有节能专业知识、能源管理工作的实际经验以及中级以上技术职称的人员中聘任能源管理负责人，并报市相关行政管理部门备案； 年综合能源消费量5万吨标准煤以上的工业重点用能单位，还应当明确能源管理机构，设立能源计量、统计、审计等能源管理岗位，并报市相关行政管理部门备案	沪经信节[2010]111号	年综合能源消费量5千吨标准煤以上的企业，均应当设立碳排放管理岗位； 纳入交易圈企业应当明确碳排放管理机构，可与原有能源管理机构合并，但须设有碳排放计量、统计、审计的碳排放管理岗位，并报相关行政管理部门备案

续 表

	现有政策条文	文件来源	衔接建议
2	上海市节能量审核机构管理办法	沪发改环资[2010]052号	可借鉴,并出台碳排放核证机构管理办法
3	根据GB17167—2006《用能单位能源计量器具配备和管理通则》,配齐用好计量器具和仪器仪表,保证安全、正常运行	沪统字[2008]22号	配齐用好碳排放计量和仪器仪表,保证安全、正常运行
4	对本市纳入节能降耗目标考核范围的单位,在节能降耗考核中可将可再生能源利用量抵扣用能量	沪发改能源[2006]110号	对纳入配额管理的企业,在碳排放核算中可将可再生能源利用量抵扣用能量

资料来源:笔者整理。

(四)适度调整现有财税政策条款

由于碳排放权交易属于新兴的商品交易形式,对其进行会计处理、税务申报等过程中会存在“无法可依”的情况。比如:碳交易过程中涉及买卖双方账务支出,而碳排放又不属于生产内容无法将其纳入生产成本,且会计法则处理上没有相应科目。在税法调整和会计准则都无法调整的情况下,部分现有财税政策可作出局部微调拓展至碳交易管理,如:沪经节[2008]484号对节能技改项目奖励资金财务上作资本公积处理的规定、沪经信节[2009]298号购置节能设备抵扣所得税的规定、沪发改环资[2011]073号上海节能降耗和应对气候变化基础工作及能力建设资金使用的规定、沪经节[2008]82号上海市节能降耗管理能力建设专项资金使用。

另外,上海税务部门可就一些参与碳交易单位试点所涉及地方税收权限范围内的税收政策做适当调整(见表9-2)。

表 9-2 财税政策与碳交易衔接的建议

	现有政策条文	文件来源	衔接建议
1	根据节能技改项目实施后直接产生的节能量计算，年节约每吨标准煤奖励 300 元。单个项目奖励金额原则上不超过 300 万元	沪经节[2008]484 号	此条款不适用于纳入碳排放权交易机制的企业
2	节能技改项目奖励资金在财务上作资本公积处理	沪经节[2008]484 号	碳排放权交易收入在财务上作资本公积处理
3	对在本市地域内开展的、合同金额高于 15 万元且实施后年节能量超过 50 吨标准煤的合同能源管理项目，按年节能量计算的，给予每吨标准煤 500 元的奖励；按照年节能率计算的，给予不超过项目投资额 30%的奖励	沪府办发[2010]21 号	此条款不适用于纳入碳排放权交易机制的企业
4	购置列入《目录》范围内的节能节水、环境保护和安全生产专用设备，可以按专用设备投资额的 10%抵免当年企业所得税应纳税额	沪经信节[2009]298 号	购置列入《目录》范围内的降低碳排放设备、碳排放计量器具等，可以按专用设备投资额的 10%抵免当年企业所得税应纳税额
5	上海市节能降耗和应对气候变化基础工作及能力建设资金使用：组织开展与应对气候变化相关的温室气体排放清单编制、低碳试点、碳标识、碳认证和碳交易试点等工作	沪发改环资[2011]073 号	可沿用
6	对列入《上海市环保三年行动计划》清洁生产试点名单，按照国家《清洁生产审核暂行办法》，并已通过清洁生产审核、审计，达到国家标准的示范企业，给予专项资助，资助额最高不超过 20 万元；	沪经节[2008]502 号	此条款不适用于纳入碳排放权交易机制的企业

续 表

	现有政策条文	文件来源	衔接建议
6	对列入本市清洁生产示范的中、高费方案项目,原则上按不超过投资额的20%予以补贴,资助金额最高不超过100万元	沪经节[2008]502号	此条款不适用于纳入碳排放权交易机制的企业
7	上海市节能降耗管理能力建设专项资金使用:组织或委托专业机构,对上海重点用能单位、企业集团、区县政府等相关能源管理人员专业培训;重点用能单位能源消耗监控、检测和管理信息平台建设等	沪经节[2008]82号	组织或委托专业机构,对上海碳排放交易企业、重点用能单位、区县政府等相关碳排放管理人员进行专业培训;重点用能单位碳排放监控、检测和管理信息平台建设等
8	自2010年6月1日起,对高效定频节能空调按新能效标准能效等级2级及以上的推广产品给予地方财政配套补贴,每台/套100—150元; 对高效变频节能空调推广产品给予地方财政配套补贴仍参照现有能效标准,每台/套补贴250—400元	沪府办发[2010]22号	此条款不适用于纳入碳排放权交易机制的企业

资料来源:笔者整理。

(五)与现行节能约束机制的衔接

《上海市节约能源条例》作为上海市节能的地方性立法,对于上海市节能主体的法律责任做出了明确规定。通过对现有法律条文的部分修改,可以起到对碳排放权交易机制中各参与主体的违约或不合法行为进行约束和惩罚的作用。此外,也可参照沪发改价管[2010]012号的规定,对未能履约的企业实行惩罚性电价。

这里,笔者提出碳排放权交易机制与现行节能约束机制相衔接的建议(见表9-3)。

表 9-3　　碳交易与现行节能约束机制衔接建议

	现有政策条文	文件来源	衔接建议
1	从事节能咨询、设计、评估、检测、审计、认证等服务的机构提供虚假信息的，由市或者区、县相关行政管理部门责令改正，没收违法所得，并处以五万元以上十万元以下罚款	上海市节约能源条例	从事碳排放咨询、设计、评估、检测、审计、认证等服务的机构提供虚假信息的，由市或者区、县相关行政管理部门责令改正，没收违法所得，并处以五万元以上十万元以下罚款
2	重点用能单位未按规定报送能源利用状况报告或者报告内容不实的，由市相关行政管理部门责令限期改正；逾期不改正的，处以一万元以上五万元以下罚款	上海市节约能源条例	纳入配额管理企业未按规定报送碳排放状况报告或者报告内容不实的，由市相关行政管理部门责令限期改正；逾期不改正的，处以一万元以上五万元以下罚款
3	重点用能单位无正当理由拒不落实整改要求或者整改没有达到要求的，由市相关行政管理部门处以十万元以上三十万元以下罚款	上海市节约能源条例	纳入配额管理企业碳减排未能履约的，由市相关行政管理部门处以十万元以上三十万元以下罚款
4	重点用能单位未设立能源管理岗位，聘任能源管理负责人，并报市相关行政管理部门备案的，由市相关行政管理部门责令改正；拒不改正的，处以一万元以上三万元以下罚款	上海市节约能源条例	纳入配额管理企业未设立碳排放管理岗位，并报市相关行政管理部门备案的，由市相关行政管理部门责令改正；拒不改正的，处以一万元以上三万元以下罚款
5	年综合能源消费量五万吨标准煤以上的重点用能单位未明确能源管理机构，或者未设立专门的能源计量、统计、审计等能源管理岗位，并报市相关行政管理部门备案的，由市相关行政管理部门责令限期改正；拒不改正的，处以一万元以上三万元以下罚款	上海市节约能源条例	沿用

续 表

	现有政策条文	文件来源	衔接建议
6	提高差别电价加价标准，限制类企业执行的电价加价标准由现行每千瓦时0.05元提高到0.15元，淘汰类企业执行的电价加价标准由现行每千瓦时0.20元提高到0.40元	沪发改价管[2010]012号	碳配额清缴未能履约的企业，执行差别电价标准
7	自2010年7月1日起，对能源消耗超过国家和地方规定的单位产品能耗(电耗)限额标准的，实行惩罚性电价	沪发改价管[2010]012号	碳配额清缴未能履约的企业，实行惩罚性电价

资料来源：笔者整理。

第十章　国内外排污权交易对上海碳排放权交易的启示

本章结合国内外排污权交易实践的经验和教训，探索研究上海市在市场经济体制背景下，如何从制度设计、具体操作层面完善排污权交易试点设计方案，逐步建立真正意义上的上海市排污权交易市场，为上海市乃至国家开展碳排放权交易试点工作提供借鉴和参考。

第一节　国外排污权交易进展分析

一、国外排污权交易的缘起

从国际层面来看，自美国经济学家戴尔斯(Dales)在1970年代开始把科斯定理应用于水污染控制研究，明确提出了排污权交易后，许多研究者进入这一领域进行了深入的研究；其中，科洛克(Croker)对空气污染控制的研究，奠定了排污权交易的理论基础。目前，排污权交易已在美国、德国、澳大利亚、英国等一些市场经济相对发达国家相继进行了实践。这一制度在我国被称为“排污交易”。它一直被认为是一项法律化的经济手段，其产生经历了由单项制度到综合性制度的发展过程。

1986 年 12 月 4 日，美国政府正式颁布《排污交易政策总结报告书》。这份报告全面阐述了排污交易政策及一般原则，并取代了 1979 年颁发的“泡泡政策”，成为美国联邦环保局在《清洁空气法》下指导“泡泡”削减污染物的主要依据。排污交易制度最初在空气污染控制方面适用，后来从钢铁行业建立“水泡”开始，逐渐推广至水污染控制领域和其他领域。1990 年代，美国在对《清洁空气法》《清洁水法》的修改中，都确立了这一制度。其他一些国家也不同程度地接受了这一制度，甚至发展成为世界范围内的一项交易政策。

二、美国排污权交易市场

（一）美国排污权交易的一级市场

美国排污权交易的一级市场是指政府将排污许可证份额分配给企业的市场。根据《清洁空气法》的规定，排污许可证份额的分配方式主要有无偿分配、拍卖、固定价格出售三种形式。

1. 无偿分配

美国排污许可证份额分配的主要方式是无偿分配，分配量占到分配总量的 97.2%。无偿分配许可证份额的计算公式是：许可证份额＝基准能耗水平×规定的排放率。基准能耗水平是指年平均能耗。1985 年 1 月 1 日前已运行的排污设施，按其在能源部门登记的 1985—1987 年的平均能耗计算；没有登记的按经 EPA(联邦环保局)核对有效的数据计算。1985 年 1 月 1 日以后开始运行的排污设施，基准能耗水平为投产最初 3 年的年平均水平。规定的排放率在两个阶段有所不同。第一阶段，各排污设施规定的排放率是 2.5 lb/mmBtu；第二阶段，已经存在的排污设施规定的排放率进一步缩小，新的排污设施规定的排放率是 1.2 lb/mmBtu。

2. 拍卖

每年 EPA 会将当年全部许可证份额的 2.8%用于拍卖和固定价格出售。已经存在的排污设施和新的排污设施可以通过拍卖，购买所需的份额。同时，拍卖还为市场提供价格信号。每年 EPA 都会进行许可证份额的拍卖，并会向任何人开放。凡是希望购买许可证份额的人必须在拍卖日前的 3 个交易日，向 EPA 递交密封的要约，要约内容包括竞拍的许可证份额数量、价格以及种类等信息。另外每个要约还必须带有一份承兑的支票或信用证，用来支付总的拍卖金额。

3. 固定价格出售

任何人可以以每单位 1 500 美金的价格向 EPA 购买许可证份额。EPA 根据收到购买申请的顺序批准申请的份额，直到所有份额售完为止。

(二) 美国排污权交易的二级市场

1. 市场交易的主体、内容及方式

美国排污权交易二级市场的交易主体可以分三大类：需达标排放者、投资者和环保主义者。需达标排放者是指酸雨计划的参加者，他们购买许可证份额的目的主要是为了年度审核时，持有足够多的相当于其二氧化硫排放量的许可证份额。投资者包括经纪人、企业或者个人，类似于股票交易商低买高卖，从中赢利；这部分交易主体为数不多，但对于完善、活跃市场发挥着重要的作用。环保主义者参与排污权交易的主要目的是购入并储存许可证份额，使市场上许可证份额总量减少，相应地二氧化硫的排放量减少。这部分参与者包括环保团体、个人或者政府。

美国作为排污权交易的起源地，其交易的内容以及方式已经发展到高级阶段。其交易的内容由现货交易延伸至期货交易。其交易的方式也由分散交易转向集中交易，前者是指公开拍卖或买卖双方通过个别谈判缔结合同，后者是指通过交易所集中竞价达成买卖协议。

2. 主要的交易平台

美国具备高度发达的排污权交易二级市场，不仅有排污权现货交易平台（主要是芝加哥气候交易所），还有排污权期货交易平台（主要是芝加哥气候期货交易所和纽约商业交易所）。这里以芝加哥为例加以阐述。

芝加哥气候交易所(CCX)：2003年1月,由10多家美国大公司发起成立的"芝加哥气候交易所",是全世界第一家专门进行排污权交易的商品交易所。芝加哥气候交易所的交易系统由以下3个部分组成：(1) CCX交易平台。CCX交易平台是为注册登记账户之间进行交易的电子网络市场。该平台将即时的交易情况显示在交易者的电脑上,使得交易变得公开透明。该平台既支持匿名的交易结算,也支持通过系统以外的私下谈判达成的双边交易。(2) 票据交换与结账平台。票据交换与结账平台每天接收由CCX交易平台发送的所有交易信息,处理与结算当日所有的交易资料。票据交换与结账平台除每日提出贸易结账的费用指示单之外,还将当日交易信息以及结算结果自动更新至登记账户持有者的电子账户中并传达给各会员。(3) 注册登记系统。注册登记系统是一个保有正式交易记录并负责转让登记账户持有者的碳信用工具的电子数据库。以上3个组成部分整合在一起将即时进行的交易数据提供给注册账户持有者,并帮助管理会员的排放基准能耗水平、削减目标以及执行情况。

芝加哥气候期货交易所：芝加哥气候期货交易所是世界领先的环境衍生品交易市场,它是由芝加哥气候交易所出资,于2004年9月成立,进行排污权等环境商品的期货、期权交易的市场平台。其交易的项目包括硫化物的期货、期权,氮化物的期货、期权,碳化物的期货、期权,排污削减信用的期货、期权及清洁能源的指数等与环境相关的金融产品。它为客户提供标准化合同、数据信息平台、电子交易平台、风险规避、期货期权交易结算等服务。市场交易主体分别在各自的经纪公司和芝加哥气候期货交易所开设账户。通过电子交易平台,出售者发出卖出指令,购买者发出买入指令。芝加哥气候期货交易所的结算系统自动对指令进行处理(卖出价从低到高,买入价从高到低),配对搓成交易。结算系统与市场主体委托的经纪公司分别进行交割。市场主体与各自的经纪公司进行交割。

3. 交易的过程

——开设账户。市场主体向EPA提出申请,在排污份额追踪系统中开设账户，并指定账户的法定代表人。

——寻找交易对象。排污份额的交易主体可以通过经纪公司、交易平台以及 EPA 等渠道寻找交易对象。

——缔结合同。若是分散交易，则交易双方自由协商，确定许可证份额的种类、数量、价格等内容，缔结买卖合同。若是集中竞价交易，则由个人或通过经纪公司，在交易平台开设交易账户，向交易平台发出买进或卖出指令，交易平台根据交易规则处理客户指令。

——交割。根据交易协议的规定，出售者与购买者之间办理具体的资金和排污权的交割手续。通过交易平台集中竞价交易的，则通过相应的清算系统办理交割手续。

——变更登记。EPA 为市场交易的主体设置企业账户和普通账户。前者为排污企业建立，用于审核许可证份额的持有量是否符合排污企业的排放量；后者为其他交易主体建立。一旦达成交易协议，交易双方需向 EPA 提交许可证份额交易表。EPA 确认手续完备后，按交易表的要求将交易的许可证份额从一方的账户转移到另一方账户，并将账户变化信息反馈给交易者；若双方没有异议，交易即告完成。

4. 许可证份额追踪系统

许可证份额追踪系统（ATS）是一个数据信息记录系统，由 EPA 负责管理，其数据与拍卖平台和交易平台的数据相衔接，以保证数据持续更新。任何参与酸雨计划的企业以及排污权交易二级市场的参与主体，都需要指定自己的代表，向 EPA 申请在许可证份额追踪系统中开设账户，记录许可证份额的变更情况。许可证份额追踪系统主要具有两个作用，即信息平台作用和许可证份额账户监测作用。

——信息平台作用。EPA 用许可证份额追踪系统记录每个企业的许可证份额交易情况，包括交易的数量、交易的日期等。由于任何有意向进行许可证份额交易的主体，都可以向 EPA 申请在许可证份额追踪系统中开立账户，因此该系统的所有信息是向社会公开的，从而为市场提供各类有效信息，如许可证份额持有者、持有的份额、许可证交易日期等。

——许可证份额账户监测作用。许可证份额追踪系统除记录企业交易的许可证份额变化情况外，还记录无偿分配、拍卖和奖励等方式获得的许可证份额、各种许可证份额储备、各种许可证份额扣除等情况。因此，在许可证份额追踪系统中，记录了每个账户的许可证份额变动情况。从许可证份额追踪系统的记录情况，可以了解到每个账户所持有的许可证份额总量，为 EPA 监测排污设施是否完成达标任务提供依据。

美国、欧盟和澳洲等国家和地区排放权交易情况见表 10－1。

表 10－1　美国、欧盟和澳洲等国家和地区排放权交易情况

国家/联盟 内容	美　国	欧　盟	澳　洲
政策依据	《清洁空气法》、EPA 的排污权交易计划、“酸雨计划”、加州南部的 RECLAIM (Regional Clean Air Incentives Market)计划等，其中最具影响力的是“酸雨计划”； 总量控制和交易政策(Cap and Trade)	欧盟排放贸易体系(European Union Emission Trading Scheme，EU ETS)	盐削减信用：Murray-Darling 流域盐化和排水战略
交易品种	SO_2、NO_X、颗粒物、CO、消耗臭氧层物质、挥发性有机物(VOCs)、水污染物、汽油铅含量等	CO_2	盐水
区域范围	既有全国性计划，又有区域性计划。 “酸雨计划”：第一阶段从 1995 年开始，主要针对美国密西西比河东部排放最为集中的 110 个电厂的 263 个单元；第二阶段，从 2000 年开始，将其余的排污单元亦纳入计划	“排污权交易计划”的实施包括两个阶段： 第一阶段是从 2005 年 1 月 1 日至 2007 年 12 月 31 日，市场规模限定为欧盟国家； 第二阶段是从 2008 年 1 月 1 日至 2012 年 12 月 31 日，扩展到欧盟以外的国家	新南威尔士、维多利亚及南澳州

续　表

内容＼国家/联盟	美　国	欧　盟	澳　洲
交易方式和主体	“酸雨计划”的实施对象为电力行业。 《清洁空气法》第 402 条规定，排放削减对象即二氧化硫设施具体包括：1) 1990 年 11 月 15 日《清洁空气法》修改后开始营业的设施，被称为“新建设施”；2) 1990 年 11 月 15 日前已经营业，并生产供买卖用电力，具备发电机设备的发电设施，称为“既存设施”	包括炼油、能源、冶炼、钢铁、水泥、陶瓷、玻璃与造纸等行业的 12 000 处设施，这些设施所排放的二氧化碳占欧洲总量 46%。 在选择参与主体方面，欧盟制定了确定某个工厂（排放源）是否参与“排放权交易计划”的标准：查核工厂设施是否进行如指令内附录 1 所列的活动，如果进行如附录 1 所列的活动，而且温室气体排放量还可能超过规定的门槛，那就要纳入该计划的管理	Murray-Darling 流域各州
交易机构	芝加哥气候交易所、绿色交易所等	欧洲气候交易所（ECX）、欧洲能源交易所（EEX）、奥地利能源交易所（EXAA）、北欧电力库（Nord Pool）和 Bluenext 环境交易所等	
交易内容	以 1 年为周期，通过确定参加单位、排污权初始分配、排污权交易和排污权审核 4 部分工作来实现污染控制的管理目标。 出让排污权有三条途径：出售给需要的企业，“储存”在 EPA，参加 EPA 的年度拍卖。 获取排污权的方式也有很多种：向排污权持有者购买（其他污染源、投资机构、环保组织），参加 EPA 年度拍卖，申请 EPA 奖励计划	“排放权交易体系”以“定量配额”（此处的“定量配额”相当于美国的“总量控制”）为基础，各个国家制定“国家分配计划”。 计划应说明将发放排放权的数量以及如何分配。核定分配的二氧化碳排放许可量可以在市场上自由交易	对进入河流系统的盐水进行管理或对改善整个流域的工程进行投资时，可产生“盐信用”。这些信用可以在各州间进行转让，但是基本上用在那些需要向河流排水因而需要抵消其“借贷”的州

续 表

国家/联盟 内容	美 国	欧 盟	澳 洲
初始分配	环保部门根据企业历史的排污数据，并考虑其削减能力，进行初始分配。 初始分配有 3 种形式：无偿分配、拍卖和奖励。其中，无偿分配是排污权初始分配的主要渠道(约占初始分配总量的 97%)。同时，为了保证新建的排放源获得必需的排污许可，酸雨计划中特别授权美国联邦环保局从每年的初始分配总量中专门保留了部分许可证作为特别储备进行拍卖(占分配总量的 2.8%)。另外，还设立了两个专门的储备用于奖励企业的某些减排行为	第一阶段，会员国所发放的排放权有 95%必须免费分配给各厂商，并且要求在运作前 3 个月完成分配手续。 第二阶段，会员国所发放的排放权有 90%必须免费分配给各厂商，并且要求在运作前 12 个月完成分配手续。 国家分配计划的操作程序主要包括 4 个步骤：确定所有必须参加排放权交易的厂商名单；确定将排放许可总量分配给所有参与排放权交易的部门；确定各产业部门所分配到的排放许可，分配过程必须透明，且按照其最近的实际排放情况；确定各厂商所分配到的排放许可	
其 他	排污权审核调整：为了确保排污权和 SO_2 排放量的对应关系，EPA 对交易体系参加单位每年进行一次排污权的审核和调整，检查各排污单位当年的子账户中是否持有足够的许可证用于 SO_2 的排放。 若不足，需缴纳罚金，金额为超过的数量乘以 2 000 美元，根据年度消费价格指数调整。若有剩余，则将余额转移至该企业的次年子账户或普通账户。 EPA 主要依靠 3 个数据信息系统进行审核：排污跟踪系统、年度调整系统和排污权跟踪系统	通过《连接指令函》，欧盟允许企业使用联合履行机制(JI)和清洁发展机制(CDM)项目减排额来履行减排义务。 但是，欧盟实际上并未能形成一个明确的、对于 JI 和 CDM 项目减排额使用的比例限制。 目前交易形式有：排放配额交易和核证减排交易(CERs)	在企业和个人之间，信用不可以转让，但是该制度有可能会朝可转让方向修订。 澳大利亚政府在今年 4 月宣布搁置了一个排污权交易计划(Carbon Pollution Reduction Scheme)

资料来源：笔者根据美国、欧盟、澳大利亚的相关政策文件整理。

第二节 国内主要省市排污权交易的框架体系

一、国内排污权交易试点的历程

我国排污权交易制度的酝酿工作可以追溯到1988年开始试点的排污许可证制度。当时只是在上海、北京、徐州、常州等大约18个大、中型城市进行水污染物排放许可证试点，进行必要的理论探索。从1994年起，原国家环保总局开始在所有城市推广该制度，截至1996年全国地级以上城市普遍实行了排放水污染物许可证制度。在此基础上，部分城市探索了水污染物排污权交易的工作。

原国家环保总局于1991年选择在包头、开远、柳州、太原、平顶山和贵阳6个城市进行大气排污权交易政策实施的试点。这些试点项目可以看作是中国起步阶段的排污权交易试点，因为该阶段所处的时期中国还没有确定总量控制的污染控制战略。而此后的几个大型试点项目都是在总量控制的框架下实施的。

2002年3月1日，原国家环保总局下发了《关于开展"推动中国二氧化硫排放总量控制及排污权交易政策实施的研究项目"示范工作的通知》(环办函[2002]51号)，在山东、山西、江苏、河南、上海、天津、柳州共7个省市，开展二氧化硫排放总量控制及排污权交易试点工作。这是迄今为止中国政府启动的最大规模的排污权交易示范工作。在该项目的推动下完成了多项排污权交易案例，积累了更加丰富的实践经验，证明了在中国，如长江三角洲地区这样经济迅猛发展的区域内，排污权交易这种市场手段的旺盛生命力。

2007年11月，国内首个排污权交易平台——浙江省嘉兴市排污权储备交易中心揭牌成立。它是在当地环保局授权和指导下从事主要污染物排污权交易的专门机构，它为排污权可转让方和需求方搭建了一个交易平台。无论是出让还是购买排污权，都必须先向排污权储备交易中心提出申请，中心初审受理后，再经环保部门进行审核确认，最后才能同储备交易中心签合同成交。该平台的成立，意味着国内的排污权交易开始实现规模化、制度化。

2008年8月，上海、天津分别成立环境能源交易所，初步构建了市场化的排污权交易平台。其中，上海环境能源交易所的主要业务分为三大板块，一是节能减排与环保的技术交易；二是国内排污权交易；三是国际碳排放（CDM）项目服务。排污权交易虽是重点之一，但因受法规、观念、技术等制约，进展不快。

截至2015年底，全国已有15个省（市）开展排污权交易试点。

二、沪苏浙排污权有偿使用和交易的制度框架

（一）浙江省排污权有偿使用和交易的制度体系

浙江省于2009年就开展了排污权有偿使用和交易试点，经过6年多的实践，基本形成了一套较为完整的制度框架体系。2009年7月，浙江省政府出台的《关于开展排污权有偿使用和交易试点工作的指导意见》中，明确了试点范围、工作目标和保障措施等；2010年，又出台了《浙江省排污许可证管理暂行办法》，进一步落实排污权交易载体；同年，浙江省政府办公厅出台了《浙江省排污权有偿使用和交易试点工作暂行办法》，制度框架体系涉及覆盖范围、初始排放权的核定与分配、排污权交易、资金管理、监督管理等多个方面。从具体制度设计来看，2010年至今，浙江省为确保排污权有偿使用和交易的有效实施，制定了各类办法、实施细则、技术规范等，包括排污许可证管理、主要污染物总量指标审核、初始排放权核定和分配、排污权储备出让的电子竞价、排污权指标账户核算与登记等方面（见图10-1）。除此之外，浙江省环保厅还与财政、物价、金融部门联合出台了一系列资金管理、排污权抵押贷款、排污权有偿使用费征收标准等方面的政策文件。

在试点过程中，全省各地也结合实际，出台排污权有偿使用和交易政策、技术文件103个。可见，目前浙江省已基本构建了一套覆盖省、市、县三级的

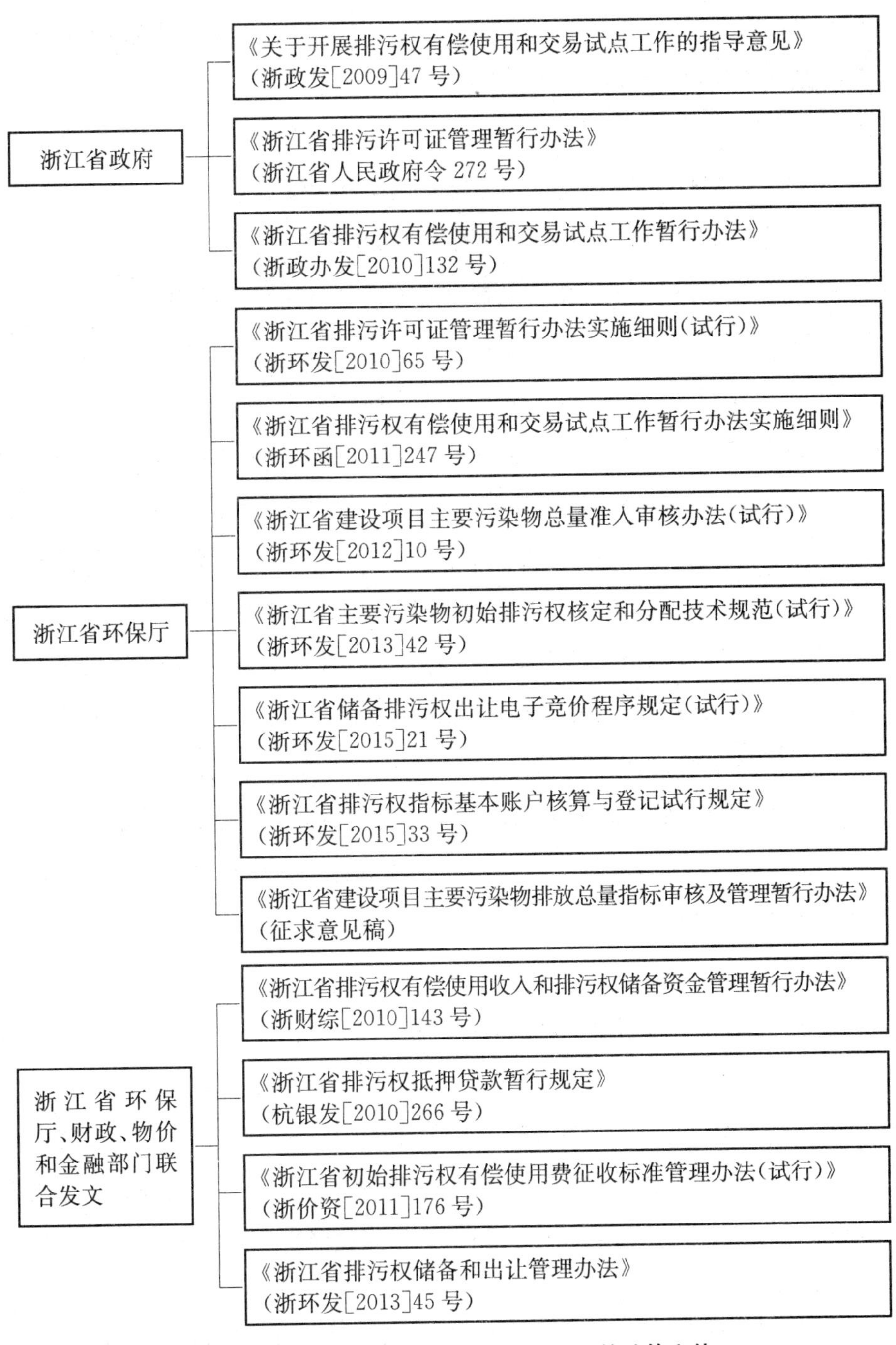

图10-1 浙江省排污权有偿使用和交易的政策文件

资料来源:笔者根据浙江省的相关政策文件整理。

排污权有偿使用和交易制度框架体系，并尝试进一步细化和优化具体的制度设计、确保排污权有偿使用和交易试点工作的实施①。

（二）江苏省排污权有偿使用和交易的制度体系

江苏省太湖流域是全国较早开展水污染物排污权交易试点的区域之一。江苏省于2004年就开展了水污染物有偿使用和交易试点，但并未形成理论体系和文件②。2007年11月，江苏省向财政部、原国家环保总局提交了《关于在江苏省太湖流域开展主要水污染物排放指标初始有偿使用和交易试点的申请》并获得批准；2008年8月，江苏省在无锡市举行了启动仪式，这意味着江苏省将全面开展太湖流域水污染物排污权交易；同年，江苏省环保厅、财政厅和物价局颁布的《江苏省太湖流域主要水污染物排污权有偿使用和交易试点方案细则》，明确了试点范围、工作目标、实施步骤和保障措施。2008年至今，江苏省在水污染物排污权交易制度设计上形成了较为完善的体系，包括排放指标申购、排污量核定、许可证管理、有偿使用收费标准、排污权交易管理等一系列制度和技术文件（见图10-2）；另外，江苏省在二氧化硫排污权有偿使用和交易方面也出台了相关政策文件，如2008年的《江苏省二氧化硫排放指标有偿使用收费管理办法（试行）》、2013年的《江苏省二氧化硫排污权有偿使用和交易管理办法（试行）》等。

（三）上海排污许可证管理的制度体系

上海市闵行区早在1987年就开展了企业与企业之间的水污染物排污权交易实践，是我国最早实施排污权交易试点的地区。2002年，国家环保总局发布了《关于开展"推动中国二氧化硫排放总量控制及排污权交易政策实施的研究项目"示范工作的通知》，上海是全国7个二氧化硫排污权交易试点省市之一。

---

① 虞选凌. 环境有价，交易先行——记浙江省排污权有偿使用和交易试点工作[J]. 环境保护，2014，(18).

② 张炳，费汉洵，王群. 水排污权交易：基于江苏太湖流域的经验分析[J]. 环境保护，2014，(18).

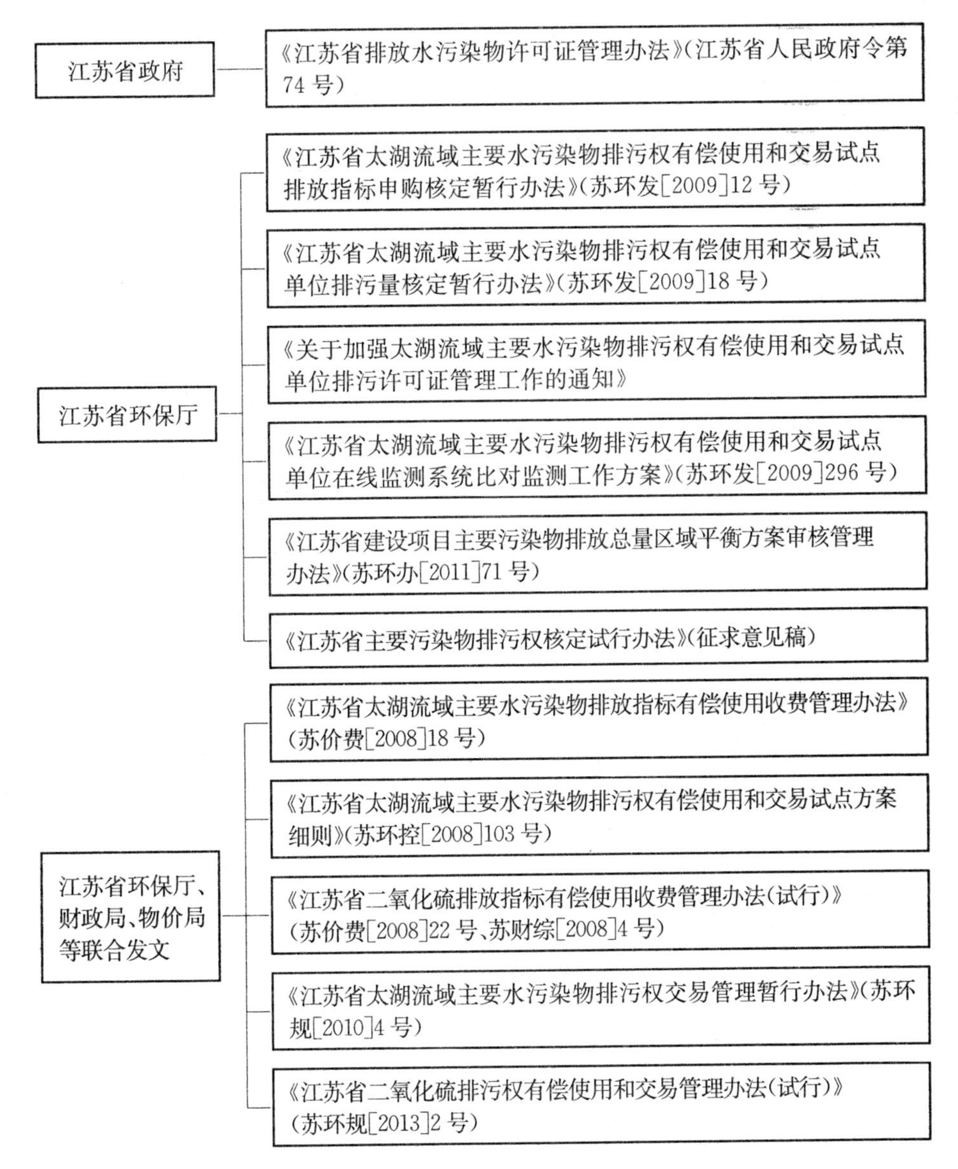

图 10-2　江苏省排污权有偿使用和交易的政策文件

资料来源：笔者根据江苏省的相关政策文件整理。

虽然与全国其他省市相比，上海较早开展了水污染物、二氧化硫排污权交易试点，但是试点进展较为缓慢。上海市环保局于 2012 年发布了《上海市“十二五”主要污染物排放许可证核发和管理工作方案》(沪环保总[2012]480 号)，提出力争 2015

年年底完成市、区(县)及重点排污单位的排污许可证核发工作;另外,为了推进排污许可证核发与管理工作,2014 年上海市环保局制定了《上海市主要污染物排放许可证管理办法》(沪环保总[2014]413 号)。截至 2015 年 10 月,上海市总共核发了 280 个排污许可证给排污单位,其中 2015 年核发的排污许可证超过 60%(见图 10-3)。虽然近一年来,上海市在排污许可证核发和管理上有较大的进展,但是上海仍未制定排污权有偿使用和交易的相关政策文件。

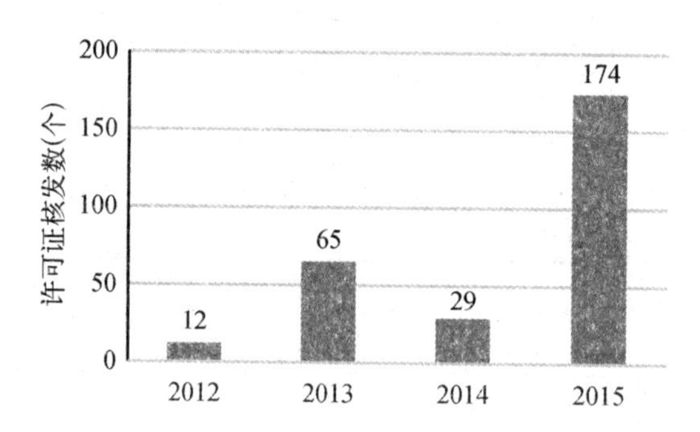

图 10-3 上海市排污许可证核发情况(2012—2015 年)

资料来源:上海市环境保护局:2012—2014 年《上海市主要污染物排放许可证核发名单》,2015 年第一至第三批《全市排污许可证核发名单》(2012—2015 年)。

三、长三角地区排污权有偿交易的机制

(一) 配额总量设定

一般来说,配额总量是以区域污染物总量控制目标为基数,而且政府会预留一部分排污权指标作为储备配额。其中,污染物总量控制目标设定有两种方式:一是根据环境容量来测算,二是根据历史排放总量乘以减排系数来确定总量控制目标。就目前来看,第一种方式在技术上面临较大困难且成本较高,因此一般会采用第二种方式。浙江省和江苏省的配额总量都是在区域污染物总量控制目标的基础上,扣除政府储备配额以及不受污染物总量控制的排污单位的排放量。

（二）覆盖范围确定

根据污染物覆盖范围的不同，浙江省、江苏省在水污染物和大气污染物排污权有偿使用和交易所涉及的行业、试点范围都有所不同。

从污染物覆盖范围来看，浙江省排污权有偿使用和交易主要涵盖化学需氧量和二氧化硫。而江苏省的污染物覆盖范围较广，太湖流域水污染物排污权交易从最初的化学需氧量逐步扩展到氨氮、总磷，大气污染物排污权交易从二氧化硫扩展到氮氧化物。

从行业覆盖范围来看，浙江省的排污权有偿使用和交易的覆盖行业（或企业）为有化学需氧量和二氧化硫排放总量控制要求的工业排污单位以及需要新建、改建、扩建项目的工业排污单位。而江苏省由于污染物覆盖范围较广，根据污染物不同所涵盖的行业也有所差异，如化学需氧量的覆盖行业为年排放量超过10吨以上的纺织染整、化学工业、造纸、钢铁、电镀、食品制造（味精和啤酒）等工业企业，接纳污水中工业废水量大于80%（含80%）的污水处理厂，以及需新增化学需氧量排污量的新、改、扩建各类项目排污单位；氨氮、总磷的覆盖行业为纺织印染、化学工业、造纸、食品、电镀、电子行业、污水处理行业、农业重点污染源排污单位；二氧化硫的覆盖行业为电力、钢铁、水泥、石化、玻璃行业等（见表10-2）。

从试点范围来看，由于污染物性质不同，化学需氧量和二氧化硫排污权有偿使用和交易试点范围、跨市县交易的规定有所差异：浙江省的化学需氧量排污权有偿使用和交易先在太湖流域和钱塘江流域范围内试行，其他流域的市县，经省环保、财政主管部门同意也可列入试点，且化学需氧量排污权交易原则上在设区市市区或县（市）交易，如果需要跨行政区域交易，则必须经省环保厅批准；而江苏省的试点范围为太湖流域内的苏州市、无锡市、常州市和丹阳市的全部行政区域及周边对太湖水质有影响的水体。二氧化硫排污权有偿使用和交易在全省范围内试行，且排污权交易可以在全省范围内进行。

表 10-2　浙江省与江苏省排污权有偿使用和交易的覆盖范围比较

覆盖范围	覆盖污染物		覆盖行业（或企业）	试点范围
	类别	具体污染物		
浙江省	水污染物	化学需氧量	有化学需氧量和二氧化硫排放总量控制要求的工业排污单位； 需要新建、改建、扩建项目的工业排污单位	太湖流域和钱塘江流域
	大气污染物	二氧化硫		全省
江苏省	水污染物	化学需氧量（2008） 氨氮（2011） 总磷（2011）	化学需氧量： 太湖流域年排放化学需氧量10吨以上的工业企业，涵盖纺织染整、化学工业、造纸、钢铁、电镀、食品制造（味精和啤酒）等行业； 接纳污水中工业废水量大于80%（含80%）的污水处理厂； 需新增化学需氧量排污量的新、改、扩建各类项目排污单位 氨氮、总磷：纺织印染、化学工业、造纸、食品、电镀、电子行业、污水处理行业、农业重点污染源排污单位	太湖流域内的全部行政区域，以及周边对太湖水质有影响的水体
	大气污染物	二氧化硫（2013） 氮氧化物（2015）	二氧化硫：电力、钢铁、水泥、石化、玻璃行业	全省

资料来源：笔者根据浙江省与江苏省排污权有偿使用和交易的相关政策文件整理而得。

（三）初始排污权的核定

对于初始排放权的核定，制定统一的、明确的核定标准尤为重要。

从浙江省和江苏省的具体制度设计来看，初始排污权的核定以环境影响评价（下文简称“环评”）批复的允许排放量为主要标准，可以分为以下 3 种情况。

1. 第一种情况

对现有排污单位来说，初始排污权以排放绩效、排污系数或标准来核定，如果核定结果大于环评批复允许排放量，则将环评作为初始排放权核定量。

浙江省较为笼统地规定，排放绩效是指国家和省的主要污染物排放绩效标准，或者各地根据实际情况制定的排放绩效（且该标准要不低于国家和省），并根据排污单位是否属于已制定排放绩效的行业将其分类：其一，对于已制定排放绩效的行业来说，如果排污单位按照排放绩效计算的排污量高于环评批复允许排放量，则将环评允许排放量作为初始排污权核定量；如果排放绩效计算的排污量低于环评允许排放量，则将排放绩效计算的结果作为初始排放权核定量。其二，对于未制定排放绩效标准的行业来说，排污单位初始排污权以环评批复允许的排污量为主，并不超过该排污量；除此之外，还需考虑2010年污染源普查动态更新数据、原排污许可证许可排放量、"三同时"竣工验收监测报告、满负荷生产情况下的实际排放量等。需要注意的是，排污单位分配的初始排放权之和不得超过区域可分配初始排污权总量，如果超过排污权总量，则应按行业进行等比例削减[①]。

江苏省根据具体行业设定了相应的排污绩效、排污系数或标准等，而且污染物覆盖范围从化学需氧量、二氧化硫扩大到氨氮、氮氧化物、烟粉尘、总氮、总磷。江苏省首先在太湖流域进行化学需氧量排污权交易试点，对于化学需氧量排放大于10吨的工业企业来说，其核定依据是太湖流域水污染排放的国家标准以及太湖流域重点工业企业、污水处理厂的主要水污染物排放限值标准等；接纳污水中工业废水大于80%（含80%）的污水处理厂按照其设计处理能力、执行的排放标准进行核定。2013年，江苏省开展了二氧化硫排污权有偿使用和交易，电力行业根据不同燃料分别制定了排放绩效，而钢铁、水泥、石化、玻璃行业则按照国家清洁生产二级标准中的排放限值作为核定依据（见图10-4）。2015年，江苏省公布了《江苏省主要污染物排污权核定试行办法》（征求意见稿），制定了不同行业的主要污染物排放绩效标准及技术方法，而对于无排放绩效标准的其他行业则根据国家或地方污染物排放标准、单位产品基准排水量、烟气量等进行核定，集中式污水处理厂则根据设计处理能力和出水水质标准进行核定（见图10-4）。

---

① 各行业的具体削减比例可根据"十二五"减排目标、行业污染物排放强度等因素综合确定。

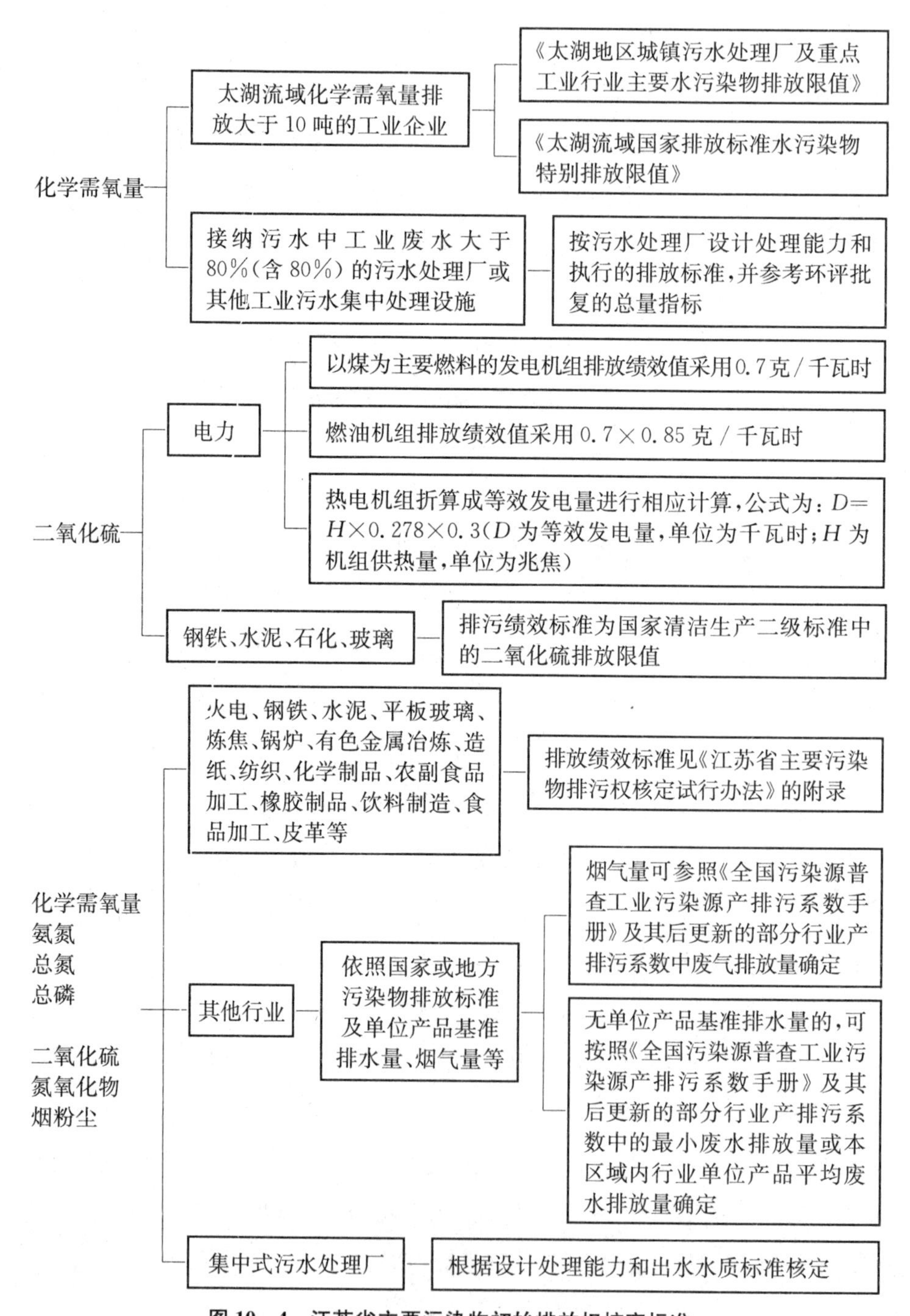

图 10-4 江苏省主要污染物初始排放权核定标准

资料来源:笔者根据江苏省相关政策文件整理。

2. 第二种情况

对于新建、改建、扩建项目，其初始排放权根据环评审批允许的排放量来核定。在项目“三同时”验收以后，如果实际排放量与环评审批允许的排放量相差较大时，初始排放权核定量应按实际排放量进行调整。

3. 第三种情况

对于环评批复中没有明确允许排放量的排污单位来说，其初始排污权的核定可以参考原排污许可证允许排放量、“三同时”竣工验收监测报告和满负荷生产情况下的实际排放量。另外，浙江省还强调，环评批复没有明确允许排放量的排污单位要以 2010 年污染源普查动态更新调查数据为主。

(四) 初始排污权的分配与定价

从国内外排污权交易的实践经验来看，初始排污权的分配方式主要有以下 3 种：一是免费发放。该方式不会给企业带来过多的额外负担，因而在排污权交易实施初期的接受程度较高，但是该方式也会在公平和效率上受到质疑。如历史排放法是根据企业历史排放水平来分配配额，无法体现先期减排努力以及不同行业排放和减排潜力的差异等；而基准线法可以体现出行业内的公平性，但其操作较为复杂而且会造成成本效率的损失。二是以固定价格向政府购买。该方式有利于逐步形成稳定的价格信号，但与拍卖配额一样，会给企业带来额外的负担，而且在确定合理的排污权价格上会遇到较大的困难。三是拍卖。与免费发放配额相比，拍卖配额的操作更为简单、公平且成本效率较高，拍卖收入可用于资助节能减排项目；然而，拍卖会给企业带来额外的负担。因此，考虑到公平、效率等多方面因素，国内外排污权交易中也有混合使用上述 3 种配额分配方式的。

从浙江省和江苏省的实践来看，初始排污权主要采取以固定价格向政府购买的方式分配，也就是说，排污单位为了获得初始排放权指标要向政府缴纳排污权有偿使用费用。

一般来说，初始排污权有偿使用费的征收标准需要同时考虑环境容量资源的稀缺程度、总量控制目标、污染物治理成本、经济社会发展水平等因素。从实践来看，排污权有偿使用费征收模式有两种①：第一种是统一定价模式，指排污单位支付有偿使用费来获得初始排污权，如江苏太湖流域、浙江嘉兴市等；第二种是补差价模式，指排污单位已交纳排污费，只需要支付排污权有偿使用费与排污费的差额部分来获得初始排污权，如浙江绍兴市等（见表10－4）。排污权有偿使用费征收标准需要考虑到行业差异与新老企业差异等。从行业差异来看，不同行业的污染物组成不同，相应的治理成本不同，因而需要征收不同的排污权有偿使用费。以江苏太湖流域为例，纺织印染、化学工业、造纸、食品、电镀、电子行业的氨氮征收标准为11 000元/年·吨，总磷为42 000元/年·吨，污水处理行业、农业重点污染源排污单位的氨氮征收标准为6 000元/年·吨，总磷为23 000元/年·吨（见表10－3）；从浙江省的实践来看，湖州市规定石油加工、化工、医药、制革、印染（含砂洗）、造纸等高污染行业，化学需氧量的排污权有偿使用费征收标准为7 500元/年·吨，食品制造、饮料制造、化纤、电镀（含酸洗）等为6 000元/年·吨，其他轻污染行业为5 000元/年·吨（见表10－4）。从新老企业的差异来看，考虑到老企业已交纳排污费，一般会采取以下3种方式：一是老企业的初始排污权有偿使用费征收标准会低于新企业。如江苏省规定太湖流域年化学需氧量排放超过10吨的工业企业，如果在2008年11月20日以前已批准建设，其排污权有偿使用费为2 250元/年·吨；如果在2008年11月20日以后批准的新建、改建、扩建项目，则排污权有偿使用费为4 500元/年·吨（见表10－3）。二是让已缴纳排污费的老企业补差价。如浙江省绍兴市规定在2012年1月31日之前已经领取排污许可证的企业，可以不缴纳化学需氧量、二氧化硫的排污权有偿使用费，但需要补交氮氧化物、氨氮的排污权有偿使用费（见表10－3）。三是老企业可以根据不同的缴纳期限获得排污权有偿使用费的价格优惠，如浙江省的嘉兴市、金华市、台州市、衢州市等（见表10－4）。

---

① 姚毓春.排污权有偿使用费征收标准及征收模式分析[J].环境保护，2014，(16).

表 10-3　　江苏省排污权有偿使用费征收标准

省/市	排污权有偿使用费征收标准	征收模式
江苏省	二氧化硫(2013 年 7 月)：电力、钢铁、水泥、石化、玻璃行业 2 240 元/年・吨 氮氧化物(2015 年 1 月)：2 240 元/年・吨	统一定价
江苏省 太湖流域	化学需氧量(2009 年)： 老企业：2008 年 11 月 20 日以前已批准建设、年排放化学需氧量在 10 吨以上的工业企业，按 2 250 元/年・吨征收；接纳污水中工业废水量大于 80%(含 80%)城镇污水处理厂按 1 300 元/年・吨征收； 新企业：2008 年 11 月 20 日后批准的新、改、扩建项目按 4 500 元/年・吨征收，污水处理厂按 2 600 元/年・吨征收 氨氮(2011 年 7 月)：纺织印染、化学工业、造纸、食品、电镀、电子行业 11 000 元/年・吨；污水处理行业、农业重点污染源排污单位 6 000 元/年・吨； 总磷(2011 年 7 月)：纺织印染、化学工业、造纸、食品、电镀、电子行业 42 000 元/年・吨；污水处理行业、农业重点污染源排污单位 23 000 元/年・吨	统一定价

资料来源：作者根据江苏省排污权有偿使用和交易的相关政策文件整理而得。

表 10-4　　浙江省排污权有偿使用费征收标准

市	排污权有偿使用费征收标准	征收模式
湖州市	化学需氧量(2010 年 1 月)： 石油加工、化工、医药、制革、印染(含砂洗)、造纸等，7 500 元/年・吨 食品制造、饮料制造、化纤、电镀(含酸洗)等，6 000 元/年・吨 其他轻污染行业，5 000 元/年・吨 氨氮(2010 年 1 月)：10 000 元/年・吨 二氧化硫(2010 年 1 月)：200 000 元/年・吨 新老企业区别对待：现有排污单位在 2010 年 6 月之前申购初始排污权的，可获得 50%的价格优惠，2011 年 6 月之前申购的，可获得 20%的优惠。另外，经环保部门审查确认，老污染源可以以无偿方式获得初始排放权	统一定价
嘉兴市	化学需氧量(2010 年 7 月)：4 000 元/年・吨 氨氮(2015 年 12 月)：4 000 元/年・吨 二氧化硫(2010 年 7 月)：1 000 元/年・吨 氮氧化物(2015 年 12 月)：1 000/年・吨	统一定价

续 表

市	排污权有偿使用费征收标准	征收模式
嘉兴市	新老企业区别对待：现有排污单位于2010年7月1日至9月30日期间一次性支付化学需氧量和二氧化硫排污权有偿使用费的，给予40%的价格优惠；之后按照每个季度5%的比例递减，直到2011年年底，价格优惠比例为15%	统一定价
绍兴市	化学需氧量(2012年4月)：4 000元/年·吨 氨氮(2012年4月)：4 000元/年·吨 二氧化硫(2012年4月)：1 000元/年·吨 氮氧化物(2012年4月)：1 000/年·吨 新老排污单位界定时间为2012年1月31日：在此之前已领取排污许可证的，可以免除有效期为2012—2015年的化学需氧量、二氧化硫的排污权有偿使用费，但需要补交氮氧化物、氨氮的排污权有偿使用费	补差价
舟山市	化学需氧量(2012年12月)：4 000元/年·吨 氨氮(2012年12月)：10 000元/年·吨 二氧化硫(2012年12月)：1 000元/年·吨 氮氧化物(2012年12月)：1 000元/年·吨	统一定价
宁波市	化学需氧量和氨氮(2013年1月)：5 000元/年·吨，其中化工、制革及皮毛加工、造纸、电镀等行业为7 500元/年·吨 二氧化硫和氮氧化物(2013年1月)：2 000元/年·吨	统一定价
金华市	化学需氧量(2013年1月)：4 000元/年·吨 二氧化硫(2013年1月)：1 000元/年·吨 新老企业区别对待：现有排污单位2013年、2014年的初始排污权有偿使用费按征收标准的70%缴纳，2015年按标准全额缴纳	统一定价
台州市	化学需氧量(2013年7月)：4 000元/年·吨 氨氮(2013年7月)：4 000元/年·吨 二氧化硫(2013年7月)：1 000元/年·吨 氮氧化物(2013年7月)：1 000元/年·吨 新老企业区别对待：现有排污单位2013年的初始排污权有偿使用费按征收标准的50%缴纳，2014年为70%，2015年按标准全额缴纳	统一定价
温州市	现有排污单位： 化学需氧量(2013年7月)：4 000元/年·吨 氨氮(2013年7月)：4 000元/年·吨 二氧化硫(2013年7月)：1 000元/年·吨 氮氧化物(2013年7月)：1 000元/年·吨	统一定价

续 表

市	排污权有偿使用费征收标准	征收模式
温州市	新增排污权的排污单位： 化学需氧量(2013年7月)：8 000元/年·吨 氨氮(2013年7月)：8 000元/年·吨 二氧化硫(2013年7月)：2 000元/年·吨 氮氧化物(2013年7月)：2 000元/年·吨	统一定价
衢州市	化学需氧量(2014年2月)：4 000元/年·吨 氨氮(2014年2月)：4 000元/年·吨 二氧化硫(2014年2月)：1 000元/年·吨 氮氧化物(2014年2月)：1 000元/年·吨 新老企业区别对待：现有排污单位在2014年6月30日前按征收标准的30%缴纳初始排污权有偿使用费；2014年7月1日至12月31日按标准的50%缴纳；2015年内按标准的70%缴纳	统一定价
丽水市	化学需氧量(2014年7月)：4 000元/年·吨 氨氮(2014年7月)：4 000元/年·吨 二氧化硫(2014年7月)：1 000元/年·吨 氮氧化物(2014年7月)：1 000元/年·吨	统一定价

资料来源：笔者根据浙江省各市排污权有偿使用和交易的相关政策文件整理而得。

从表10-3、表10-4中可以看出，江苏省对二氧化硫、氮氧化物、化学需氧量、氨氮、总磷的排污权有偿使用进行统一定价；而浙江省是由各地政府对主要污染物的排污权有偿使用进行定价，虽然在化学需氧量和二氧化硫的定价上基本保持一致，即化学需氧量的征收标准为4 000元/年·吨、二氧化硫为1 000元/年·吨，且征收模式大多为统一定价。出现上述现象的主要原因是江苏省和浙江省在初始排污权有偿使用费征收标准的规定上有所差异：江苏省规定征收标准由省价格主管部门、财政部门共同制定；而浙江省则按照“统一政策，分级管理”的原则来制定初始排污权有偿使用费征收标准，省价格主管部门、环保主管部门负责总装机容量30万千瓦以上燃煤发电企业的征收标准，其余由设区市价格主管部门、环保主管部门负责制定。

(五) 排污权交易

浙江省和江苏省关于排污权交易的规定中明确指出了排污权指标的供给

方(即排污权指标的出售来源)和需求方。排污权的供给方主要包括通过淘汰落后和过剩产能、清洁生产、污染治理、技术改造升级等减少污染物排放而形成富余排污权指标的排污单位,以及政府储备的排污权指标。其中,政府储备的排污权指标的主要来源包括以下5个方面:一是初始排污权分配时政府预留的排污权指标。二是排污企业因破产、关闭、被取缔或迁出本行政区域的,其初始排污权指标无偿获得的,由政府无偿收回作为排污权储备;其初始排污权指标有偿获得的,由政府进行回购作为排污权储备。三是政府通过排污权交易机构在市场上购入的排污权指标。四是政府对主要污染物进行治理获得的富余排污权指标。五是通过其他方式获得的排污权指标。排污权储备主要是为了调节排污权交易市场,或者是考虑到当地经济发展而需要支持战略性新兴产业、重大科技示范等项目建设。排污权的需求方主要包括需要新增排污权指标的新建、改建、扩建项目,以及用于完成污染物减排任务的现有排污单位。

排污权交易是指排污单位之间或排污单位与政府之间在交易平台上进行的排污权出售或购买行为。除此之外,政府可以通过直接出让、拍卖(如电子竞价)、协议出让等方式将排污权指标出售给排污单位。目前,浙江省和江苏省以政府出让排污权指标为主,二级市场交易较少。

浙江省规定二氧化硫排污权交易和跨县(市、区)的化学需氧量排污权交易在省排污权交易中心统一进行。2009年3月,浙江省排污权交易中心正式成立,于2012年建立了省级排污权交易平台并制定了排污权交易的电子竞价机制。2012—2014年,浙江省排污权交易中心已举办了六期政府储备二氧化硫排污权指标电子竞价,总共成交了2 337.8吨二氧化硫排污权,成交额约为2 995.5万元,成交均价最高为17 257.4元/吨,最低为9 961.2元/吨(见表10-5)。此外,设区市市区和县(市、区)行政区域内的化学需氧量排污权交易在设区市排污权交易机构进行。《浙江省储备排污权出让电子竞价程序规定(试行)》于2015年7月1日起开始实施,排污权电子竞价涉及的主要污染物包括二氧化硫、氮氧化物、化学需氧量和氨氮,覆盖范围有所扩大,并规定电子竞价的基准价不得低于初始排污权有偿使用价格。

表 10-5　浙江省二氧化硫排污权指标出让的电子竞价情况(2012—2014)

时　间	出让指标(吨)	底价(元/吨)	参与企业数量(家)	竞价成功企业数量(家)	成交均价(元/吨)	成交量(吨)	成交额(万元)
2012.06.29	235	5 000	7	6	11 043.3	235	259.517 5
2012.12.14	265	5 000	11	10	17 257.4	265	457.321
2013.05.20	500	5 000	7	6	15 813.3	492.28	778.457
2014.01.16	450	5 000	4	3	11 588.2	423.44	490.692
2014.09.25	500	5 000	5	3	11 781.1	500	589.056
2014.12.19	500	5 000	5	4	9 961.2	422.08	420.444

数据来源：浙江省排污权交易中心：2012 年第一期、第二期，2013 年第一期、第二期，2014 年第一期、第二期《浙江省政府储备二氧化硫指标电子竞价结果公示》(2012—2014 年)。

2009—2014 年上半年，浙江省已累计开展排污权有偿使用指标申购 9 573 笔，缴纳有偿使用费 17.25 亿元；排污权交易 3 863 笔，交易额 7.73 亿元，还有 326 家排污单位通过排污权抵押获得银行贷款 66.55 亿元，各项指标位居全国前列①。截至 2014 年年底，浙江省累计缴纳排污权有偿使用费 18.23 亿元，交易额 8.52 亿元②。

与浙江省相比，江苏省的排污权交易平台建设相对较晚，苏州环境能源交易中心于 2012 年 12 月正式揭牌，主要从事排污权交易、碳排放权交易、再生资源交易等。2015 年 7 月，苏州环境能源交易中心的排污权交易网上平台正式上线，并制定了交易流程(见图 10-5)。从 2015 年 6 月 30 日至 11 月 4 日，协议转让的主要污染物为二氧化硫和氮氧化物，其中出让方均为各地环保部门，成交价均为 4 480 元/吨，二氧化硫成交量约为 121.1 吨，氮氧化物成交量

① 虞选凌. 环境有价，交易先行——记浙江省排污权有偿使用和交易试点工作[J]. 环境保护，2014，(18).

② 张永亮，俞海，丁杨阳，等. 排污权有偿使用和交易制度的关键环节分析[J]. 环境保护，2015，(10).

约为248.4吨。此前,江苏省环保厅在苏州环境能源交易中心举行过两次排污权交易活动;2015年的首次省级排污权交易在泰州举行,一共有80家企业参与,其中购买排污权指标的企业有74家,出售排污权指标的企业有6家,而且此次排污权交易覆盖范围在以往的二氧化硫和氮氧化物基础上增加了化学需氧量和氨氮。经过7次竞拍,74家企业获得了所需的二氧化硫、化学需氧量等排污权指标[①]。截至2014年年底,江苏省累计缴纳排污权有偿使用费5.51亿元,排污权交易额为2.24亿元[②]。江苏省排污权交易流程如图10-5所示。

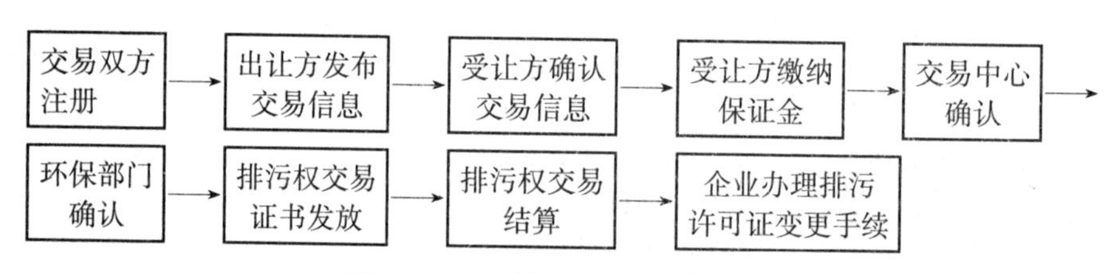

图10-5 江苏省排污权交易流程

资料来源:笔者根据苏州环境能源交易中心、江苏环境资源交易网发布的相关信息整理。

(六)监督管理

1. 监测、报告与核查

从浙江省和江苏省的实践来看,环保部门会对排污单位的主要污染物排放量进行监测,并根据监测结果定期对排污单位的排放量进行核查,而排污单位则有责任向环保部门定期报告其主要污染物排放情况。

为了准确核定排污单位的排污量,需要运用现代化的在线监控、监测手段,如浙江省和江苏省都实施了刷卡排污总量控制制度。

以江苏省为例,江阴市在2010年就实施了IC卡排污系统,是全国最早采用刷卡排污总量控制的;当污染排放量接近总量限制时,"电子阀门"会向企业

---

① 江苏省财政厅. 2015年江苏省级排污权交易在泰州举行[EB/OL]. [2015-08-07]. http://www.jscz.gov.cn/pub/jscz/xwzx/xwph/rw/201508/t20150807_79242.html.

② 张永亮,俞海,丁杨阳,等. 排污权有偿使用和交易制度的关键环节分析[J]. 环境保护,2015,(10).

发出警报，并提醒企业减少排放；当排污量达到总量限制时，系统会向企业和环保部门发出警报，排污口的阀门会自动关闭①。江苏省主要是依据在线监测数据、监督性监测数据，每月对排污单位的排放量进行核定，并将在线监测核定的污染物排放量与监督性监测核定的排放量按权重进行加权平均，作为核定的排污量②。

浙江省在杭州、绍兴、嘉兴等地开展了刷卡排污的试点实践。目前，浙江省的刷卡排污系统几乎覆盖了区域内所有的国家重点监控污染企业，覆盖面逐步向省重点监控、市重点监控的污染企业延伸。而且在总结试点经验的基础上，浙江省环保厅于2013年发布了《关于实施企业刷卡排污总量控制制度的通知》(浙环发[2013]26号)，提出要以排污许可证为依据、以刷卡排污为手段，建立"一企一卡一证"的新型排污总量控制管理模式，实现环境管理从浓度控制向浓度、总量双控制转变，为排污权交易打下基础；截至2014年，全省已建成1 214套国控、省控重点污染源刷卡排污系统，其中废水1 006套、废气208套，覆盖范围逐步扩展到市控企业③。浙江省主要根据在线监测数据、监督性监测数据、物料平衡核算数据等来核定排污单位的污染排放量。以二氧化硫为例，浙江省环保厅每个季度对国控重点源的二氧化硫排污量进行核定，而对其他排污单位只需要每年进行核定，排放量核定主要包括以下3种情况：(1) 对大型燃煤锅炉主要采用连续在线监测数据进行核定；(2) 对中小型燃煤锅炉采用监督性监测数据、在线监测数据、物料平衡数据相结合的方式，并按各自的权重计算排放量；(3) 对没有在线监测数据和监督性监测数据的排污单位，采用物料平衡核算数据核定。

2. 奖惩激励机制

惩罚机制主要是针对超排企业、未按要求执行排污权有偿使用和交易的

---

① 江苏省环境保护厅. 江阴排污权有偿使用助推主要污染物排放量降3成[EB/OL]. [2011-02-22]. http://www.jshb.gov.cn/jshbw/xwdt/sxxx/201102/t20110222_167853.html.

② 金浩波. 江苏太湖流域排污权交易试点实践[J]. 环境保护，2010，(19).

③ 虞选凌. 环境有价，交易先行——记浙江省排污权有偿使用和交易试点工作[J]. 环境保护，2014，(18).

排污单位、排污权交易机构违法违规行为的处罚。浙江省和江苏省在相关规定上有一些差别：浙江省只对超排企业和排污权交易机构的违法违规行为作出了相关处罚规定，但并没有明确指出处罚依据和措施；而江苏省则明确规定了对主要水污染物的超排企业的处罚依据，即《江苏省太湖水污染防治条例》，同时也明确指出未按要求执行排污权有偿使用和交易的排污单位、排污权交易机构违法违规行为的各种处罚措施（见图 10－6）。

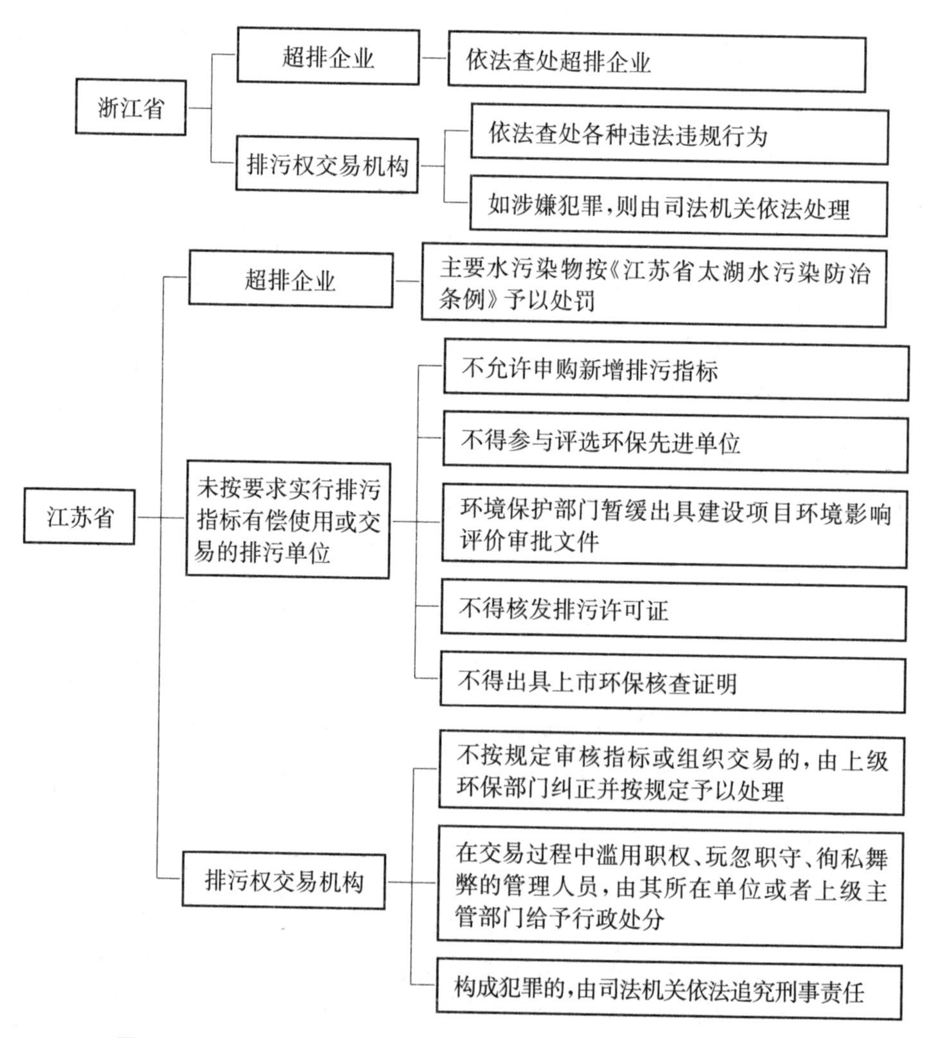

图 10－6　浙江省与江苏省对排污单位、排污权交易机构的监管规定

资料来源：笔者根据浙江省和江苏省的相关政策文件整理。

在奖励机制上，江苏省规定如果排污单位积极出售富余排污权指标，那么当其新建、改建、扩建项目时可以在同等条件下优先购买新增排污权指标。

在激励措施上，浙江省采取了以吨排污权税收贡献为绩效评价指标，对印染、造纸、制革、化工、电镀、热电等重污染行业的工业企业实行"三三制"分类排序：行业内排名前1/3的为先进企业，排名中间的为一般企业，排名后1/3的为落后企业；并在此基础上实行差异化减排考核政策，激励先进、淘汰落后，进一步促进产业结构转型升级①。

第三节 国内排污权交易存在的问题

国内排污权交易存在的主要问题是：缺乏法律保障、总量设定不合理、初始排放权的核定与定价缺乏技术规范、二级市场发育不成熟、实际排放量难以核查、超额排污处罚模糊等。

一、缺乏法律保障

2014年，国务院颁布的《关于进一步推进排污权有偿使用和交易试点工作的指导意见》中指出，以排污许可证形式来确认排污权；但国家层面的法规中排污权并没有在法律上予以确认，如新修订的《环境保护法》中没有将排污权作为环境产权进行界定。而且，现行的《水污染防治法》和《大气污染防治法》等虽已提出要推行排污权有偿使用和交易，但目前还未形成全国性的法律法规，也没有明确和细化的法律条款，因而难以形成一套完善的法律体系来保障排污权交易的实施；从排污权有偿使用和交易的实践来看，虽然试点地区制定

① 虞选凌. 环境有价，交易先行——记浙江省排污权有偿使用和交易试点工作[J]. 环境保护，2014，(18).

了许多地方性的政策规定，但地方性的排污权交易法规对相关主体约束力不足，因而大部分试点地区的排污权有偿使用与交易实践缺乏法律基础、法律依据不足[①]。

二、配额总量设定不合理

目前，由于企业主要污染物排放的统计基础薄弱，而且在技术上难以采用环境容量来测算区域污染物总量控制目标，因而只能根据估算的历史排放总量乘以减排系数来确定。另一方面，配额总量则是以区域总量控制目标为基准，由各企业向环保部门申购初始排污权指标并经审批后才能确定分配给各企业的配额数量；而且，政府考虑到地区经济发展、市场调节等因素，会预留一部分排污权进行储备。因此，在此基础上设定的配额总量可能会出现偏差：如果配额总量设定过于宽松的话，企业会缺乏减排的动力而且会产生排污权交易市场不活跃的现象；如果配额总量设定过于严格的话，会影响到地区经济发展。

三、初始排污权的核定与定价缺乏技术规范

近年来，学术界对初始排放权的核定、分配与定价的相关研究较多，然而并没有形成统一的理论框架与技术体系；从实践层面来看，一些试点地区对初始排放权如何确定、排污权总量如何分配、排污权有偿使用费的征收标准如何确定等方面的研究不足而且缺乏相关的制度设计，国家层面也没有形成统一的技术规范[②]。

---

① 王金南，张炳，吴悦颖，等. 中国排污权有偿使用和交易：实践与展望[J]. 环境保护，2014，(14).

② 张永亮，俞海，丁杨阳，等. 排污权有偿使用和交易制度的关键环节分析[J]. 环境保护，2015，(10).

从初始排污权的核定来看，大部分试点地区并没有根据各地实际情况、各行业的污染物特征等来制定排放绩效标准、排放标准或排放系数等，因而初始排放权核定缺乏技术规范。例如，浙江省并没有制定初始排放权核定的技术规范；而2015年之前江苏省虽然在化学需氧量和二氧化硫排污权有偿使用与交易的相关政策文件中提到了初始排污权的核定标准，但并没有形成系统的技术规范，而且刚公布的《江苏省主要污染物排污权核定试行办法》（征求意见稿）并未实施。

从初始排放权的定价来看，主要存在以下两个问题：第一，由于企业之间的排污权市场交易较少，因而市场难以起到价格发现的作用；第二，初始排污权有偿使用费征收标准缺乏技术规范，难以体现出污染治理成本的地区差异、行业差异。例如，江苏省的主要污染物排污权有偿使用费标准在行业上有一定差异，但为全省统一定价，难以体现出地区差异；浙江省虽然由各地区根据实际情况设定排污权有偿使用费标准，但只有宁波、湖州的征收标准与其他地区不同并根据行业差异设定了不同的征收标准（见表10－6）。

表10－6　浙江省内各市初始排污权有偿使用费征收标准情况（单位：元/年·吨）

市	COD	NH_3－N	SO_2	NOx
嘉兴市	4 000	4 000	1 000	1 000
绍兴市	4 000	4 000	1 000	1 000
温州市	4 000	4 000	1 000	1 000
金华市	4 000	—	1 000	—
台州市	4 000	4 000	1 000	1 000
衢州市	4 000	4 000	1 000	1 000
丽水市	4 000	4 000	1 000	1 000
舟山市	4 000	10 000	1 000	1 000
宁波市	5 000/7 500	5 000/7 500	2 000	2 000
湖州市	5 000/6 000/7 500	10 000	2 000	—

资料来源：笔者根据浙江省各市排放权有偿使用和交易的相关政策文件整理而得。

四、二级市场发育不成熟

目前,从各地实践来看,排污权交易以政府与排污单位之间的一级市场交易为主,即政府将排污权以固定价格出售或拍卖竞价等方式有偿分配给排污企业;而排污单位之间的排污权交易很少,二级市场发育不成熟。也就是说,现阶段的排污权交易市场是以政府为主导,企业并没有发挥主导作用。出现上述问题的主要原因可能包括以下 3 个方面:

第一,政府与市场的边界不清晰。排污权交易是一种在政府监督管理下由排污单位参与排污权市场交易的制度;然而现行的排污权交易试点中,政府与市场的作用领域界限模糊,政府既是排污权交易制度的制定者,又是交易的参与者、中介者,这使得排污权交易带有较强的行政干预,难以发挥市场的价格杠杆与竞争机制的作用①。

第二,总量控制考核体系导致跨区域排污权交易陷入僵局,市场流动性不足。在现行的总量控制考核体系下,总量控制目标是逐级分解至地方政府,为了完成本辖区的减排目标,大多数地方政府对购买辖区外的排污权指标并不持积极态度;而且为了给当地经济发展预留空间,大多数地方政府也不愿意企业将富余的排污权指标出售至辖区外。以江苏省太湖流域为例,各地方政府考虑到自身的总量控制目标,更倾向于将富余的排污权留在本地而不愿意企业从其他辖区购买排污权,这给太湖流域内跨辖区交易造成了一定的阻碍,而且进一步降低了市场流动性②。

第三,从企业自身角度出发,考虑到目前的法律保障还不完善、政策信号不明确以及企业自身新建项目需求等因素,企业往往不愿意将富余排污权指标在市场上出售,这导致二级市场交易不活跃③。以江苏太湖流域为例,一方

---

① 王金南,张炳,吴悦颖,等. 中国排污权有偿使用和交易:实践与展望[J]. 环境保护,2014,(14).

② 张炳,费汉洵,王群. 水排污权交易:基于江苏太湖流域的经验分析[J]. 环境保护,2014,(18).

③ 张永亮,俞海,丁杨阳,等. 排污权有偿使用和交易制度的关键环节分析[J]. 环境保护,2015,(10).

面，随着减排工作的推进，企业的减排压力越来越大而减排潜力不断压缩，难以产生富余排污权指标；另一方面，即使企业通过淘汰落后产能、清洁生产、污染治理、技术改造升级等措施产生了富余排污权指标，企业也更倾向于预留这些指标用于未来企业自身的发展，因而造成了排污权交易市场中企业"惜售"的现象大量存在①。

五、实际排放量难以核查，超额排污处罚模糊

准确核定排污单位的实际排放量是排污权交易制度有效实施的重要保障之一。然而，目前各试点地区很难精确地核定排污单位的实际排放量，其主要原因主要包括以下两个方面：一是污染物排放计量基础相对薄弱，主要表现为实际排放量的核定方式有在线监测、监督性监测、物料衡算等，但不同方式得到的数据各不相同；二是监测监管能力不足，主要表现为虽然许多试点地区的在线监测设备基本覆盖了国控、省控污染源，但还难以实现对所有受污染物总量控制的排污单位进行在线监控，而且这些监控设施的运行情况参差不齐，在线监控数据的准确性不高②。

另外，各试点地区对于排污单位超额排放的处罚依据不明确、处罚标准模糊。从处罚依据来看，虽然2014年修订的新《环境保护法》规定企业的污染物排放超过重点污染物排放总量控制指标的，可以采取限制生产、停产整顿、关闭等措施，而且还规定企业违法排放污染物的应给予罚款处罚；但《环境保护法》并没有明确规定是否要对超出排污权额度排放的企业进行处罚③。从处罚标准来看，各试点地区很少有涉及具体处罚标准的规定，主要受到《水污染防治法》《大气污染防治法》的约束。《大气污染防治法》规定，对于企业大气污染物排放超过总量控制指标的，责令改正或限制生产、停产整治并处以10万元以上100万元

①② 张炳，费汉洵，王群．水排污权交易：基于江苏太湖流域的经验分析[J]．环境保护，2014，(18).

③ 常杪，陈青．中国排污权有偿使用与交易价格体系现状及问题[J]．环境保护，2014，(18).

以下的罚款，情节严重的，责令停业、关闭。《水污染防治法》规定，对于企业水污染物排放超过总量控制指标的，责令限期治理并按排污费的3倍以上5倍以下的标准处以罚款；相比之下，该罚款标准的处罚力度有限。而江苏省对太湖流域企业超额排放的处罚标准则依据《江苏省太湖水污染防治条例》，其中规定水污染物排放超过总量控制指标的，由环保部门责令停产整顿并处以20万元以上100万元以下的罚款。

第四节　几 点 启 示

笔者综述了国内外排污权交易进展情况，对国内排污权交易亟需解决的主要问题进行了归纳，并从定价机制、总量核算、排污权交易若干基础管理等几个重要方面进行了深度研究和探讨，以期对上海市碳排放权交易试点的完善起到有益的借鉴和参考作用。

一、定价机制

（一）排污权交易定价方式的选择

排污权交易初始定价一般需考虑6个因素，即区域环境总量、污染治理社会平均成本、排污权有效期限、排污企业行业分布、区域经济发展情况、企业纳管情况。基于以上因素考虑，拟采取以排污企业污染治理社会平均成本为基础，兼顾区域、行业、经济发展等因素，结合一般企业设备折旧年限及现金折现率方式来进行此次排污权交易试点的初始定价。

（二）成本基础定价法

对于区域社会平均处理成本的计算，考虑了不同行业处理量占区域总处理量的比例，即区域行业分布情况，该地区的污染物处理费用也从一定程度上反映了该区域的经济发展情况。且此次排污权交易配额暂无确定的使用期限，故以一般企业设备折旧年限为依据计算。

综上，此次计算排污权交易配额初始价格时，仅考虑以下因素：污染物社会平均处理成本、一般企业设备折旧年限以及现金折现率。即：

排污权配额初始定价(万元/吨)＝PV(现金折现率，年限，社会平均处理成本，type)

其中，现金折现率——5.94%；年限——设备平均折旧年限，目前规定为10年；社会平均处理成本——区域内污染物平均处理成本，单位：万元/吨·年；type——支出在年初，为1。

1. 公式选择

——PV：现值(Present Value)指资金或者资产折现后的价值。

——现金折现率：是折现时采用的比率，一般考虑了通货膨胀和市场平均风险报酬率。

——年限：此处采用一般设备折旧年限，即某一企业维持稳定生产的周期。

——社会平均处理成本：企业每年因治理该项污染物所需支出成本，即企业恢复所占用环境资源所需花费的费用。支出为负，收入为正。

——type：指期间内进行费用支付的间隔，由于是企业对环境资源的占用，故应该在期初。

采用上述公式计算所表达的含义为：在企业稳定生产的一个周期内，每年占用环境资源所需支出的所有费用，在建设初期的总价值。

2. 成本基础价格核算

——COD处理成本计算。以各企业COD处理成本为基本依据，核算区域内不同行业排污企业的COD单位处理成本。

$$\text{COD单位处理成本}_{\text{企业}i}=\frac{\text{COD处理日常运行成本}}{\text{总处理量}}$$

（COD处理日常运行成本——包括药剂费用、电费、人工费用等；

总处理量——根据企业实际排污情况统计平均值）

将不同企业的成本进行加权平均，算出同一行业COD单位处理成本。

$$\text{COD单位处理成本}_{\text{行业}j}=\frac{\sum_{i=1}^{n}(\text{COD单位处理成本}_{\text{企业}i}\times\text{COD处理量}_{\text{企业}i})}{\text{行业COD总处理量}}$$

（COD处理量$_{\text{企业}j}$——企业iCOD处理总量，该值为统计值；

行业COD总处理量——该区域内所有行业j企业的COD处理量的总和）

将区域内不同行业COD处理成本加权平均，得出区域内COD单位处理成本的平均值。

$$\text{COD单位处理成本}_{\text{平均}}=\frac{\sum_{j=1}^{n}(\text{COD单位处理成本}_{\text{行业}j}\times\text{COD处理量}_{\text{行业}j})}{\text{区域COD总处理量}}$$

——SO_2处理成本计算。统计各大电厂及拥有脱硫装置企业的SO_2处理成本，并根据上述方法计算SO_2社会平均处理成本。

二、总量核算与管理

总量控制制度是指根据国家环境质量标准和区域环境容量，计算或推算出一定区域内特定污染物允许排放量，并将其分配到各个地区、行业以至污染源，要求按照下达的总量控制指标排放污染物的法律规定。总量控制包括以城镇或主要工业生产基地为排污中心的地域控制，以重要河流、湖泊为主要纳污载体的流域控制。

通过排污权交易的宏观效应分析可见，排污者之间一部分排污权限的有偿转移并不会增加污染物排放总量。排污权交易不仅能够在既定的污染物总量控制目标下，合理地安排污染治理行动；而且，更重要的是，排污权交易能够顺应污染物排放总量不断削减的要求，通过行政计划（事先规定削减量并在核发许可证时核减）和市场经济的手段，促进现有排污者的污染物削减，有效地控制新污染源的产生，保证污染物总量控制目标的实现。

经过多年的实施，总量控制对我国在经济发展中减少污染物排放、减轻环境污染、改善环境质量起到了重要的作用。但是，目前总量控制实施中仍然存在着统计数据不全面、环境监测数据准确性差、总量控制形式化等问题；在控制方法上则存在减排方式单一、法制不完善等不足。且较之“十二五”期间，“十三五”减排任务量更多，面更广，内容更为细致、具体、全面，统计更加精细，进一步加大了减排的难度；除此之外，经济发展与总量削减的矛盾依然突出。由于在前阶段通过截污纳管、关停并转四高企业、积极开展节能改造、使用清洁能源等措施使减排工作取得较好成效，面临新一轮的减排任务，减排潜力不大，空间较小，难度进一步加大。为此，如何寻找新的减排途径，完善总量控制方法，成为当前总量控制中非常关键、非常紧迫的重要问题。

（一）主要水污染物总量减排的环境绩效评估方法

评估“十二五”总量减排目标达成情况。系统收集“十二五”总量减排监测体系提供的全景数据（包括污染源排放数据与断面质量监控数据），对“十二五”各行政区域、污染控制单元主要水污染物总量减排目标完成情况进行系统评估。以主要污染物指标为研究对象，对照水体功能单元要求，评估“十二五”总量减排对于环境质量改善的有效性和相关性。并在调研国内外污染物减排、治理效果环境绩效评估方法基础上，优化污染物排放指标、水环境质量指标、总量减排监测体系考核指标、水生态功能区考核指标等，建立总量减排的环境绩效评估指标体系与方法体系。

（二）排污总量环境风险点源溯源技术

通过总量监测网络体系的在线监测结果，实时监控入境河流主要污染物的过境通量，以及入境河流行政交界断面、生态功能分区、饮用水源地等敏感目标的水质超标程度，通过上游汇水通量的总量变化情况及时追踪、锁定导致环境风险的排污控制单元、主要污染源或事故排放点，为环境风险管理和环境监察部门的事故排查提供技术和数据支撑。

(三) 基于排污许可证的控制单元水质目标管理与实施

针对重点污染源监管和配套条件相对滞后等现状问题，以污染控制单元划分成果为基础，结合控制单元的容量总量分配结果，开展以控制单元为基础、以水污染物排放许可证为核心、以排污权有偿使用为补充管理手段的排污许可管理体系建设。在控制单元污染物负荷分配的基础上，从加强污染源监管的角度，针对各类污染源(包括生活点源、工业点源、集约化农村污染源等)，建立符合地方实际的不同类型污染源的污染物排放许可证申请、发放、审核规程，研究制定污染物排放的监测、排污申报、核查和处罚技术规程，实现对污染排放总量的动态控制。

三、排污权基础管理

(一) 建立主要污染物排放的基础数据统计体系

建立基础数据统计体系对于排污权交易的具体制度设计尤为重要，总量控制目标的设定、初始排污权的核定与分配都离不开良好的数据统计基础。如果在缺乏基础数据统计的情况下，通过估算的历史排放总量乘以减排系数而得到的总量控制目标，并在此基础上设定配额总量，可能会产生偏差(如配额总量设置过高等)。

(二) 建立第三方核查机构，提高监测监管能力

一方面，为了降低环保部门核查实际排放量的行政成本，建议委托具有资质的第三方核查机构每年对排污单位的实际排放量进行核查。排污单位的实际排放量结果以第三方核查机构出具的报告为准，这也在一定程度上避免了核查方式不同而产生的数据不一致问题。环保部门需要对第三方核查机构进

行监管,防止其出具虚假、不实的核查报告。

另一方面,环保部门需要扩大在线监测覆盖面,提高监测技术手段的精确度。在线监测设备应该覆盖到所有受污染物总量控制的排污单位,而不仅仅是国控、省控污染源。通过提高在线监测设备的质量、确保其正常运行来提高在线监控数据的准确性。

参考文献

[1] Brown L. M., Hanafi A., Petsonk A.. The EU Emissions Trading System: Results and Lessons Learned[R]. New York: Environmental Defense Fund, 2012.

[2] Cameron Hepburn, Michael Grubb, Karsten Neuhoff, et al. Auctioning of EU ETS phase II allowance: how and why? [J]. Climate Policy, 2006, 15(6): 137 - 160.

[3] Crocker T. D.. The Structuring of Atmospheric Pollution Control Systems[A]. In: Wolozin H. (Ed.). The Economics of Air Pollution[M]. New York: W. W. Norton and Company, Inc.: 1966.

[4] Dales J. H.. Pollution, Property and Prices[M]. Toronto: University Press, 1968.

[5] Ellerman A. D., Schmalensee R., Joskow P. L., et al. Markets for Clean Air: The U. S. Acid Rain Program[M]. Cambridge, UK: Cambridge University Press, 2000.

[6] Ellerman D., Joskow P. L., Harrison Jr. D.. Emissions Trading in the U. S. — Experience, Lessons and Considerations for Greenhouse Gases [R]. Arlington, Virginia, U. S.: PEW Center on Global Climate Change, 2003.

[7] Laing T., Sato M., Grubb M., et al. Assessing the Effectiveness of the EU Emissions Trading System[R]. Leeds, U. K.: Center for Climate Change Economics and Policy, 2013.

[8] Markus Ahman, Kristina Holmgren. New Entrant Allocation in the Nordic Energy Sectors: Incentives and Options in the EU ETS[J]. Climate Policy, 2006, 15(6): 423 - 440.

[9] Montgomery W. D.. Markets in Licenses and Efficient Pollution Control Programs [J]. Journal of Economic Theory, 1972, 5(3).

[10] NYC Government. Inventory of New York City Greenhouse Gas Emissions[R]. New York: NYC Government, 2014.

[11] Wakabayashi M., Sugiyama T.. Are Emission Trading Systems Effective? [R]. Tokyo: Central Research Institute of Electric Power Industry, 2008.

[12] World Bank. Mapping Carbon Pricing Initiatives: Developments and Prospects[R]. Washington DC: World Bank, 2013.

[13] World Bank. State and Trends of Carbon Pricing 2014[R]. Washington DC: World Bank, 2014.

[14] World Bank. Sustainable Low-Carbon City Development in China[R]. Washington DC: World Bank, 2010.

[15] 陈琳,石崧,王玲慧. 低碳城市理念在上海新城规划中的实践应用[J]. 上海城市规划,2011,(5): 14-18.

[16] 崔连标,范英,朱磊,等. 碳排放交易对实现我国"十二五"减排目标的成本节约效应研究[J]. 中国管理科学,2013,21(1).

[17] 戴星翼,陈红敏. 城市功能与低碳化关系的几个层面[J]. 城市观察,2010,(2): 87-93.

[18] 戴亦欣. 低碳城市发展的概念沿革与测度初探[J]. 现代城市研究,2009a,(11): 7.

[19] 戴亦欣. 中国低碳城市发展的必要性和治理模式分析[J]. 中国人口. 资源与环境,2009b,19(3): 12-17.

[20] 封凯栋,吴淑,张国林. 我国流域排污权交易制度的理论与实践——基于国际比较的视角[J]. 经济社会体制比较,2013,(2).

[21] 付允,汪云林,李丁. 低碳城市的发展路径研究[J]. 科学对社会的影响,2008,(2): 5-10.

[22] 郭茹,曹晓静,李严. 上海市应对气候变化的碳减排研究[J]. 同济大学学报(自然科学版),2009,(4): 515-519.

[23] 胡鞍钢. 中国如何应对全球气候变暖的挑战[J]. 国情报告,2007,(29).

[24] 胡桥. 上海市工业用地对城市空间结构的影响研究[D]. 上海: 上海交通大学,2011.

[25] 黄蕊,朱永彬,王铮.上海市能源消费趋势和碳排放高峰估计[J].上海经济研究,2010,(10): 81-90.

[26] 李莉.上海市能源 CO_2 排放及节能减排的减碳效果分析[J].环境科学与技术,2011,(4): 129-135.

[27] 联合国人类住区规划署.城市与气候变化: 政策方向(全球人类住区报告)[R].肯尼亚内罗毕: 联合国人类住区规划署,2011.

[28] 刘志林,戴亦欣,董长贵,等.低碳城市理念与国际经验[J].城市发展研究,2009,16(6): 1-7.

[29] 龙惟定,白玮,梁浩,等.低碳城市的城市形态和能源愿景[J].建筑科学,2010,(2): 13-18.

[30] 秦少俊,张文奎,尹海涛: 上海市火电企业二氧化碳减排成本估算——基于产出距离函数方法[J].工程管理学报,2011,(6).

[31] 秦耀辰,张丽君,鲁丰先,等.国外低碳城市研究进展[J].地理科学进展,2010,19(12): 1459-1469.

[32] 上海环境能源交易所.上海碳市场报告(2013—2014)[R].上海: 上海环境能源交易所,2015.

[33] 上海环境能源交易所.上海碳市场报告 2015[R].上海: 上海环境能源交易所,2016.

[34] 上海市城乡建设和交通委员会.上海市民用建筑能耗调查统计——2009—2010 年度工作报告[R].上海: 上海市城乡建设和交通委员会,2012.

[35] 上海市发展和改革委员会.上海市碳排放管理试行办法和配额分配方案解读[R].上海: 上海市发展和改革委员会,2012.

[36] 宋彦,刘志丹,彭科.城市规划如何应对气候变化——以美国地方政府的应对策略为例[J].国际城市规划,2011,26(5): 3-10.

[37] 吴开亚,郭旭,王文秀.上海市居民消费碳排放的实证分析[J].长江流域资源与环境,2013,(5): 535-544.

[38] 吴倩,Maarten Neelis, Carlos Casanova.中国碳排放交易机制: 配额分配初始评估[R].柏林: ECOFYS,2014.

[39] 夏堃堡.发展低碳经济,实现城市可持续发展[J].环境保护,2008,(2A): 33-35.

[40] 余猛,吕斌.低碳经济与城市规划变革[J].中国人口.资源与环境,2010,20(7):

20 - 24.

[41] 张昌娟,金广君.论紧凑城市概念下城市设计的作为[J].国际城市规划,2009,(6).

[42] 张昕,范迪,桑懿.上海碳交易试点进展调研报告[J].中国经贸导刊,2014,(8):63 - 66.

[43] 郑爽,刘海燕,王际杰.全国七省市碳交易试点进展总结[J].中国能源,2015,(9):11 - 14.

[44] 周潮,刘科伟,陈宗兴.低碳城市空间结构发展模式研究[J].科技进步与对策,2010,27(22):56 - 59.

[45] 周冯琦.上海资源环境发展报告 2010:低碳城市[M].北京:社会科学文献出版社,2010.

[46] 周艳坤,谭小平.我国碳排放权会计准则的最新发展——基于碳排放权试点有关会计处理暂行规定(征求意见稿)[J].中国注册会计师,2016,(6):98 - 102.

[47] 朱聆,张真.上海市碳排放强度的影响因素解析[J].环境科学研究,2011,(1):20 - 26.

[48] 诸大建,陈飞.上海发展低碳城市的内涵、目标及对策[J].城市观察,2010,(2):57 - 67.

后　记

面对全球气候变化和环境资源约束带来的发展瓶颈，上海致力于在2040年建设成为拥有较强适应能力和更具韧性的生态城市，并成为引领国际绿色、低碳、可持续发展的杠杆。建设低碳城市，主动控制碳排放，增强适应气候变化能力，与全球气候治理的市场机制接轨，为应对全球气候变化作出贡献，是十三五规划纲要做出的战略安排，也是上海市城市总体规划（2016—2040）的战略导向。

本书是上海社会科学院生态与可持续发展研究所关于低碳城市及低碳治理的专题研究成果。研究过程坚持理论和实践相结合，一方面对主要发达国家和首位全球城市低碳城市建设轨迹及发达国家碳交易市场体系，包括EU ETS、RGGI等做了比较研究；对上海市现有节能减排地方性立法、政府规章、规范性文件做了细致梳理；对国内污染物排放权交易市场运行的实际情况及经验教训等做了归纳总结，为本研究奠定了良好的理论基础。另一方面，实地走访、调研政府相关部门（发改委、经信委、建交委、交管局、旅游局、财政局、金融办等），重点企业（上海石化、宝钢等），就上海碳排放权交易试点工作的进展和重点难点问题、碳排放权交易制度建设等方面进行深入探讨，使本研究在理论深度之上，又具有实践针对性。

本书分工如下：

周冯琦研究员负责报告框架设计及统定稿；第一章至第五章由周冯琦、陈宁、刘召峰、程进、刘新宇、曹莉萍执笔；第六章由嵇欣、陈宁执笔；第七章由刘新宇、刘召峰执笔；第八章由周冯琦、杨佃华、崔海乐执笔；第九章陈宁执笔；第十章嵇欣执笔。

部分内容摘取自周冯琦研究员等获得的第九届上海市决策咨询研究成果奖二等奖研究报告。

感谢上海社会科学院智库中心、科研处、智库处、创新办等职能部门的大力支持和帮助，感谢上海市规划和国土资源管理局、上海市人民代表大会财政经济委员会等部门对该项研究的大力支持。

2016 年 11 月

图书在版编目(CIP)数据

低碳城市建设与碳治理创新：以上海为例 / 周冯琦等著. —上海：上海社会科学院出版社，2016
（中国绿色发展：理论创新与实践探索丛书）
ISBN 978-7-5520-1597-3

Ⅰ.①低… Ⅱ.①周… Ⅲ.①节能－生态城市－城市建设－研究－中国 Ⅳ.①X321.2

中国版本图书馆 CIP 数据核字(2016)第 252277 号

低碳城市建设与碳治理创新——以上海为例

著　　者：周冯琦　陈　宁　刘召峰等
责任编辑：熊　艳
封面设计：周清华
出版发行：上海社会科学院出版社
上海顺昌路 622 号　邮编 200025
电话总机 021-63315900　销售热线 021-53063735
http://www.sassp.org.cn　E-mail:sassp@sass.org.cn
排　　版：南京展望文化发展有限公司
印　　刷：上海龙腾印务印刷有限公司
开　　本：710×1010 毫米　1/16 开
印　　张：19.25
字　　数：270 千字
版　　次：2016 年 12 月第 1 版　2016 年 12 月第 1 次印刷

ISBN 978-7-5520-1597-3/X·011　定价：79.80 元